DIRK H. LORENZEN

# HUBBLE & WEBB

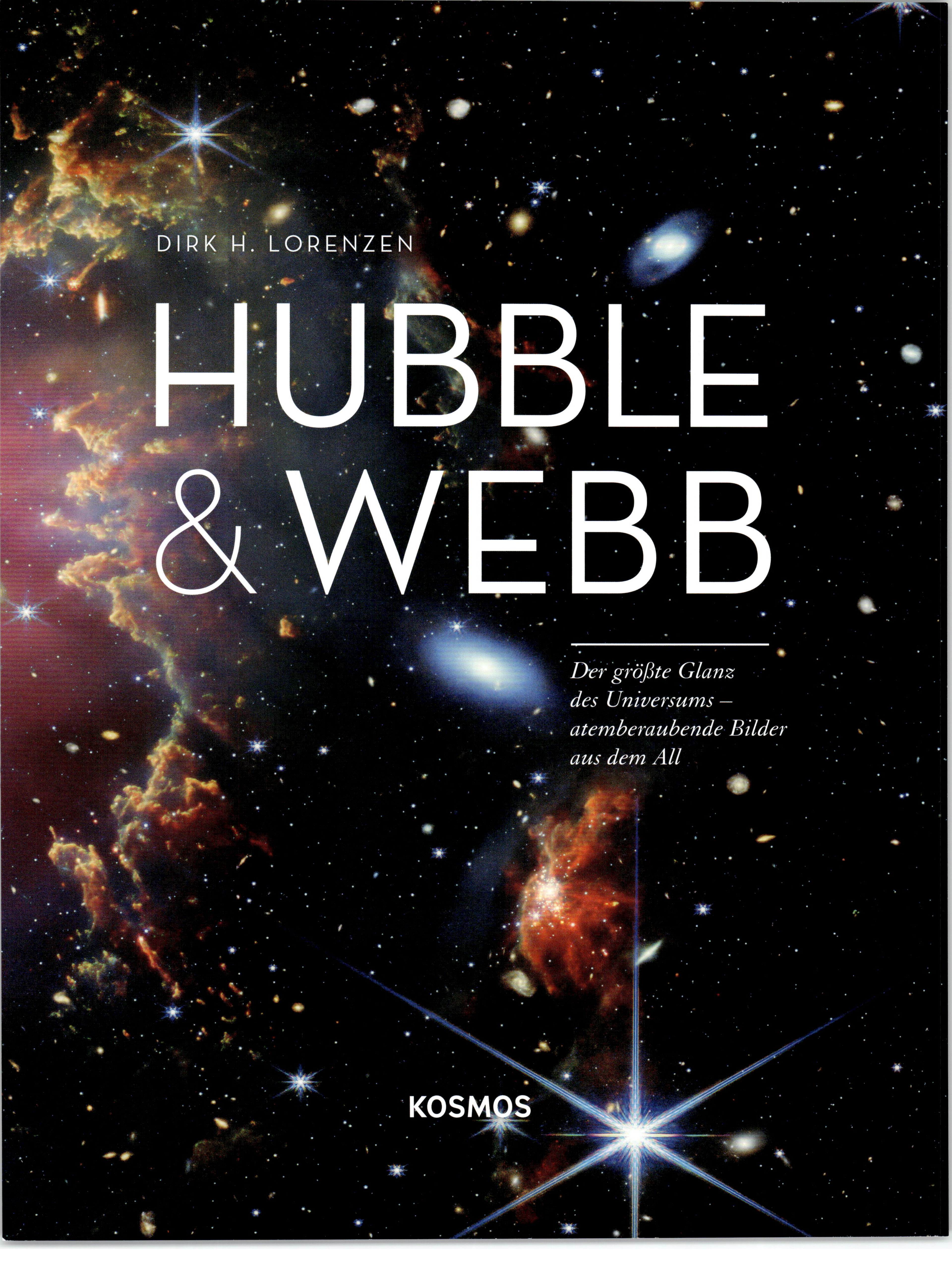

DIRK H. LORENZEN

# HUBBLE & WEBB

*Der größte Glanz des Universums – atemberaubende Bilder aus dem All*

KOSMOS

# INHALT

←←← **Die himmlischen Mäuse**
Im Sternbild Haar der Berenike tanzen zwei Galaxien (300 Millionen Lichtjahre entfernt) umeinander, deren Spiralarme weit aufgebogen sind. Wie Hubble zeigt, entstehen in den Gasmassen viele Sterne. Das Paar ist 300.000 Lichtjahre lang – es verschmilzt zu einer großen Galaxie.

←← **Bonbondose am Südhimmel**
Im Nebel NGC 602, 200.000 Lichtjahre entfernt in der Kleinen Magellanschen Wolke, entstehen massenhaft Sterne – beobachtet mit dem Infrarotblick des James-Webb-Teleskops. Die jungen Objekte pusten einen 7000 Lichtjahre großen Hohlraum in die Staub- und Gasmassen. Im Hintergrund sind weit entfernte Galaxien zu erkennen.

→→ **Kosmische Katzenpfote**
In NGC 6334 (4000 Lichtjahre entfernt; Sternbild Skorpion) entstehen gerade hunderte sehr massereicher Sterne. Die heißesten haben große Blasen in den Wolkenkomplex gepustet, die wie die Ballen einer Katzenpfote aussehen. Von der ist hier aber nur ein Teil zu sehen (Ausschnitt sieben Lichtjahre breit). Das tiefrote Leuchten stammt von Sternen, die gerade im Innern von Staubwolken gezündet sind und sich nun langsam frei kämpfen. In den ganz dunklen Gebieten gibt es so viel Staub, dass nicht einmal Webb etwas erkennen kann. Diese Aufnahme wurde zum 3. Geburtstag von Webb im Juli 2025 veröffentlicht.

# GELEITWORT

Seit Jahrtausenden schaut die Menschheit an den Nachthimmel und versucht zu verstehen, was dort vor sich geht und was das Weltall für das Leben hier auf der Erde bedeutet. Beim Blick nach oben stellen wir uns große Fragen: Wie ist der Kosmos aufgebaut? Sind wir allein im Universum? Wie lauten die grundlegenden Naturgesetze, die das alles steuern?

Einst haben die Menschen nur mit bloßem Auge an den Himmel geblickt und die Position der Sterne vermessen, später kamen erste Fernrohre hinzu. Heute nutzen wir Hightech-Instrumente wie die Weltraumteleskope Hubble und Webb – zwei ikonische Missionen, astronomisch und politisch. Zum einen liefern sie Bilder vom Kosmos, die nie zuvor zu sehen waren. Zum anderen betreiben NASA und ESA diese Weltraumteleskope gemeinsam. Hubble und Webb stehen für jahrzehntelange sehr intensive internationale Zusammenarbeit. Wir arbeiten über Kontinente hinweg ausgezeichnet zusammen – das ist etwas, dessen wir uns in diesen bewegten Zeiten immer bewusst und für das wir äußerst dankbar sein sollten.

In der Astronomie können wir nur das Licht aus dem Kosmos sammeln und versuchen herauszufinden, was es über die Objekte im Universum verrät. Wir können niemals das Sonnensystem verlassen – aber mit Teleskopen wie Hubble und Webb können wir weit in der Zeit zurückreisen. Wir sehen Galaxien zu einer Epoche, als das Universum noch nicht einmal 500 Millionen Jahre alt war. Wir beobachten exotische Objekte wie Schwarze Löcher und erforschen, welche Rolle sie für die Entstehung und Entwicklung von Sternen und Galaxien spielen.

Hubble und Webb sind Pioniere. Sie liefern die aufregendsten Entdeckungen, zeigen uns zugleich aber auch die Grenzen unseres Wissens auf. Zwei Beispiele: Wir sehen mit Hilfe der Weltraumteleskope Galaxien, die sich – gemessen an unseren Modellen der Galaxienentwicklung – viel zu früh gebildet haben. Und Schwarze Löcher sind zu früh zu groß geworden – auch das passt nicht zu unseren aktuellen Theorien.

Solche Entdeckungen inspirieren, denn nun ist unsere Kreativität gefragt! Wir müssen einen Weg finden, wie wir mit heutiger Technologie oder künftigen Missionen die Grenzen der Erkenntnis immer weiter hinausschieben. Hubble hat einst zur Entdeckung der Dunklen Energie beigetragen. Jetzt haben wir das ESA-Weltraumteleskop Euclid – von dem in diesem Buch auch einige Bilder zu sehen sind –, das Dunkle Materie und Dunkle Energie

**← Europas Chef-Astronomin**
Carole Mundell ist seit dem 1. März 2023 ESA-Direktorin für Wissenschaft und leitet das Europäische Zentrum für Weltraum-Astronomie (ESAC) bei Madrid. Die Professorin für Astrophysik der Universität Bath hatte in Großbritannien zahlreiche Führungspositionen in der Wissenschaft inne, etwa als Präsidentin des UK Science Council. Carole Mundell studierte Astrophysik in Glasgow und Manchester. Sie erforscht Schwarze Löcher und welche Rolle sie für die Entwicklung von Galaxien spielen. Dabei nutzt sie oft Daten des Hubble-Weltraumteleskops.

erforscht. Die ESA-Sonde JUICE ist unterwegs zum Jupiter, auch weil wir mit Hubble und Webb sehen, wie aufregend die eisigen Monde des Riesenplaneten sind. Gibt es dort die Grundlagen für Leben?

Mit Webb machen wir einen riesigen technologischen Schritt nach vorn: Es beobachtet das Universum so, wie wir es selbst nie tun könnten – denn unsere Augen sind für Infrarotlicht nicht empfindlich. Aber Webb empfängt diese Strahlung und wandelt sie in Bilder um. Dieses wunderschöne Buch beschreibt, wie die Weltraumteleskope arbeiten und was sie erforschen. Es zeigt die Vorgänge im Kosmos, wie sie noch nie zu sehen waren.

In der Wissenschaft wollen wir alle die Ersten sein. Wir wollen Dinge entdecken. Ich bin selbst Astrophysikerin und habe immer wieder diesen atemberaubenden Moment erlebt, in dem man denkt: „Wow, irgendetwas kann nicht stimmen." Denn wenn es stimmt, wäre es eine große Entdeckung. Doch wir sind vorsichtig und versuchen stets, einen möglichen Fehler zu finden. Wir diskutieren lange mit Kolleginnen und Kollegen, prüfen und prüfen noch einmal. Irgendwann ist die Entdeckung bestätigt – welche Freude! Die Bilder in diesem Buch sorgen bei so vielen Menschen für tolle Entdeckungsmomente – sei es in der Profi-Wissenschaft oder für Laien, die sich am Kosmos erfreuen.

Will jemand beruflich ins All blicken, so lautet mein wichtigster Rat (insbesondere an junge Frauen): Wenn dir Leute sagen, du kannst das nicht oder das ist nichts für dich (wie ich es selbst erlebt habe), dann halt dir die Ohren zu! Solange du mit Leidenschaft dabei bist, wirst du deinen Weg gehen. Knüpfe Netzwerke und stelle viele Fragen. Keine Angst: Es gibt keine dummen Fragen!

Dieses Buch erzählt davon, wie überwältigend schön der Kosmos ist und wie wichtig es ist, sich von ihm begeistern zu lassen und Fragen zu stellen. Vielleicht bestaunt ein fünfjähriges Kind gemeinsam mit seinen Großeltern die Bilder. Es wird fragen: „Das ist schön. Aber was bedeutet das? Warum ist das so?" So fängt Wissenschaft an. Wir sind neugierig. Wir wollen lernen. Wir wollen entdecken. Diese Neugier verbindet uns alle. Sie ist der Funke, der aus dem All zu uns überspringt – egal, ob wir in Astronomie und Raumfahrt arbeiten oder uns einfach so dafür interessieren.

Zu meiner großen Freude begleitet Dirk Lorenzen die Erforschung des Universums seit vielen Jahren als Journalist. In diesem Buch erzählt er, wie wir bei der ESA und generell in der Astronomie das Universum erkunden – welche Gedanken uns umtreiben und welche Ideen wir haben, um die großen Fragen zu klären. Dirk Lorenzen vermittelt einem großen Laien-Publikum ebenso begeistert wie begeisternd die Faszination des Weltalls. Denn die atemberaubenden Bilder von Hubble und Webb sind nicht nur wissenschaftlich bedeutend – sie berühren uns tief im Innern und regen unsere Fantasie an.

**Viel Freude beim Lesen und Staunen!**

Villafranca (Spanien), im August 2025
**Prof. Carole Mundell**
Direktorin für Wissenschaft der Europäischen Weltraumorganisation ESA

↓ Galaxie mit Schwarzem Loch
NGC 4151 (40.000 Lichtjahre Durchmesser; 62 Millionen Lichtjahre entfernt; Sternbild Jagdhunde) ist auf den ersten Blick eine gewöhnliche Spiralgalaxie. Doch im hellen Fleck genau im Zentrum verbirgt sich ein Schwarzes Loch mit rund 40 Millionen Sonnenmassen. Es ist sehr aktiv und verschlingt viele Sterne und Gasmassen, die kurz zuvor noch kräftig aufleuchten. Carole Mundell hat etliche Fachartikel über den Kernbereich dieser Galaxie veröffentlicht – sie freut sich, dass James Webb bald die Masse des Schwarzen Lochs genau bestimmen soll.

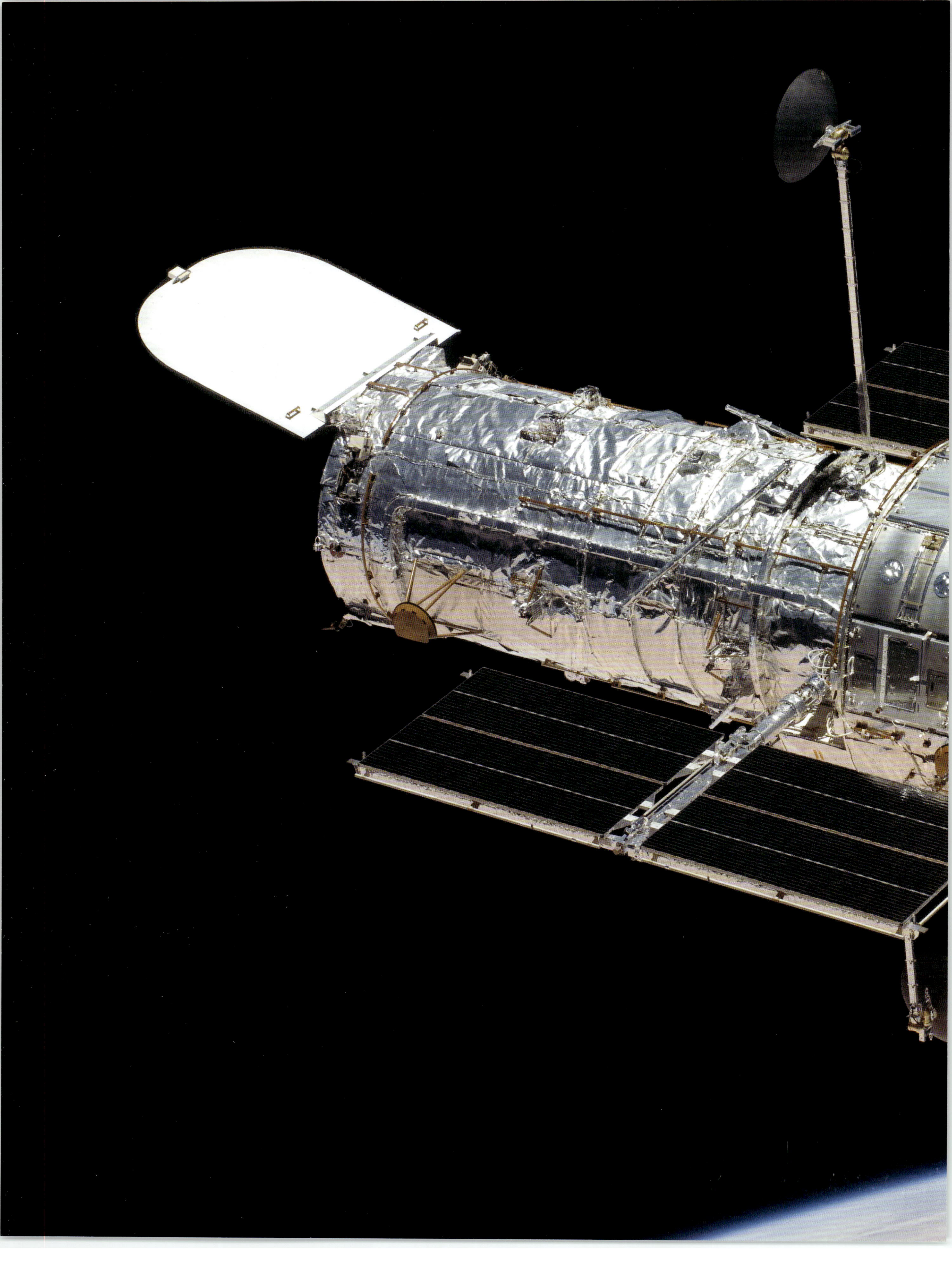

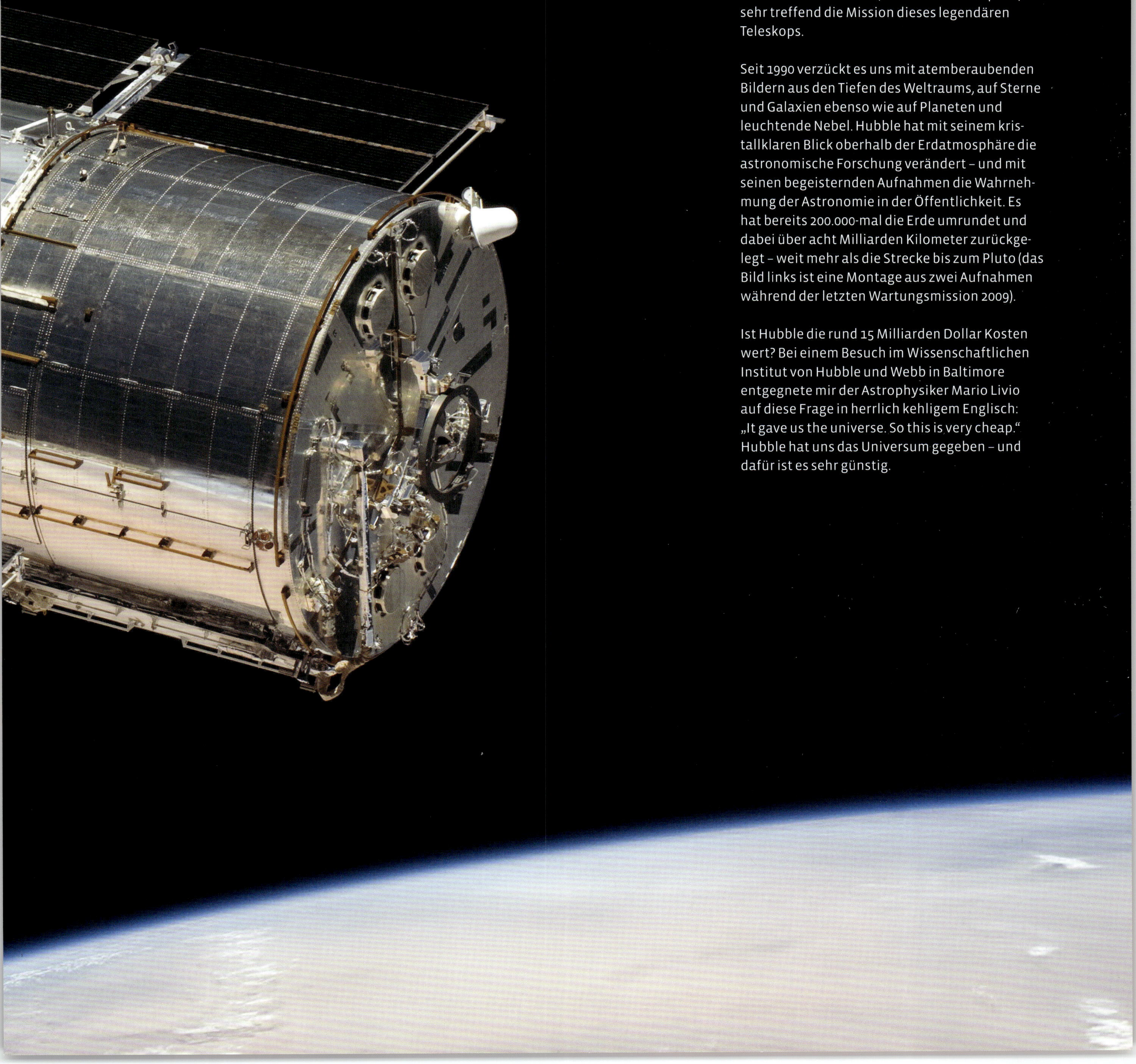

# Das mit den Sternen tanzt

„Der Weltraum, unendliche Weiten. Wir schreiben das Jahr 2025. Dies sind die Abenteuer des Weltraumteleskops Hubble, das mit seinem riesigen Team seit 35 Jahren unterwegs ist, um neue Welten zu erforschen, neues Leben und neue Zivilisationen. Nur 500 Kilometer von der Erde entfernt, dringt Hubble in Galaxien vor, die nie ein Mensch zuvor gesehen hat." Dies beschreibt – frei nach dem Beginn der Science-Fiction-Serie *Star Trek* (Raumschiff Enterprise) – sehr treffend die Mission dieses legendären Teleskops.

Seit 1990 verzückt es uns mit atemberaubenden Bildern aus den Tiefen des Weltraums, auf Sterne und Galaxien ebenso wie auf Planeten und leuchtende Nebel. Hubble hat mit seinem kristallklaren Blick oberhalb der Erdatmosphäre die astronomische Forschung verändert – und mit seinen begeisternden Aufnahmen die Wahrnehmung der Astronomie in der Öffentlichkeit. Es hat bereits 200.000-mal die Erde umrundet und dabei über acht Milliarden Kilometer zurückgelegt – weit mehr als die Strecke bis zum Pluto (das Bild links ist eine Montage aus zwei Aufnahmen während der letzten Wartungsmission 2009).

Ist Hubble die rund 15 Milliarden Dollar Kosten wert? Bei einem Besuch im Wissenschaftlichen Institut von Hubble und Webb in Baltimore entgegnete mir der Astrophysiker Mario Livio auf diese Frage in herrlich kehligem Englisch: „It gave us the universe. So this is very cheap." Hubble hat uns das Universum gegeben – und dafür ist es sehr günstig.

## Frei fliegende Sterneneier

In Westerhout 5 entstehen gerade viele Sterne. Diese Hubble-Aufnahme zeigt nur einen kleinen Ausschnitt (sechs Lichtjahre breit) des Nebels, der sich 7000 Lichtjahre entfernt im Sternbild Kassiopeia befindet. Dort stürzen Gas- und Staubmassen zusammen und zünden im Innern die Kernfusion. Das rote Leuchten ist ionisierter Wasserstoff, aufgeheizt von der intensiven Strahlung junger Sterne. Davor zeichnen sich kleine dunkle Wolken ab. Fachleute sprechen von frEGGs (free-floating Evaporating Gaseous Globules) – den verdampfenden Gaswolken, die frei durch den Nebel driften.

Sind in einem solchen Gas- und Staubkomplex erst einmal Sterne entstanden, „kämpfen" diese geradezu gegen weitere Objekte an – denn ihre heiße Strahlung lässt das umliegende Material regelrecht verdampfen. Im Laufe von einigen Millionen Jahren lösen sich solche Nebel auf. Die frEGGS (die größte Wolke links oben erinnert ein wenig an eine Kaulquappe) sind kompakt genug, um der Strahlung standzuhalten. In ihrem Innern verklumpt das Material zu Sternen. In einigen hunderttausend Jahren glitzern in dieser Region ein paar Objekte mehr.

Die Bezeichnung dieses Nebels geht auf den niederländischen Radioastronomen Gart Westerhout (1927–2012) zurück, der in den 1950er-Jahren einen Katalog von Quellen erstellte, die im Radiobereich auffallend leuchten. Wie dieses farbenfrohe Bild zeigt, sind Sterne, Staub und Gas auch im sichtbaren Bereich eine Augenweide.

Eine persönliche Bemerkung zu den Bildern in diesem Buch: Auf dieser Doppelseite ist Platz genug für den Begleittext direkt neben dem Bild. Sie werden aber auch viele Doppelseiten bestaunen, auf denen nur die spektakulären Bilder von Hubble oder Webb zu sehen sind – und auf denen weder Seitenzahlen noch Legenden die Wucht der kosmischen Motive stören. Sie müssen dann leider etwas blättern, um mehr über die abgebildeten Objekte zu erfahren. Dafür ist der optische Genuss völlig ungetrübt: Kosmos pur.

# Der Super-Sternhaufen

Westerlund 1 befindet sich 12.000 Lichtjahre entfernt im Sternbild Altar hinter einer Gas- und Staubwolke. Das James-Webb-Weltraumteleskop, das mit seinen Infrarotkameras durch den Staub hindurch blickt, hat diese Aufnahme des spektakulären Haufens gemacht. Nirgends sonst in der Milchstraße drängen sich so viele junge, massereiche Sterne auf so engem Raum. Manche Sterne in Westerlund 1 strahlen fast eine Million Mal heller als unsere Sonne. Andere sind so groß, dass sie in unserem Planetensystem bis zur Saturnbahn reichen würden.

Dieser Haufen, entdeckt 1961 vom schwedischen Astronomen Bengt Westerlund (1921–2008) während eines Australien-Aufenthalts, blieb lange weitgehend unerforscht. Dabei ist er ein wunderbares Labor, um die Entstehung und die Lebensbedingungen extrem massereicher Sterne zu untersuchen.

In Westerlund 1 befinden sich zigtausende von Sternen in einem Bereich von nur sechs Lichtjahren Durchmesser. Wäre die Erde Planet in diesem Haufen, so stünden hunderte Sterne am Himmel, die heller als der Vollmond leuchten. Der Haufen ist noch sehr jung, maximal fünf Millionen Jahre alt. In den nächsten 40 Millionen Jahren explodieren dort etwa 1500 (!) Sterne als Supernovae. Mit ihrer Strahlung werden sie die gesamte Umgebung durchmischen und eine große Blase um den Haufen herum leer pusten. Die Sterne, die diese Phase überstehen, dürften sich im Laufe der Zeit zu einem Kugelsternhaufen entwickeln. Vor etwa zehn Milliarden Jahren sind in unserer Milchstraße viele Sterne in solchen Superhaufen entstanden, so die Theorie. Heutzutage sind diese extremen Sternfabriken äußerst selten. Westerlund 2, ein anderer Superhaufen, ist auf Seite 41 zu sehen.

Die roten Schleier sind Gas- und Staubwolken, deren schwache Strahlung Webb erfassen kann. Die acht markanten Linien, die von den hellen Sternen ausgehen, haben nichts mit dem Weltall zu tun. Diese Beugungsmuster entstehen im Teleskop bei hellen punktförmigen Objekten. Diese Linien sind eine Art optischer Fingerabdruck des neuen Weltraumteleskops. Hubble hat – aufgrund anderer Bauweise – ein Beugungsmuster mit nur vier Beugungslinien, wie auf der vorherigen Doppelseite bei Westerhout 5 gut zu sehen ist.

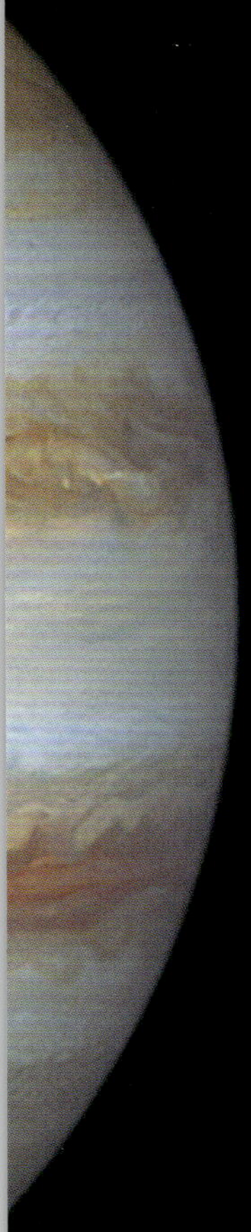

## Hubbles Planetenparade

„Willst Du immer weiter schweifen? Sieh, das Gute liegt so nah." Die Hubble-Planeten-Teams haben Goethes Rat beherzigt. Das Teleskop blickt zwar bis an den Rand des Universums zu Galaxien, deren Licht 13 Milliarden Jahre lang unterwegs war. Aber es peilt auch Objekte an, die nur zwischen wenigen Lichtminuten und -stunden entfernt sind. Mars (links; 6779 Kilometer Durchmesser; hier 75 Millionen Kilometer entfernt) ist der letzte der erdähnlichen Planeten im Sonnensystem. Er hat Polkappen aus gefrorenem Wasser und Kohlendioxid. In seiner dünnen Atmosphäre bilden sich Wolken und Staubstürme und auf der Oberfläche gibt es Strukturen, die man für Kontinente halten könnte. Lange Zeit galt Mars vielen als bewohnt. Doch der rote Planet (so genannt wegen des „verrosteten" Gesteins auf seiner Oberfläche) ist heutzutage eine lebensfeindliche Welt.

Jupiter (Mitte) ist ein Gasriese, der größtenteils aus Wasserstoff und Helium besteht. Sein Äquatordurchmesser (143.000 Kilometer) ist elfmal größer als der der Erde: Unser Planet könnte problemlos im „Großen Roten Fleck" versinken – einem Wirbelsturm, der seit Jahrhunderten durch die Jupiteratmosphäre rast. Bei dieser Aufnahme im Januar 2024 war Jupiter 680 Millionen Kilometer entfernt.

Saturn (oben) gilt wegen seines Ringsystems als schönster aller Planeten. Diese Aufnahme des Gasriesen (Durchmesser 120.000 Kilometer) stammt vom März 2004, wenige Monate bevor die NASA/ESA-Raumsonde Cassini/Huygens den Planeten (1,3 Milliarden Kilometer entfernt) erreichte. Bei Planetenmissionen ergänzen sich ideal die Detailaufnahmen vor Ort und der Überblick über viele Jahre mit Hubble.

## Das gespenstische Galaxienpaar

Die Galaxien IC 2163 (links) und NGC 2207 fliegen gerade dicht aneinander vorbei und werden im Laufe von hunderten Millionen Jahren zu einer großen Galaxie verschmelzen. Diese „Kollision" spielt sich 120 Millionen Lichtjahre entfernt im Sternbild Großer Hund ab – das Galaxienpaar erstreckt sich derzeit über etwa 160.000 Lichtjahre. Durch die enge Begegnung sind die Spiralarme der linken Galaxie regelrecht ausgefranst und die der rechten ungewöhnlich aufgebogen. Die Anziehungskräfte beider Galaxien haben die Gas- und Staubmassen kräftig durchgeschüttelt. Dadurch begann eine Phase, in der massenhaft Sterne entstehen. Dort bilden sich etwa zwölf Sterne von der Größe der Sonne pro Jahr – in unserer Milchstraße sind es nur zwei bis drei. Für dieses Bild hat das NASA-Team Hubble-Aufnahmen im sichtbaren und Ultraviolettlicht sowie Infrarotdaten von Webb kombiniert.

Bläulich erscheinen die Gebiete besonders intensiver Sternentstehung, erfasst von Hubble. Der Blick von Webb zeigt zudem viele aktive Gebiete in Staubwolken, hier pinkfarben und weißlich dargestellt. Im obersten Spiralarm der rechten Galaxie haben sich Super-Sternhaufen gebildet – große Ansammlungen junger, extrem massereicher Sterne. Solche Objekte leuchten sehr intensiv und leben nicht lange. In diesen Galaxien sind in den letzten Jahrzehnten sieben Supernovae aufgeflammt. In unserer Milchstraße explodiert etwa alle 50 Jahre ein Stern.

Das NASA-PR-Team sieht in diesem rötlich gefärbten Galaxienpaar blutunterlaufene Augen. Das Bild wurde 2024 extra zu Halloween veröffentlicht, weil es angeblich so gruselig aussieht. Seien Sie bitte ein wenig erschrocken!

## Galaxien-Raumschiffe

„Der Weltraum, unendliche Weiten. Wir schreiben das Jahr 2025. Dies sind die Abenteuer des Weltraumteleskops James Webb, das mit seinem riesigen Team seit vier Jahren unterwegs ist, um neue Welten zu erforschen, neues Leben und neue Zivilisationen. Nur 1,5 Millionen Kilometer von der Erde entfernt, dringt Webb in Galaxien vor, die Hubble nie zuvor gesehen hat.“ Webb und Hubble sind ein Traumdoppel der Astronomie – das neue Infrarotteleskop erschließt für die Himmelsforschung ganz andere Bereiche als der Dauerbrenner in der Umlaufbahn.

Hier scheint LEDA 2046648 durch den Weltraum voller ferner Galaxien zu schweben, begleitet von einem kleineren Tochterraumschiff – als wären es Webb und Hubble. Diese Aufnahme einer wunderbar strukturierten Spirale mit tausenden anderen Galaxien ist bei einem Test der Kameras von James Webb entstanden. Zu Beginn der Mission mussten alle Instrumente des Weltraumteleskops perfekt scharf eingestellt werden – dabei wurden etliche Probeaufnahmen gemacht.

Die große Spirale hat gut 160.000 Lichtjahre Durchmesser (sie überragt also deutlich die Milchstraße, unsere kosmische Heimatgalaxie) und befindet sich 1,1 Milliarden Lichtjahre entfernt im Sternbild Herkules. Es lohnt sich, die Vielfalt der Galaxien im Hintergrund genauer zu betrachten. Etliche von ihnen sind infolge der engen Begegnung mit anderen verformt. Die schwächsten, kleinsten und rötlichsten Lichtflecken sind Galaxien, deren Licht sich vor mehr als zwölf Milliarden Jahren auf den Weg gemacht hat – in der Kindheit des Kosmos, lange bevor Sonne und Erde entstanden sind.

James Webb hat schon bei dieser Testaufnahme gezeigt, was es kann. Mit seinem Infrarotblick betreibt es „Galaxien-Archäologie“ – es blickt noch weiter hinaus ins All als das Hubble-Weltraumteleskop. Die Astronominnen und Astronomen möchten mit Hilfe solcher Bilder herausfinden, wie sich die gewaltigen Sternsysteme im Laufe der kosmischen Geschichte entwickelt haben. Auf dem ganzen Bild sind nur eine Handvoll Sterne der Milchstraße zu sehen, die weit im Vordergrund leuchten. Sie verraten sich durch die acht Strahlen des Beugungsmusters von James Webb.

# 1
# HUBBLE & WEBB: TRAUMPAAR IM ALL

Das Hubble-Weltraumteleskop kreist seit 1990 in etwa 500 Kilometern Höhe um die Erde. Das James-Webb-Weltraumteleskop ist Weihnachten 2021 gestartet und befindet sich rund 1,5 Millionen Kilometer entfernt im All. Hubble beobachtet vor allem im sichtbaren und Ultraviolettlicht – Webb hat es besonders auf Infrarotstrahlung abgesehen. Wo Hubble an Grenzen stößt, blickt Webb hinter die Fassade. Webb ist nicht der Nachfolger von Hubble: Beide Teleskope ergänzen sich ideal. Das Traumpaar ist auf ebenso betörend schöner wie wissenschaftlich herausragender Entdeckungsreise im Universum.

**→ Teleskop in der Werkstatt**
Im Dezember 1993, nur dreieinhalb Jahre nach seinem Start, muss das Hubble-Weltraumteleskop in die fliegende Werkstatt. Die Besatzung der Raumfähre Endeavour fängt das Teleskop ein und verankert es in der Ladebucht des Space Shuttle. Das Milliarden-Teleskop braucht wegen des falsch geschliffenen Spiegels eine „Brille“. Astronaut Story Musgrave ist am Ende des Roboterarms der Endeavour beschäftigt. Rechts in der Ladebucht hantiert Jeffrey Hoffman an Ersatzteilen. Für diese Arbeiten hatte man die Solarzellenflächen von Hubble eingerollt. Über (oder unter?) dem Teleskop ist die Erde zu sehen.

JPL

# DAS HUBBLE-WELTRAUMTELESKOP

Es war der lange gehegte Traum aller Astronomie-Fans: Ein Teleskop über der Erdatmosphäre, das ungestört von Sonne und Wolken in die Tiefen des Kosmos blickt. Doch die ersten Bilder von Hubble waren völlig unscharf, denn der Spiegel wurde falsch geschliffen. Auf die Blamage folgte der Triumph: Hubble bekam eine „Brille" und wurde zum Dauerbrenner der Astronomie.

Mit seinem etwas gedrungenen Körper, den beiden Solarzellenflächen links und rechts und Antennen, die sich wie Fühler ins All erstrecken, wirkt es fast wie ein behäbiges Insekt: Seit über 35 Jahren brummt das Hubble-Weltraumteleskop nun schon um die Erde und verzaubert uns mindestens wöchentlich mit atemberaubenden Blicken in die Tiefen des Universums. Hubble gehört längst zum kosmischen Inventar. Dass es auch eine Astronomie vor dem Start des Hubble-Teleskops gab, ist heute kaum mehr vorstellbar – und schon gar nicht, dass Hubble mal nicht mehr da sein könnte. Die Saga begann am 24. April 1990. Damals brachte eine US-Raumfähre Hubble in die Umlaufbahn.

Dies war der vorläufige Höhepunkt einer Reise, die bereits 1946 begonnen hatte. Damals schrieb der Astrophysiker Lyman Spitzer die Analyse „Astronomische Vorteile eines extraterrestrischen Observatoriums". Die Vorzüge liegen auf der Hand: Ein Teleskop im Weltraum muss niemals wegen schlechten Wetters die Arbeit einstellen. Es sieht viel schärfer als ein Instrument am Boden, weil es keine Luftunruhe gibt. Es kann rund um die Uhr im Einsatz sein und zudem Wellenlängen empfangen, die die Atmosphäre abblockt. Lyman Spitzer war seiner Zeit weit voraus, denn damals gab es noch gar keine richtige Raumfahrt. Die V2-Raketenwaffen erreichten zwar den Weltraum, aber nicht die Umlaufbahn. Und doch regten sie ihn an, darüber nachzudenken, wie sich die neue Technik zivil für die Erforschung des Kosmos nutzen ließe.

## HUBBLES BILDER: UNSCHARF!

Als der Shuttle Discovery – zu Deutsch: Entdeckung – Hubble ins All brachte, ahnte noch niemand, welch bittere Entdeckung das Teleskop-Team zwei Monate später würde machen müssen: Beim Fokus-Test fiel auf, dass sich Hubble nicht perfekt scharf stellen ließ. Die Bilder waren nicht völlig wertlos, aber sie waren nur so gut wie die von Instrumenten am Boden. Der Schock saß tief, die Blamage war riesig. Der Spiegel wies „sphärische Aberration" auf, einen wohl bekannten Abbildungsfehler. Er war perfekt geschliffen – aber perfekt in falscher Form. Die Gründe sind vielfältig: Das Large Space Telescope

**↙ Noch sieht alles gut aus ...**
Martin Yellin, Optik-Ingenieur bei Perkin-Elmer, überwacht das Schleifen des Hubble-Spiegels. Dass der perfekt falsch geschliffen wird, kann er nicht sehen. Das Unternehmen einigt sich später mit der US-Regierung auf eine Strafzahlung von 15 Millionen US-Dollar.

**↓ Kein Fehler zu erkennen**
Sieben Optik-Ingenieure inspizieren den Hauptspiegel des Hubble-Teleskops, der mit hauchdünnen Schichten aus Aluminium und Magnesiumfluorid beschichtet ist. Das Fluorid schützt vor Oxidation und verbessert das Reflexionsvermögen im Ultraviolettbereich.

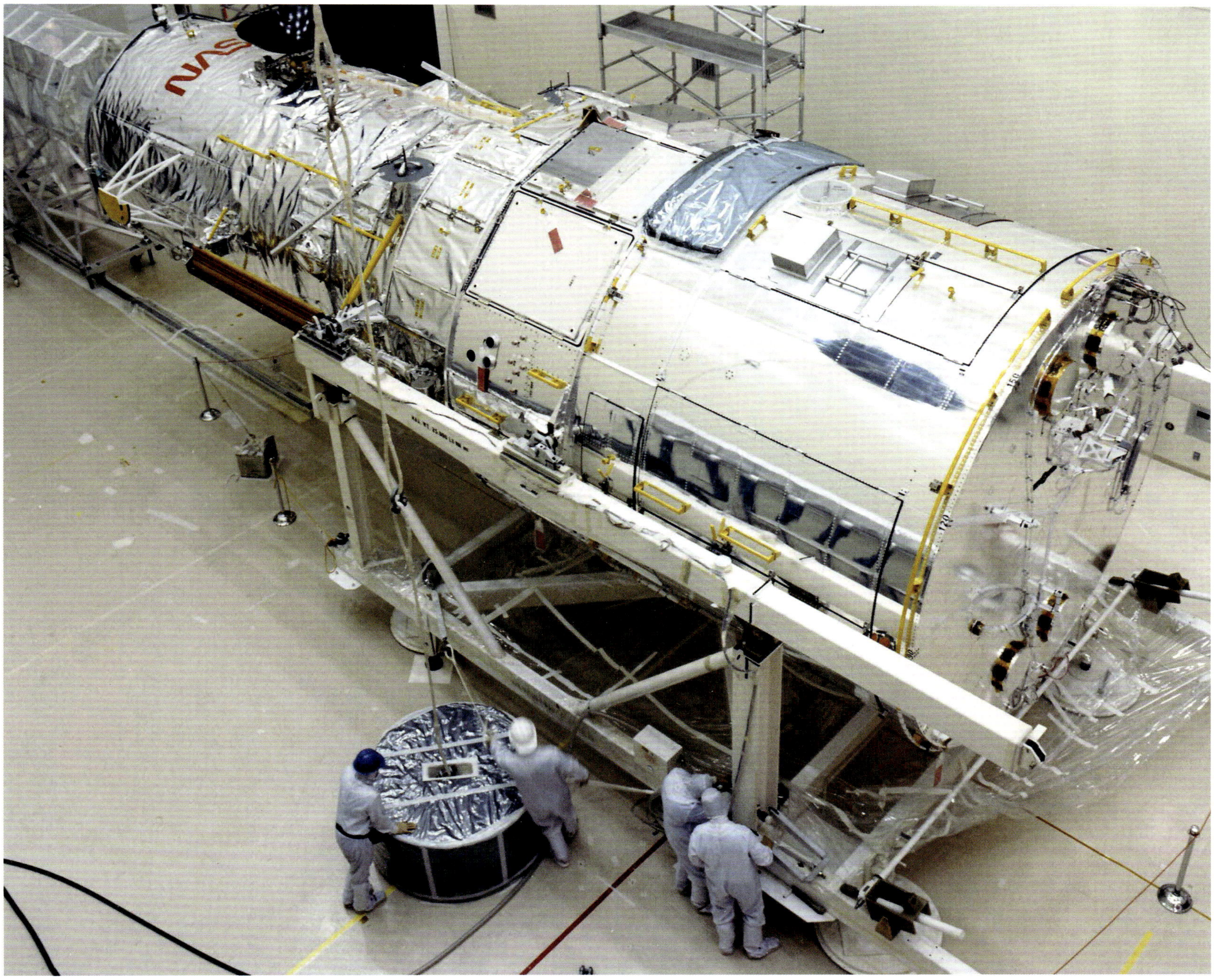


(LST), wie es zunächst hieß, war für manche in der NASA nur ein Lückenfüller nach dem Apollo-Programm. Das Marshall Center hatte Mondflüge durchgeführt, verfügte aber über keinerlei Erfahrung bei Astronomie-Missionen. Im Kompetenzgerangel mit dem eigentlich für Wissenschaft zuständigen Goddard Center gingen viele Nerven und Unsummen an Geld verloren. Dann wurden Lockheed Martin und Perkin-Elmer mit dem Bau beauftragt – zwei renommierte Rüstungsfirmen, die ebenfalls keine große Kenntnis von Astronomie-Missionen hatten. Weil die Unternehmen fürchteten, Unbefugte könnten Kenntnis von militärischer Technik erhalten, sollten möglichst wenige NASA-Mitarbeiter vor Ort sein. Der Spardruck tat sein Übriges. Das Hubble-Projekt war äußerst ambitioniert, bekam aber nie den Stellenwert in der Industrie, den es verdient hätte. Schlimmer als der Spiegelfehler selbst ist die Tatsache, dass man ihn erst im All bemerkt hat. Die Firmen waren sowohl vom Bauen als auch vom Testen überfordert. Blindflug.

## HUBBLES NEUANFANG

Doch in der Krise zeigte die NASA, warum sie einen so legendären Ruf genießt. Binnen zwei Jahren hat sie eine Korrekturoptik entwickelt. Die Brille passte – Hubble kehrte triumphal zurück. In der Rückschau erscheint der Spiegelfehler fast als genialer PR-Stunt, der zum Mythos Hubble beigetragen hat.

Das Glück der Astronomen war, dass man Hubble von Anfang für Wartungsbesuche mit dem Shuttle konzipiert hatte. So ließen sich manche Macken beheben. Innerhalb von 16 Jahren, zwischen 1993 und 2009, bekam Hubble fünfmal Besuch in der Umlaufbahn. Inzwischen muss es seit mehr als 16 Jahren ohne Wartung auskommen – und funktioniert noch immer. Da die Shuttle-Flotte seit 2011 stillgelegt ist, sind auch die Tage von Hubble gezählt. Dazu später mehr.

**↑ Die Zwerge und der Teleskopriese**
Vier Mitarbeiter von Lockheed Martin Space Systems arbeiten im Reinraum am 13 Meter langen Teleskop. Das Unternehmen in Sunnyvale südlich von San Francisco bekommt 1977 den Auftrag, das Raumfahrzeug zu entwerfen, zu bauen und die Komponenten zu installieren. Oft wird vergessen, dass Hubble zuallererst ein Satellit ist – und erst danach ein Teleskop. Fachleute von Lockheed sind auch am Betrieb beteiligt. Sie schulten zudem die Teams der fünf Service-Missionen. Dabei wurden die astronomischen Instrumente ausgetauscht, ein schnellerer Hauptcomputer, leistungsstärkere Solarzellen, neue Gyroskope, Batterien und Datenspeicher installiert.

↑ **Von der Erde in den Weltraum**
Am 24. April 1990 macht die Raumfähre Discovery aus Hubble endlich ein Weltraumteleskop. Der NASA-Kommentator schwärmt von „unserem Fenster ins Universum". Recht hat er. Der Start hatte sich auch wegen des Unglücks des Space Shuttle Challenger um viele Jahre verzögert.

↗ **Ein kleiner Schubs für ein Teleskop, ein Riesensprung für die Astronomie**
„Discovery, Go for Hubble Release!" lautet am 25. April 1990 der Befehl an die Besatzung der US-Raumfähre. Diese Aufnahme (von einer Kamera in der Ladebucht des Shuttle) entsteht kurz nachdem sich der Roboterarm vom Hubble-Weltraumteleskop getrennt hat.

## GALAXIEN, MEHR GALAXIEN, HUBBLE

Gut ein Jahr nach der Reparatur demonstrierte Hubble endlich, was in ihm steckt. Irgendwann sind viele Beobachtungen sicher vergessen – aber diese wird bleiben: Elf Tage lang hat Hubble auf eine Stelle etwas oberhalb des Großen Wagens gestarrt. Mit dem Hubble Deep Field begann eine neue Ära der Astronomie (Seite 204). Plötzlich ließ sich tief bis an den Rand des Kosmos blicken. Mit einem Mal war die Entwicklung der Galaxien auf einem Foto zu sehen. Die Kosmologie – bis dahin eher der Philosophie zugehörig – wurde schlagartig eine Beobachtungswissenschaft.

Wann immer ich auf den Großen Wagen blicke, denke ich an das erste Hubble Deep Field. Die Position ist kein Zufall: Hubble musste für die lange Beobachtung eine Stelle nah an den Himmelspolen auswählen – dies sind die Bereiche, die für das Teleskop immer zu sehen sind. Von der Erdumlaufbahn aus ist der größte Teil der Himmelskugel nur für eine dreiviertel Stunde am Stück zugänglich, weil dann ebenso lange die Erdkugel den Blick blockiert.

Eine andere Großtat ist Hubbles Beitrag bei der Entdeckung der beschleunigten Ausdehnung des Universums. Die Beobachtung der fernsten Supernova-Explosionen gelang mit dem Weltraumteleskop. Hubble sieht viel mehr als das menschliche Auge: Das Teleskop im All beobachtet bis zu einer Wellenlänge von 2,5 Mikrometern. Das ist deutlich im Infraroten. Unser Auge ist nur bis zu etwa 0,85 Mikrometern empfindlich. Ob Entstehung, Leben und Tod von Sternen, ob Aufbau von Galaxien oder faszinierende Gravitationslinsen: Hubble hat uns in vielen Bereichen buchstäblich die Augen geöffnet.

## BILDER WERDEN IKONEN

Hubble hat auch die Wahrnehmung der Astronomie verändert. Die grandiosen Bilder wurden weltweit bekannt – und das anfangs in Zeiten ohne leistungsstarkes Internet und soziale Medien. Ob die Säulen der Schöpfung oder das Deep Field, ob Orion- oder Carinanebel – viele Hubble-Aufnahmen sind Ikonen. Fast alle kennen diese himmlischen Blicke, vielleicht ohne zu wissen, dass es Hubble-Bilder sind.

Inzwischen belaufen sich die Kosten für Hubble – von den ersten Schritten bis heute – auf rund 15 Milliarden US-Dollar. Dass sich diese Investition lohnt, können Sie auf Seite 11 nachlesen. Die Betriebskosten liegen bei rund 90 Millionen US-Dollar pro Jahr. Eine Hubble-Stunde schlägt mit 10.000 US-Dollar zu Buche. Für das viele Geld gibt es viel Schönes: das ganze Universum. Doch das Teleskop leidet inzwischen an Altersschwäche: Im Sommer 2021 fiel eine Komponente des Bordcomputers aus. Da praktisch alle wichtigen Teile doppelt vorhanden sind, schaltete man das Ersatzstück ein – zum ersten Mal nach 31 Jahren. Etliche „Hubble-Rentner", die ganz zu Anfang der Mission dabei gewesen waren, haben das Rettungsteam verstärkt. Nach fünf Wochen war Hubble wieder flott.

## FÜHRT DIE SONNE ZUM HUBBLE-ABSTURZ?

Auch die Gyroskope bereiten Probleme. Beim Ausrichten des Teleskops auf Objekte im Kosmos kommen kleine Steuereinheiten zum Einsatz, in denen sich Kreisel drehen. Üblicherweise sind drei für die korrekte Orientierung im All notwendig. Von den sechs Gyroskopen an Bord von Hubble sind drei schon lange ausgefallen. Seit Mai 2024 funktioniert auch ein viertes nicht mehr richtig. Das Hubble-Team hat ein Verfahren ersonnen, mit nur einem Gyroskop Beobachtungen durchzuführen – allerdings ist das Teleskop nicht mehr so flexibel einsetzbar wie zuvor. Das Ausrichten auf die Objekte im All dauert nun deutlich länger.

Die größte Sorge bereitet die Bahnhöhe, die inzwischen dramatisch abnimmt. Die Discovery hatte Hubble einst in 620 Kilometern Höhe ausgesetzt. Durch die Reibung an den dünnen Ausläufern der Erdatmosphäre sinkt es allmählich immer tiefer. Der größte Feind von Hubble ist die Sonne: Ist sie sehr aktiv, dehnt sich die Erdatmosphäre aus und die Reibung in Hubbles Bahnhöhe nimmt zu. Das letzte besonders schwache Minimum der Sonnenaktivität hat Hubble sehr gutgetan: Von 2016 bis 2021 hat die Bahnhöhe nur um vier auf 538 Kilometer abgenommen. Als dieses Buch fertig gestellt wurde (Anfang September 2025), lag die Höhe nur noch bei 489 Kilometern!

Hubble hat keinen Antrieb und ist rein den Kräften der Natur ausgesetzt. Es kann sich weder selbst anheben noch versenken. Daher wird schon länger über eine Mission nachgedacht, die das Teleskop in der Umlaufbahn ansteuert und dann gezielt in den Südpazifik lenkt. Bei der letzten Wartungsmission 2009 wurde eigens ein Greifring hinten am Teleskop befestigt, der es robotischen Sonden erleichtern soll, Hubble zu packen. Sollte Hubble auf unter 400 Kilometer absacken, dürfte es nur noch etwa ein Jahr bis zum Einschlag dauern. Dann nimmt die Reibung so stark zu, dass das Teleskop zügig nach unten durchgereicht wird. Unterhalb von 200 Kilometern Höhe steht der Absturz unmittelbar bevor. Im schlimmsten Szenario könnte es schon 2029 mit Hubble vorbei sein – im besten Fall hält es noch zehn Jahre länger durch. Ein unkontrolliertes Eintreten in die Atmosphäre birgt erhebliche Risiken: Der Hauptspiegel und viele andere Teile des elf Tonnen schweren Teleskops werden nicht verglühen, sondern die Erdoberfläche erreichen. Hubble würde zu einer tödlichen Gefahr.

## SCHUTZPATRONIN BARBARA MIKULSKI

Von der Dauerbrenner-Mission bleibt in jedem Fall ein unermessliches Archiv, das noch für Jahrzehnte für Furore sorgen wird. Denn oft werden Bilder und Messdaten nur mit einem bestimmten Ziel ausgewertet – andere Aspekte werden übersehen. „Archiv-Forschung“ ist bei Hubble traditionell sehr erfolgreich – die Bilder haben viel Beifang. Das Archiv heißt inzwischen nach Barbara Mikulski, die 30 Jahre lang für Maryland im US-Senat saß. In ihrem Staat befinden sich das Goddard Space Flight Center in Greenbelt und das wissenschaftliche Institut von Hubble und Webb in Baltimore. Barbara Mikulski hat stets für die NASA gekämpft und fast im Alleingang die so wichtige letzte Hubble-Wartungsmission 2009 durchgeboxt.

Bei einem Besuch des britischen Königspaares in Maryland schenkte sie Queen Elizabeth II. einen Bilderrahmen: Darin ein Bild von Hubble in der Umlaufbahn und eines von den Säulen der Schöpfung (siehe hinterer Buchdeckel). Das Teleskop und die Staubmassen sind eine Ikone – ebenso wie Frau Mikulski. Ihr ist zu verdanken, dass das Hubble-Teleskop eine wunderbare, fast unendliche Geschichte ist.

**← Die Gefriertruhen-Brille**
Die Astronautin Kathryn Thornton hebt die Hubble-Korrekturoptik COSTAR an. Im Hintergrund ist das offene Teleskop mit seinen großen Türen zu erkennen. Dort wird die „Brille“ installiert – das High Speed Photometer muss dafür weichen. COSTAR kompensiert den Bildfehler des falsch geschliffenen Hauptspiegels. Später haben alle Instrumente die Korrektur gleich eingebaut – daher wird die Brille 2009 wieder ausgebaut. Kathryn Thornton ist während der Arbeit mit den Füßen am Roboterarm der Raumfähre Endeavour verankert. Ihr Kollege Thomas Akers ist in der Ladebucht tätig. Am Ende der fünf Arbeitstage wird das Weltraumteleskop voll funktionsfähig wieder im All ausgesetzt. Die NASA verkündet stolz: „The trouble with Hubble is over!“ Der Ärger mit Hubble ist vorbei! Der Rest ist Legende.

# DAS HUBBLE-WELTRAUMTELESKOP

**Länge:** 13,2 Meter
**Größter Durchmesser:** 4,2 Meter
**Gewicht:** 10,8 Tonnen beim Start, 12,2 Tonnen nach der letzten Wartungsmission
**Empfindlichkeit:** Von UV bis IR, 0,115 bis 2,5 Mikrometer
**Datenmenge:** Hubble überträgt rund 150 Gigabits pro Woche an Beobachtungsdaten
**Stromversorgung:** Sonne, 6 Nickel-Wasserstoff-Akkumulatoren (NiH)
**Leistung der Solarzellen:** etwa 5000 Watt (im Sonnenlicht)
**Benötigte Leistung im Betrieb:** durchschnittlich 2100 Watt

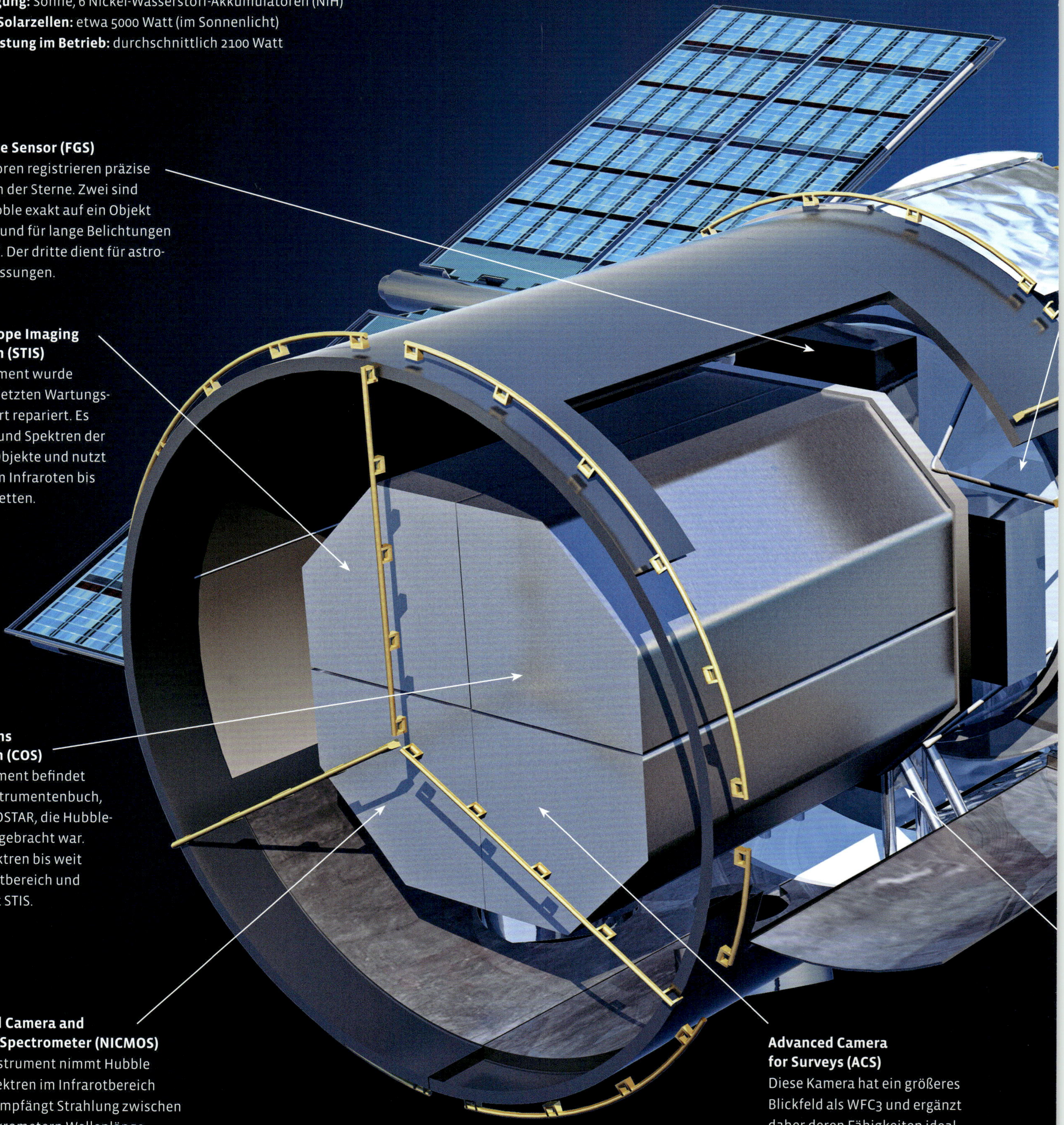

**Fine Guidance Sensor (FGS)**
Die drei Sensoren registrieren präzise die Positionen der Sterne. Zwei sind nötig, um Hubble exakt auf ein Objekt auszurichten und für lange Belichtungen „einzurasten“. Der dritte dient für astrometrische Messungen.

**Space Telescope Imaging Spectrograph (STIS)**
Dieses Instrument wurde während der letzten Wartungsmission vor Ort repariert. Es macht Bilder und Spektren der kosmischen Objekte und nutzt Strahlung vom Infraroten bis zum Ultravioletten.

**Cosmic Origins Spectrograph (COS)**
Dieses Instrument befindet sich in der Instrumentenbucht, in der einst COSTAR, die Hubble-„Brille“, untergebracht war. Es macht Spektren bis weit im Ultraviolettbereich und ergänzt damit STIS.

**Near Infrared Camera and Multi-Object Spectrometer (NICMOS)**
Mit diesem Instrument nimmt Hubble Bilder und Spektren im Infrarotbereich auf. NICMOS empfängt Strahlung zwischen 0,8 und 2,5 Mikrometern Wellenlänge.

**Advanced Camera for Surveys (ACS)**
Diese Kamera hat ein größeres Blickfeld als WFC3 und ergänzt daher deren Fähigkeiten ideal. ACS nimmt einen der vier großen Plätze für wissenschaftliche Instrumente ein.

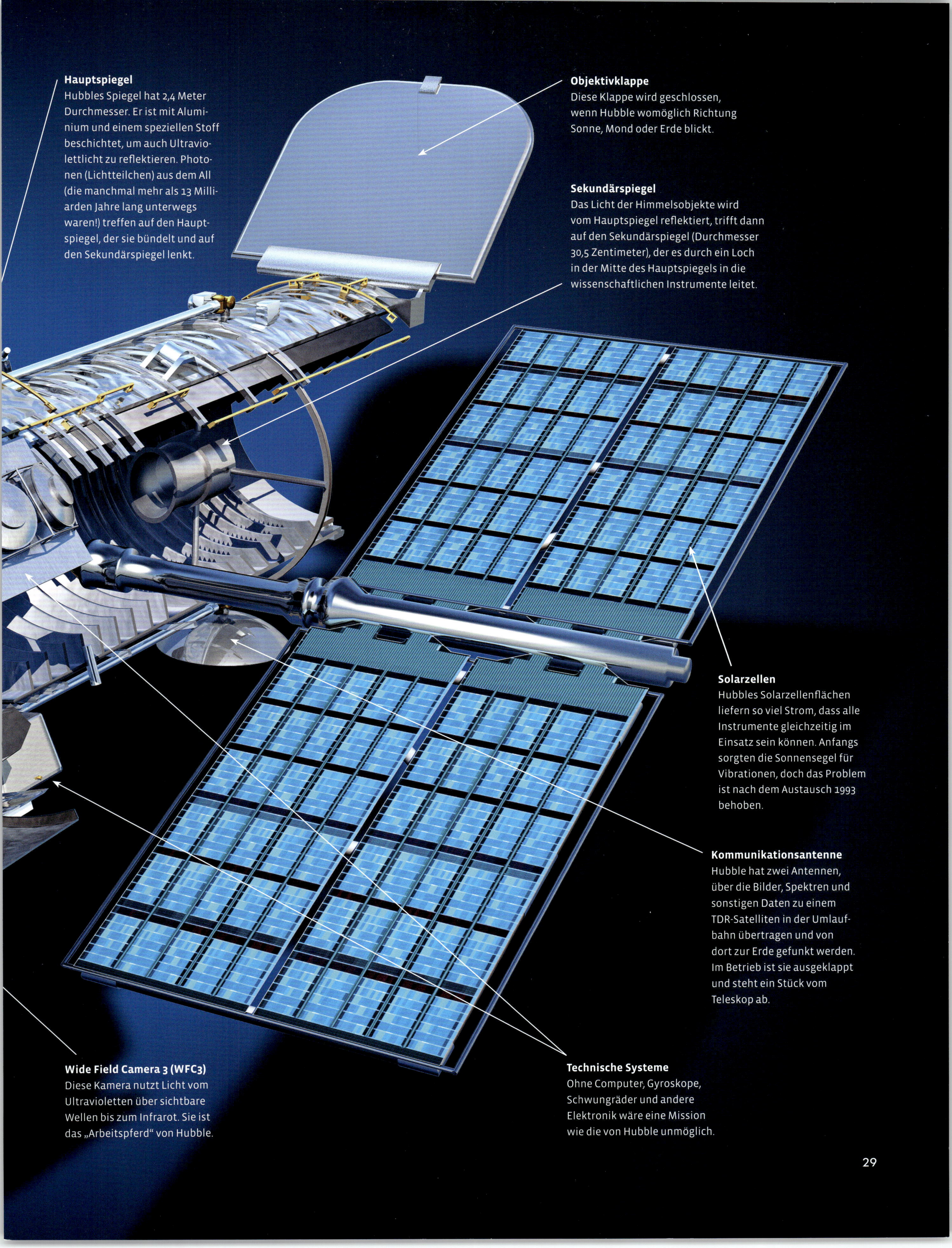
**Hauptspiegel**
Hubbles Spiegel hat 2,4 Meter Durchmesser. Er ist mit Aluminium und einem speziellen Stoff beschichtet, um auch Ultraviolettlicht zu reflektieren. Photonen (Lichtteilchen) aus dem All (die manchmal mehr als 13 Milliarden Jahre lang unterwegs waren!) treffen auf den Hauptspiegel, der sie bündelt und auf den Sekundärspiegel lenkt.
**Objektivklappe**
Diese Klappe wird geschlossen, wenn Hubble womöglich Richtung Sonne, Mond oder Erde blickt.
**Sekundärspiegel**
Das Licht der Himmelsobjekte wird vom Hauptspiegel reflektiert, trifft dann auf den Sekundärspiegel (Durchmesser 30,5 Zentimeter), der es durch ein Loch in der Mitte des Hauptspiegels in die wissenschaftlichen Instrumente leitet.
**Solarzellen**
Hubbles Solarzellenflächen liefern so viel Strom, dass alle Instrumente gleichzeitig im Einsatz sein können. Anfangs sorgten die Sonnensegel für Vibrationen, doch das Problem ist nach dem Austausch 1993 behoben.
**Kommunikationsantenne**
Hubble hat zwei Antennen, über die Bilder, Spektren und sonstigen Daten zu einem TDR-Satelliten in der Umlaufbahn übertragen und von dort zur Erde gefunkt werden. Im Betrieb ist sie ausgeklappt und steht ein Stück vom Teleskop ab.
**Wide Field Camera 3 (WFC3)**
Diese Kamera nutzt Licht vom Ultravioletten über sichtbare Wellen bis zum Infrarot. Sie ist das „Arbeitspferd“ von Hubble.
**Technische Systeme**
Ohne Computer, Gyroskope, Schwungräder und andere Elektronik wäre eine Mission wie die von Hubble unmöglich.

**Richtung Sonne**

Im Maßstab dieser Grafik ist die Sonne (Abstand 150 Millionen Kilometer) 28 Meter entfernt.

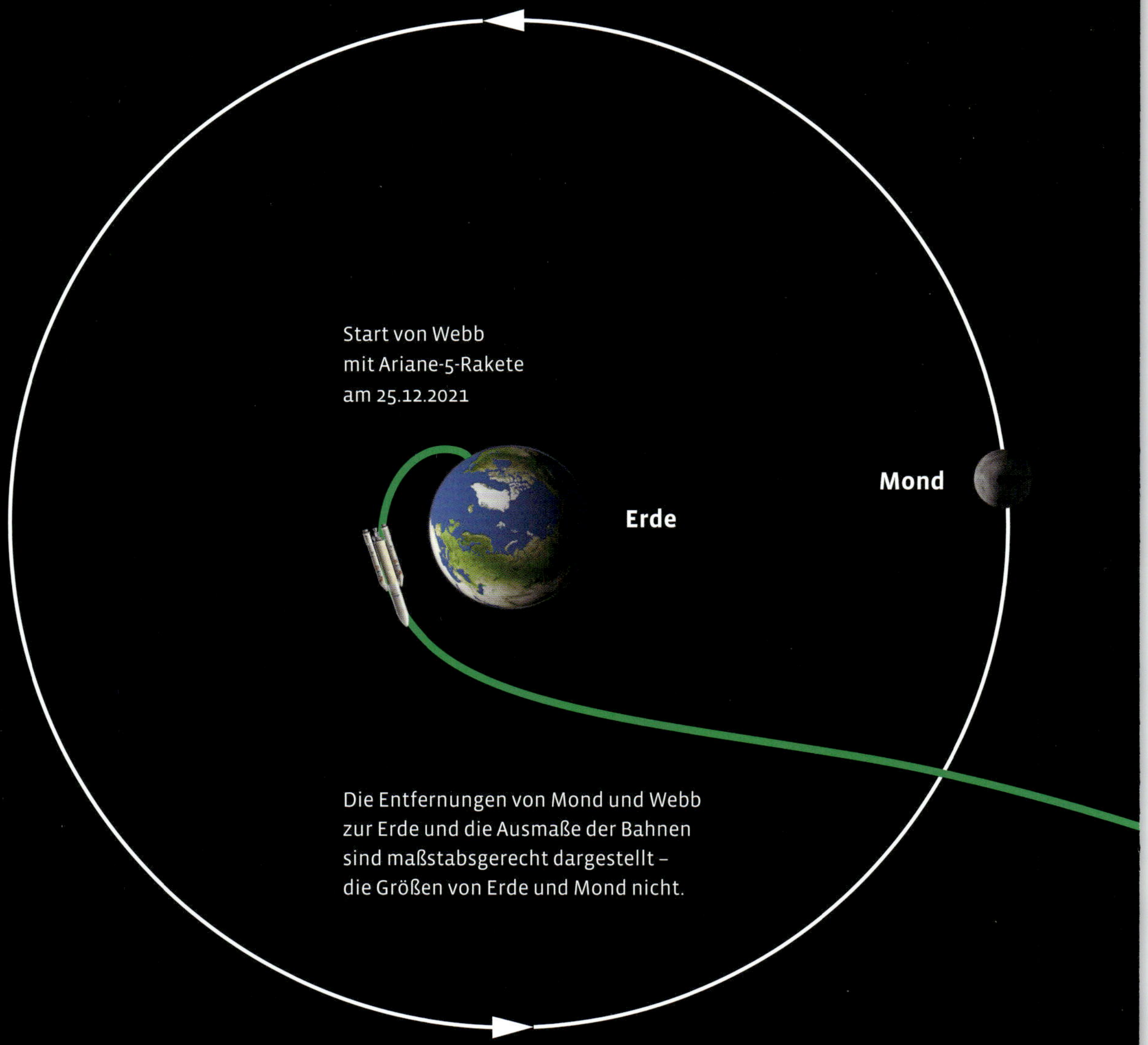


Unten: Ausschnitt der Erde, aufgenommen am 18. März 2023. Es war das erste Bild des neuen europäischen Meteosat-Satelliten der dritten Generation (MTG-I1).

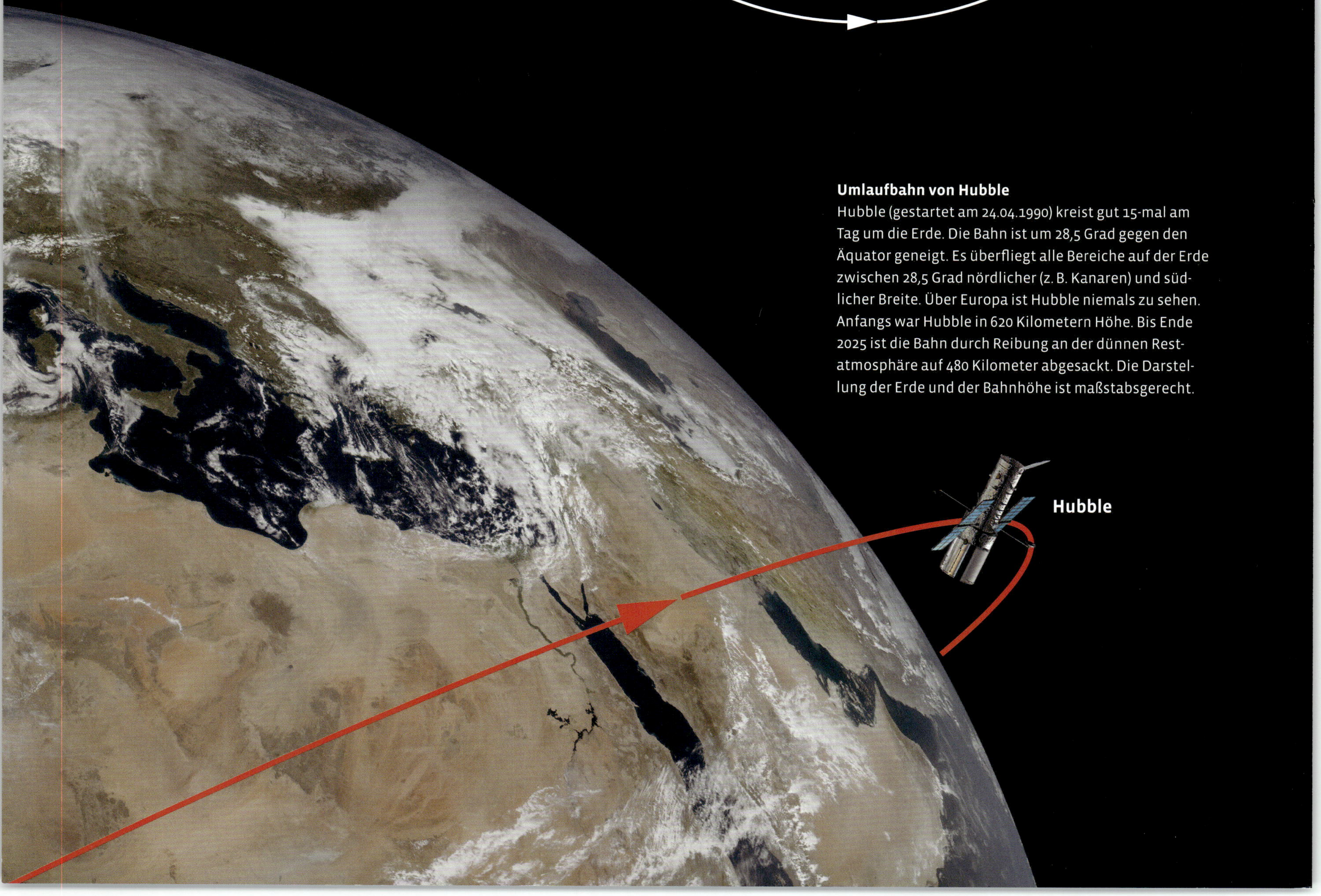


**Umlaufbahn von Hubble**

Hubble (gestartet am 24.04.1990) kreist gut 15-mal am Tag um die Erde. Die Bahn ist um 28,5 Grad gegen den Äquator geneigt. Es überfliegt alle Bereiche auf der Erde zwischen 28,5 Grad nördlicher (z. B. Kanaren) und südlicher Breite. Über Europa ist Hubble niemals zu sehen. Anfangs war Hubble in 620 Kilometern Höhe. Bis Ende 2025 ist die Bahn durch Reibung an der dünnen Restatmosphäre auf 480 Kilometer abgesackt. Die Darstellung der Erde und der Bahnhöhe ist maßstabsgerecht.

# HUBBLE UND WEBB: DIE UMLAUFBAHNEN

Hubble (linke Seite unten) kreist auf einer niedrigen Umlaufbahn um die Erde. Webb läuft in einer großen Ellipse zweimal pro Jahr um den Lagrange-Punkt 2 des Erde-Sonne-Systems herum (1,5 Millionen Kilometer von der Erde entfernt).

Der Abstand von Webb zum L2 liegt dabei zwischen 250.000 und 832.000 Kilometern. Auf dieser „Halo-Bahn“ braucht Webb besonders wenig Treibstoff, um in der richtigen Position zu bleiben. Etwa alle sechs Wochen finden kleine Bahnkorrekturen statt. Webbs maximaler Abstand von der Erde beträgt 1,8 Millionen Kilometer. Es befindet sich bis zu 532.000 Kilometer ober- oder unterhalb der Erdbahnebene. Das Teleskop muss weit von Erde und Mond entfernt sein, weil deren Infrarotstrahlung die Beobachtungen stören würden. Auf einer ganz ähnlichen, aber etwas anders gekippten Bahn zieht das ESA-Teleskop Euclid um den L2.

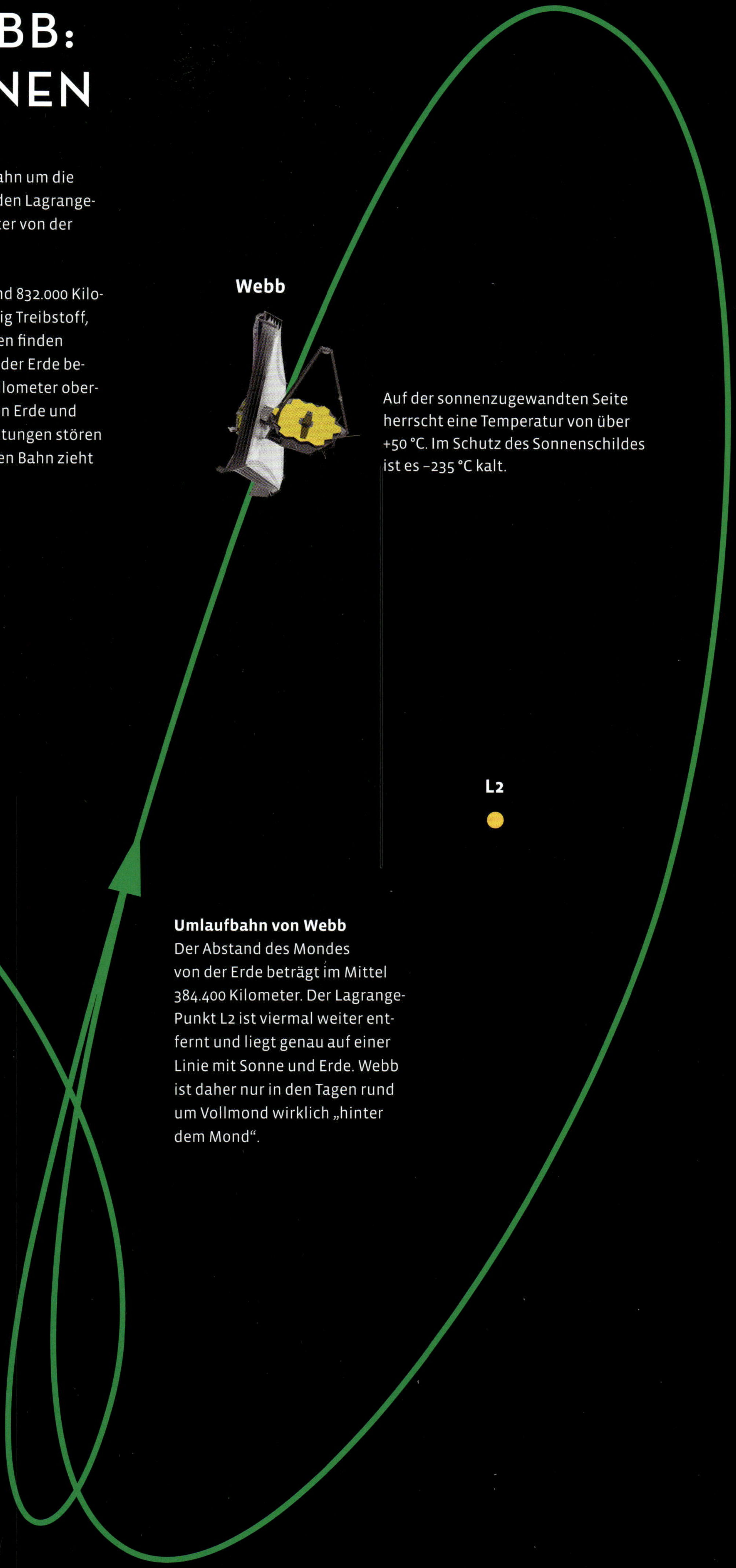


Auf der sonnenzugewandten Seite herrscht eine Temperatur von über +50 °C. Im Schutz des Sonnenschildes ist es −235 °C kalt.

**Webbs Reise in den Halo-Orbit**
Nach dem perfekten Ariane-Start brauchte Webb 29 Tage, um in den Halo-Orbit um den Lagrange-Punkt 2 einzuschwenken. Während dieser vierwöchigen Reise ist das Teleskop, das beim Start zusammengefaltet war, „aufgeblüht“: Ausfahren von Solarzellen und der Kommunikationsantenne, Entfalten des Sonnenschilds, Ausklappen der Spiegelsegmente etc.

**Umlaufbahn von Webb**
Der Abstand des Mondes von der Erde beträgt im Mittel 384.400 Kilometer. Der Lagrange-Punkt L2 ist viermal weiter entfernt und liegt genau auf einer Linie mit Sonne und Erde. Webb ist daher nur in den Tagen rund um Vollmond wirklich „hinter dem Mond“.

# DAS JAMES-WEBB-WELTRAUMTELESKOP

Mehr als zehn Jahre verspätet, Kosten vervielfacht, Bangen um das Entfalten nach dem Start: Das James-Webb-Teleskop stand mehrfach kurz vor dem Scheitern. Doch der Traum lebt – und wie! Nie zuvor hat ein Instrument Galaxien so kurz nach dem Urknall beobachtet und so tief in dicke Staubwolken geblickt. Webb führt die Astronomie in eine neue Ära.

Was haben Sie am ersten Weihnachtstag 2021 gemacht? Mittags um 13:20 Uhr? Ich habe gebannt nach Kourou geblickt, zu Europas Weltraumbahnhof in Französisch-Guyana. *„Attention pour le décompte final."* Der Countdown ist auf Französisch. *„10, 9, 8, 7, 6, 5, 4, trois, deux, un, unité, top … décollage."* Die Ariane-5-Rakete stemmt sich in den wolkenverhangenen Himmel, mein Puls geht schneller. In ihrer Spitze befindet sich die kostbarste Fracht, die je ins All gebracht wurde: das James-Webb-Weltraumteleskop. Die Erwartungen sind riesig, wie auch der legendäre NASA-Startkommentator George Diller klar macht: *„Von einem tropischen Regenwald bis an den Rand der Zeit: James Webb beginnt eine Reise zurück zur Geburt des Universums."*

Die Ariane macht ihre Sache perfekt. James Webb beginnt die einmonatige Reise zu seiner Arbeitsstelle gut anderthalb Millionen Kilometer von der Erde entfernt. Unterwegs erlebt es eine eindrucksvolle Verwandlung: Gestartet als Raupe eingeklemmt in der Rakete, angekommen als wunderbares Teleskop in den Weiten des Alls.

Szenenwechsel: Ein halbes Jahr später, 11. Juli 2022, im Weißen Haus in Washington. US-Präsident Joe Biden präsentiert das erste James-Webb-Bild der Öffentlichkeit: Es ist der bis dahin tiefste Infrarotblick ins All. Die insgesamt gut zwölf Stunden Belichtungszeit zeigen tausende Galaxien, darunter viele, die auf Aufnahmen des Hubble-Weltraumteleskops nicht zu erkennen

**← Großes Teleskop – großes Team**
Dieses Modell des James-Webb-Weltraumteleskops in Originalgröße stand einige Zeit vor dem Deutschen Museum in München. Besonders markant sind der fünflagige Sonnenschild und der Hauptspiegel, der aus 18 sechseckigen Segmenten besteht. Vor dem Modell stehen die Teilnehmer eines Treffens des MIRI-Konsortiums. MIRI ist das Mittel-Infrarot-Instrument, das besonders tief in Staubwolken hineinsehen kann. MIRI wurde zum Teil am MPI für Astronomie in Heidelberg gebaut, das viel Infrarot-Erfahrung hat. Die wunderbaren Bilder in diesem Buch ließen sich nur aufnehmen, weil zahlreiche Menschen viel Zeit und Herzblut in die Entwicklung von Webb und der wissenschaftlichen Instrumente gesteckt haben. Astronomie wird mit Teleskopen gemacht, aber von Menschen.

**↑ Als wäre James Webb im All ...** In einem Reinraum von Northrop Grumman in Redondo Beach bei Los Angeles überwachen drei Ingenieure den letzten Test des Sonnenschilds. Zum Start war das Teleskop komplett zusammengefaltet – Origami-Ingenieurskunst. Die aufwändigen Tests des Ausfahrens waren unerlässlich, denn Webb wäre ohne den Sonnenschild viel zu heiß und könnte keine Infrarotbeobachtungen machen. Ein minimales Risiko blieb vor dem Start, weil sich auf der Erde nicht die tiefen Temperaturen des Alls und die Schwerelosigkeit simulieren lassen. Beim Hauptspiegel sind die beiden Seitensegmente zurückgeklappt. Die zwei Stangen vor dem Hauptspiegel sind Stützen des Sekundärspiegels, der das vom Hauptspiegel reflektierte Sternlicht durch die Aussparung im Hauptspiegel in die Kameras dahinter lenkt. Northrop Grumman war das führende Unternehmen für die Entwicklung, den Bau und die Integration aller Komponenten von Webb.

waren. Es ist ein historischer Tag, meint der Präsident zu Recht. Die Astronomie tritt mit James Webb in eine neue, noch prachtvollere Ära. Nie zuvor ging der Blick räumlich so weit hinaus in den Kosmos – nie zuvor konnten Fachleute so weit zurück in der Zeit beobachten: James Webb hat schon Galaxien fotografiert, die bereits weniger als 300 Millionen Jahre nach dem Urknall existiert haben. Während Hubble „nur" den kosmischen Kindergarten erfassen konnte, blickt James Webb bis in die Krabbelgruppe. Es geht Schlag auf Schlag: Ob Exoplaneten, die womöglich lebensfreundliche Bedingungen bieten, oder dicke Gas- und Staubwolken, in denen Sterne entstehen. Ob die Überreste sterbender Sterne oder Schwarze Löcher in der Frühphase des Kosmos. Stets liefert der Infrarotblick von James Webb ganz neue Einsichten – klärt manch alte Fragen und sorgt für viele neue.

Die Euphorie über die fantastischen Bilder ist verständlich, denn der Druck vor dem Start war immens. Das James-Webb-Weltraumteleskop (James Webb Space Telescope, JWST), benannt nach dem in den 1960er-Jahren amtierenden NASA-Chef James Webb (1906–1992), hatte wilde Jahre hinter sich – mit zahlreichen Verschiebungen des Starttermins, enormen Kostensteigerungen und drohender Einstellung des Projekts. Ende der 1990er-Jahre war man von einem Start etwa 2009 ausgegangen und von Kosten von rund einer Milliarde US-Dollar. Das war sicher blauäugig – jedenfalls dauerte es zwölf Jahre länger und es brauchte fast neun Milliarden US-Dollar. Mehrfach ließ sich der US-Kongress nur mit viel Überzeugungskraft erweichen, doch noch einmal Geld nachzuschießen. Webb ist noch viel teurer als Hubble, aber auch viel ambitionierter. Es ist größer. Es arbeitet im Infrarotbereich. Es ist weit von der Erde entfernt und kann keinen Wartungsbesuch bekommen. Es musste zusammengeklappt starten und hat sich erst im Weltraum entfaltet.

## ORIGAMI IN DER ARIANE

Das Teleskop ist ein Stück Ingenieurskunst. Einen Spiegel von 6,5 Metern Durchmesser in eine Rakete zu setzen, deren Durchmesser nur fünf Meter beträgt, klingt erst einmal reichlich abstrus. Der aus 18 Segmenten bestehende Spiegel ließ sich an zwei Seiten einklappen, wie oben auf dieser Seite zu sehen ist. Insgesamt gab es beim Entfalten von Webb über 300 Schritte, die alle perfekt klappen mussten. Hätte sich etwa der Spiegel nicht optimal ausgerichtet, so wäre die Mission vorbei gewesen, bevor sie begonnen hat. In der Astronomie-Szene

**↓ Kosmisches Glücksrad, made in Germany**
Das Filterrad des Mittel-Infrarot-Instruments MIRI von James Webb ermöglicht spezielle Beobachtungen zwischen 5,6 und 25,5 Mikrometern Wellenlänge. So lässt sich z. B. die Strahlung bestimmter Moleküle und Prozesse im Innern von Staubwolken erforschen – eine Kernaufgabe von Webb. Das Filterrad hat 30 Zentimeter Durchmesser und wiegt rund 3,5 Kilogramm. Es wurde vom Max-Planck-Institut für Astronomie in Heidelberg und der Firma Hensoldt in Oberkochen entwickelt und gebaut. Die besondere Herausforderung: MIRI ist in Webb auf −266 °C gekühlt. Die Mechanik und alle Schmierstoffe müssen viele Jahre lang diese extreme Kälte aushalten. Dafür ist MIRI so empfindlich, dass es noch die Wärmestrahlung einer Kerze auf einem Jupitermond registrieren könnte.

war man ob des komplexen Aufblühens arg besorgt – bei Kommunikationssatelliten sind solche Manöver üblich, daher waren viele Ingenieure sehr zuversichtlich. Schließlich hat alles geklappt – das jahrelange Warten und die Milliarden von Dollar haben sich gelohnt. Bemerkenswert ist, was das Teleskop nicht hat: ein Rohr, in dem der Spiegel untergebracht ist. Der Spiegel liegt offen auf seiner Tragekonstruktion, über ihm nur die drei Stützen für den Sekundärspiegel. Für die Abbildung des Sternlichts spielt das keine Rolle: Dort draußen herrscht völlige Finsternis. Es gibt kein Streulicht, das die Beobachtung stört – dafür treffen aber hin und wieder Staubteilchen und winzige Meteoriten den Spiegel. Meist bleibt das ohne Folgen. Aber ein etwas größeres Teilchen hat gleich zu Beginn der Mission die Oberfläche eines Spiegelsegments leicht beschädigt. Trotzdem ist die Abbildungsqualität des Spiegels immer noch besser als vor der Mission geplant.

## EUROPA RETTET HUBBLE & WEBB

In der Öffentlichkeit ist erstaunlich wenig bekannt, dass sowohl Hubble als auch Webb keine reinen NASA-Projekte sind. Europas Weltraumorganisation ESA ist zu jeweils 15 Prozent beteiligt. Bei Hubble wurden u. a. wissenschaftliche Instrumente und die Solarzellen geliefert. Bei Webb ist der Nah-Infrarot-Detektor NIRSpec ein komplett europäisches Instrument, das Mittel-Infrarot-Instrument MIRI stammt zur Hälfte aus Europa. Zudem hat die ESA den Start mit der Ariane 5 bereitgestellt. Als Hubble Mitte der 1970er-Jahre in den USA vor dem Aus stand, lud man die ESA ein, sich an dem Teleskop wissenschaftlich und finanziell zu beteiligen. Danach war die internationale Partnerschaft mehrfach eine Art Lebensversicherung. Verträge mit anderen Staaten bricht niemand gern – das gilt auch für das Auf und Ab bei James Webb. Als dritter Partner ist die kanadische Weltraumagentur CSA dabei. Hubble und Webb sind Paradebeispiele dafür, wie wunderbar die Zusammenarbeit über Staatsgrenzen hinaus ist. Gemeinsam ist man stärker und besser. Ob solche Projekte in der heutigen Weltlage noch möglich wären?

Die ESA ist in der Himmelsforschung weltweit ganz vorn dabei. Sie liefert exzellente Instrumente (am Institut in Baltimore sind etwa 30 ESA-Beschäftigte tätig) – und hat eine überragende Rakete beigesteuert. Bei der NASA schwärmen sie von der Ariane. Laut Vertrag musste der Einschuss in die Bahn mit einem Fehler von plus/minus sechs Prozent des idealen Werts erfolgen. Doch Europas Rakete hat James Webb auf eine Bahn bugsiert, die nur um ein Prozent von der Idealbahn abweicht. Das ist wohl kein Zufall: Triebwerke unterscheiden sich immer

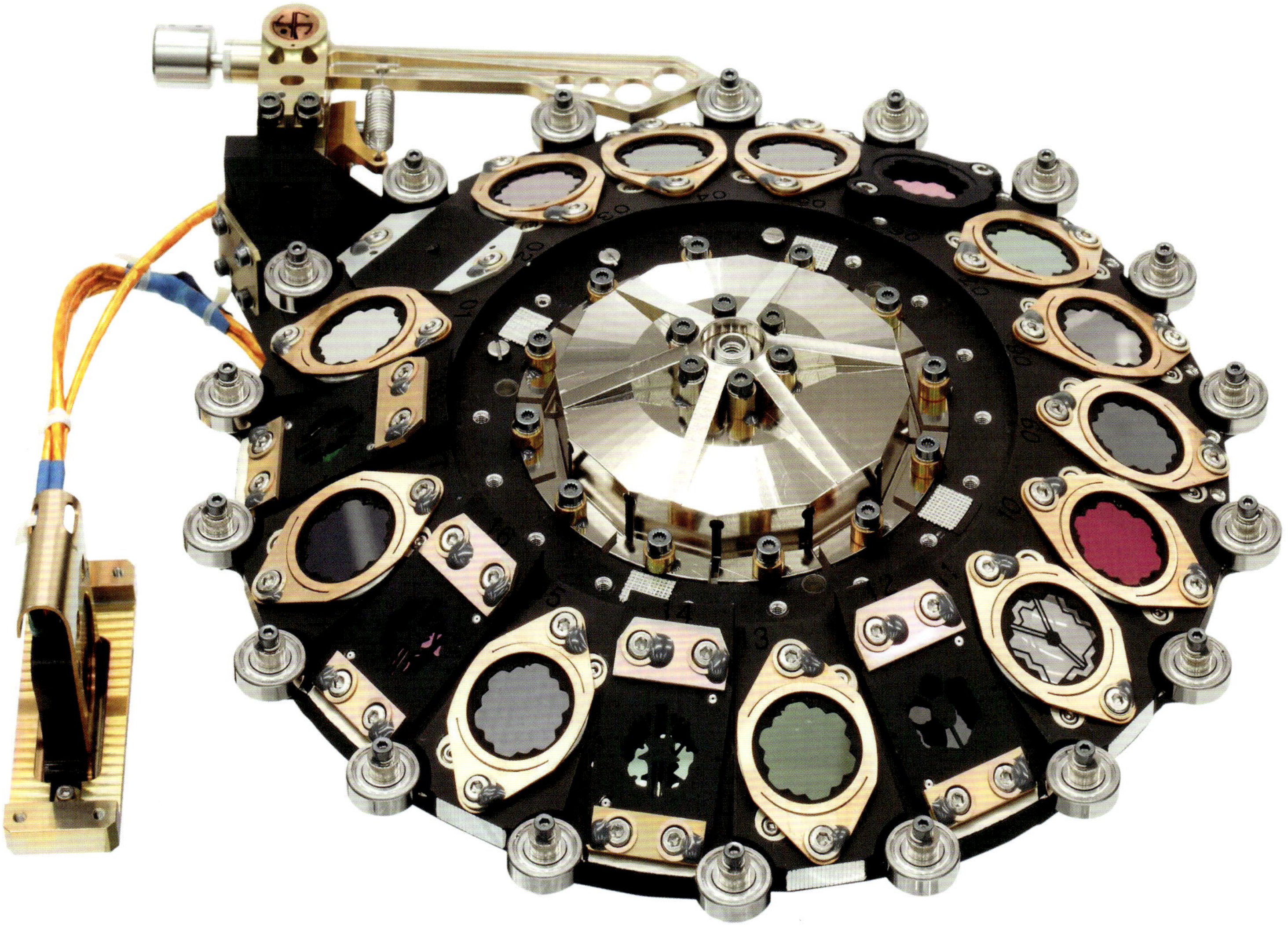

ein wenig, selbst wenn sie im Grunde baugleich sind. Natürlich haben die Teams die Komponenten für die James-Webb-Ariane ganz besonders sorgfältig ausgewählt. Man hat Triebwerke genommen, die schon bei den Testläufen extrem präzise gebrannt haben.

### EINMAL WELTALL, BITTE – ABER DOPPELT SO LANG

Die Oberstufe der Ariane wird übrigens in Bremen gebaut. Ein Bremer Stück Rakete hat James Webb im All ausgesetzt. Die Ingenieurskunst des Ariane-Teams freut die Fachleute von NASA und ESA – und die Himmelsfans weltweit. James Webb dürfte nun bis in die 2040er-Jahre seinen Blick ins All werfen. Denn es war viel weniger Triebstoff nötig als erwartet, um das Teleskop an die gewünschte Position zu bringen. Somit steht mehr Treibstoff zur Verfügung, die ständig auftretenden, minimalen Bahnstörungen von Webb zu korrigieren. Europas perfekte Ariane hat die Lebensdauer des neuen Wunderteleskops mal eben mehr als verdoppelt.

Als Gegenleistung für Europas Beitrag steht den Astronominnen und Astronomen des alten Kontinents 15 Prozent der Beobachtungszeit an den Teleskopen zu. Bei Hubble war das ein exzellenter Deal: Europa hatte in vielen Jahren um 20 Prozent Teleskopzeit, weil die Anträge wissenschaftlich besonders gut waren. Wer immer die Instrumente nutzen will, muss begründen, warum Hubble oder Webb für das Projekt unverzichtbar sind – und wie viel Zeit benötigt wird. Dann wählt eine Gruppe von Fachleuten (die regelmäßig wechseln) die wichtigsten Anträge aus und vergibt Beobachtungszeit. Da sind stets harte Entscheidungen nötig, denn bei Webb wird fast zehnmal mehr Zeit beantragt als zur Verfügung steht. Auch Hubble ist völlig überbucht.

### MEHR INFRAROT-LICHT!

Die erste größere Konferenz zu einem weiteren Weltraumteleskop fand bereits 1989 statt! Noch bevor Hubble gestartet ist (1990), hat man über ein nächstes Projekt nachgedacht – wohl wissend, dass es schnell mehr als zwei Jahrzehnte dauern kann, bis solche Pläne umgesetzt sind. Das Ziel war, ein Teleskop zu bauen, das vor allem im Infraroten arbeitet. Schon damals war klar, dass dieser Wellenlängenbereich die Zukunft der Astronomie prägen wird. Wenn Sterne und Planeten entstehen, geschieht das immer mitten in dichten Staubwolken. Im sichtbaren Licht sind die meist undurchdringlich und erscheinen einfach schwarz. Doch Infrarotstrahlung durchdringt viele Staubwolken – und so blickt James Webb tief ins Innere von Sternentstehungsgebieten. Manche Gaswolke wabert einfach durch eine Galaxie und ist im sichtbaren Licht vollkommen dunkel. Doch ihre schwache Wärmestrahlung entgeht Webb nicht. In den Atmosphären von Exoplaneten sind viele Phänomene nur im Infrarotbereich zu erkennen – Webb sieht sie.

**↑ Kosmisches Superauge, made in Germany**
Der Nah-Infrarot-Spektrograf NIRSpec empfängt Strahlung von 0,6 bis 5,3 Mikrometern Wellenlänge. Mit ihm lassen sich Spektren von hunderten Objekten gleichzeitig aufnehmen. Da NIRSpec bei −230 °C arbeitet, bestehen die gesamte Grundstruktur und die Spiegel aus der Keramik Siliziumkarbid (SiC). Sie verformt sich auch bei tiefsten Temperaturen nicht. Dieses Meisterstück, das in Schutzfolie verpackt fast wie ein Konzertflügel aussieht, wurde größtenteils bei Airbus Defence and Space in Ottobrunn und Friedrichshafen hergestellt (oben). Mit NIRSpec ließe sich noch die Glut einer Zigarette auf dem Mond erfassen. Im Teleskop ist NIRSpec Teil des Integrated Science Instrument Module ISIM (unten, Aufnahme vom Juli 2015). Genau gegenüber von NIRSpec ist MIRI montiert. ISIM ist das wissenschaftliche Herz von Webb und befindet sich hinter dem Hauptspiegel (Seite 39).

**↑ Superstar Ariane**
Zwei Tage vor dem Start steht die Ariane-5-Rakete bereits auf der Startrampe in Kourou in Französisch-Guyana, das geografisch Südamerika, als französische Überseeregion politisch aber ein Teil Europas ist (links). Unter der Schutzverkleidung an der Spitze befindet sich das zusammengefaltete Weltraumteleskop. Auf der Rakete ist die Beschriftung „Webb“ zu erkennen, ebenso das Logo mit Hauptspiegel und Sonnenschild. Am 25. Dezember 2021 um 13:20 Uhr MEZ halten wohl fast alle Himmelsfans weltweit die Luft an: Die Ariane stemmt sich in den Himmel (rechts). Alles geht gut: Die Rakete erreicht die Umlaufbahn und setzt James Webb heil im Weltraum aus – und zwar so präzise, dass das Teleskop für die Reise zum L2-Halo-Orbit (Seite 30) viel weniger Treibstoff braucht als erwartet. Damit kann James Webb statt geplanter zehn nun sogar 20 Jahre im All manövrieren. Danke, Ariane! Danke, Europa!

## KOSMOS KURIOS: AUS BLAU WIRD INFRAROT

Überragend wichtig ist dieser Wellenlängenbereich für Beobachtungen ganz am Rand des Universums – in den ersten hunderten Millionen Jahren nach dem Urknall. Die ersten Sterne damals leuchteten intensiv im blauen und im Ultraviolettlicht. Die Strahlung der Galaxie auf Seite 203 hat sich 290 Millionen Jahre nach dem Urknall auf den Weg gemacht. Seitdem hat sich das Universum kräftig ausgedehnt – und dabei die Wellenlänge des Lichts stark gedehnt. Längerwelliges Licht erscheint rötlicher als kurzwelliges Licht – Fachleute sprechen von der Rotverschiebung. Wenn jene Galaxie damals Licht bei 0,4 Mikrometern (400 nm) Wellenlänge abgegeben hat, dann ist dies für uns heute auf sechs Mikrometer verschoben. Aus Blau wurde mittleres Infrarot. Optische Teleskope können das gar nicht sehen, Hubbles Grenze liegt bei 2,5 Mikrometern. Webb aber schafft es mühelos – das neue Teleskop blickt noch weiter zum Urknall als je zuvor. So prachtvoll viele Bilder in diesem Buch auch sind: Die Farben sind in gewisser Weise künstlich. Die meiste Strahlung, die Webb registriert, können unsere Augen nicht wahrnehmen. Die Fachleute behelfen sich mit einem Trick: Die Infrarotsignale werden nach bestimmten Regeln eingefärbt. Meist ordnet man den längsten Wellenlängen Rot zu, die kürzesten Wellenlängen einer Aufnahme erscheinen Blau. Hinweis: Diese Bilder sind alle echt, keine Fantasiegebilde. Alle Strukturen, die dort zu sehen sind, gibt es genau so im Kosmos. Nur die Farben sind willkürlich gesetzt. Infrarotbilder auf diese Weise sichtbar zu machen, lässt sich mit Ultraschall- oder Röntgenaufnahmen in der Medizin vergleichen. Unser Auge kann auch diese Signale nicht wahrnehmen. Aber sie werden so umgesetzt, dass wir sie sehen können.

## DIE VIER AUGEN VON WEBB

Der wunderbare Spiegel von James Webb wäre völlig nutzlos, würde er nicht die Signale aus dem All in die vier Kameras und Messinstrumente des Teleskops leiten. Webb hat gewissermaßen vier Augen (siehe folgende Doppelseite), die alle unterschiedliche Phänomene wahrnehmen und sehr vielseitig arbeiten. Sie decken einen weiten Frequenzbereich ab, nehmen Fotos und Spektren auf. NIRCam, NIRSpec, NIRISS und MIRI machen aus einem optischen Gerät eine Forschungseinrichtung.

Die NIRCam ist das Arbeitspferd von Webb. Das Gerät nimmt die meisten Bilder und Spektren auf und ist Teil des Kontrollsystems, um die Wellenfront des Teleskops zu vermessen – also um Webb bestmöglich zu fokussieren. NIRSpec kann viele Spektren auf einmal aufnehmen und ist daher perfekt geeignet, um ferne, schwache Galaxien zu beobachten. Auch NIRISS – der Hauptbeitrag Kanadas zu James Webb – nimmt Bilder und Spektren auf und verfügt zudem über eine spezielle Maske, mit der das Gerät auch sehr helle Objekte beobachten kann, die in den anderen Instrumenten völlig überstrahlt sind. Diese drei Nahinfrarot-Geräte arbeiten mit Strahlung bis zu fünf Mikrometern Wellenlänge. Darüber übernimmt im mittleren Infrarot MIRI. Das Instrument kommt dann zum Einsatz, wenn es um kühle Objekte geht, etwa Staubscheiben um Sterne. MIRI ist das Gerät der Wahl, wenn das Webb-Team die fernsten Galaxien im All beobachten will, deren Strahlung weit rotverschoben ist. All diese Instrumente, der Bordcomputer, die Lageregelung, die Datenübertragung etc. kommen übrigens mit etwa 1000 Watt aus. Denken Sie daran, wenn Sie das nächste Mal eine Kaffeemaschine einschalten: Mit der Leistung könnte man auch bis kurz vor den Urknall blicken.

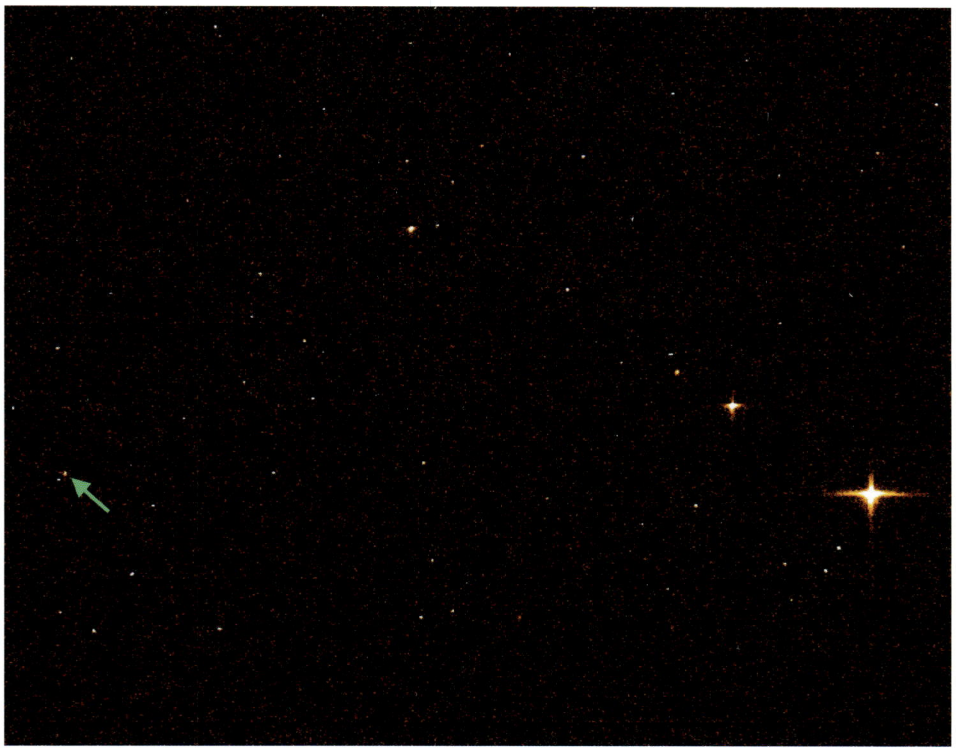

**←← Webb und die Hasinger-Cam**
Nach dem Erreichen der richtigen Bahn wird James Webb mit einem Federmechanismus ins All „geschubst“. Die Kamera an Bord der Ariane-Oberstufe zeigt, wie das in Folie verpackte Weltraumteleskop seine legendäre Reise beginnt – in den folgenden vier Wochen entfaltet es sich zur vollen Blüte. Dieses Bild verdanken wir dem Astrophysiker Günther Hasinger, der als ESA-Wissenschaftsdirektor dafür gesorgt hat, dass diese Kamera installiert wurde. Hasinger ist inzwischen designierter Gründungsdirektor des Deutschen Zentrums für Astrophysik in Görlitz (Seite 231). Ob Weltall oder Lausitz: Stets geht es um die großen Fragen des Universums.

**↖ Gaia sieht James Webb**
Es gibt viele wunderbare Himmelsbilder, die Webb aufgenommen hat. Aber es gibt leider kein schönes Bild von Webb im All. Nur Illustrationen zeigen, wie der goldene Spiegel wie auf einem fliegenden Teppich (Sonnenschild) um den Lagrange-Punkt zieht und tief ins All blickt. Immerhin lässt sich Webb als Punkt im Gewimmel der Sterne ausmachen. Hier hat der ESA-Astrometriesatellit Gaia, der ebenfalls im Bereich des Lagrange-Punkts L2 positioniert war (inzwischen ist die Mission beendet), das Weltraumteleskop aufgenommen. Gaias präzise Himmelsvermessung ist mindestens so bedeutend für die Astronomie wie die Daten von James Webb.

Zwar ist der Spiegeldurchmesser von Webb fast dreimal größer als der von Hubble, doch beide Instrumente sehen den Kosmos in etwa gleich scharf. Denn das Auflösungsvermögen ist von der Wellenlänge abhängig. Im längerwelligen Infrarotlicht sieht man mit einem 6,5-Meter-Spiegel ähnlich viele Details wie im sichtbaren Licht mit einem 2,4-Meter-Spiegel.

## ROMAN, HUBBLE, WEBB, ROMAN

Dass einst Hubble gebaut wurde und wir in der Folge jetzt auch Webb haben, geht vor allem auf die Astrophysikerin Nancy Roman (1925–2018) zurück. Sie kam 1959 zur gerade gegründeten NASA und war 20 Jahre lang Chefin der Astronomie-Abteilung. Sie setzte sich beharrlich für ein Weltraumteleskop ein und brachte Menschen aus Wissenschaft, Industrie und Politik zusammen. So sorgte sie dafür, dass aus einer faszinierenden Idee ein überzeugendes Projekt wurde. In den 1970er-Jahren hatte das Ultraviolett- und Röntgenteleskop OAO-3 gezeigt, wie wunderbar der Kosmos für astronomische Satelliten ist. So brachte Nancy Roman Hubble auf den Weg – natürlich erfolgreich. Denn sie wusste, wie man Hürden überwindet.

Als sie in der Oberschule statt eines fünften Jahres Latein lieber ein zweites Schuljahr in Algebra hatte belegen wollen, war die Lehrerin entsetzt. So etwas gehöre sich nicht für eine „anständige“ Frau. Doch mit viel Anstand und Einsatz wurde Nancy Roman 1949 schließlich Doktorin der Astronomie an der Universität von Chicago. In den 1970er-Jahren bewahrte sie Hubble mehrfach vor dem Aus. Hielt nach dem Start Barbara Mikulski ihre schützende Hand über das Weltraumteleskop, so war es vor dem Start Nancy Roman. Sie brannte für die Erforschung des Universums und bemühte sich während ihrer gesamten Karriere, die Bedingungen für Frauen in Wissenschaft und Technik zu verbessern. Nach ihrer Pensionierung unterrichtete sie noch lange an Grundschulen Astronomie. Den Start von Webb hat sie leider nicht mehr erlebt. Sie ist auf den Tag genau drei Jahre zuvor gestorben, im Alter von 93. In etwa zwei Jahren will die NASA ein neues Infrarot-Instrument ins All bringen. Das wird endlich das Nancy-Grace-Roman-Weltraumteleskop sein – ein Infrarot-Weitwinkelteleskop, dessen Blickfeld hundertmal größer ist als das von Hubble.

Webb ist im All, alle Komponenten sind ausgeklappt und eingerastet, die Kälte hinter dem Sonnenschild fühlt sich herrlich an und der Lagrange-Punkt wird munter umsegelt. Auf in die Tiefen des Universums – seid umschlungen, Infrarot-Photonen! JWST, wie die Fachleute oft sagen, nennen manche scherzhaft Just Wonderful Space Telescope. Das passt. Das Teleskop ist einfach wunderbar – und der Weltraum auch. Viel Spaß auf der himmlischen Reise mit Hubble & Webb!

**← Kein Hubble ohne Nancy Roman**
Nancy Roman (1925–2018) war 20 Jahre lang die Chefin der NASA-Astronomieabteilung. In den 1960er- und 70er-Jahren macht sie aus der Idee eines Weltraumteleskops ein konkretes Projekt – und überzeugt die Politik, Hubble zu finanzieren. Auf diesem Bild von 1965 erklärt die „Mutter von Hubble“ dem späteren Mondfahrer Buzz Aldrin den Weltraum.

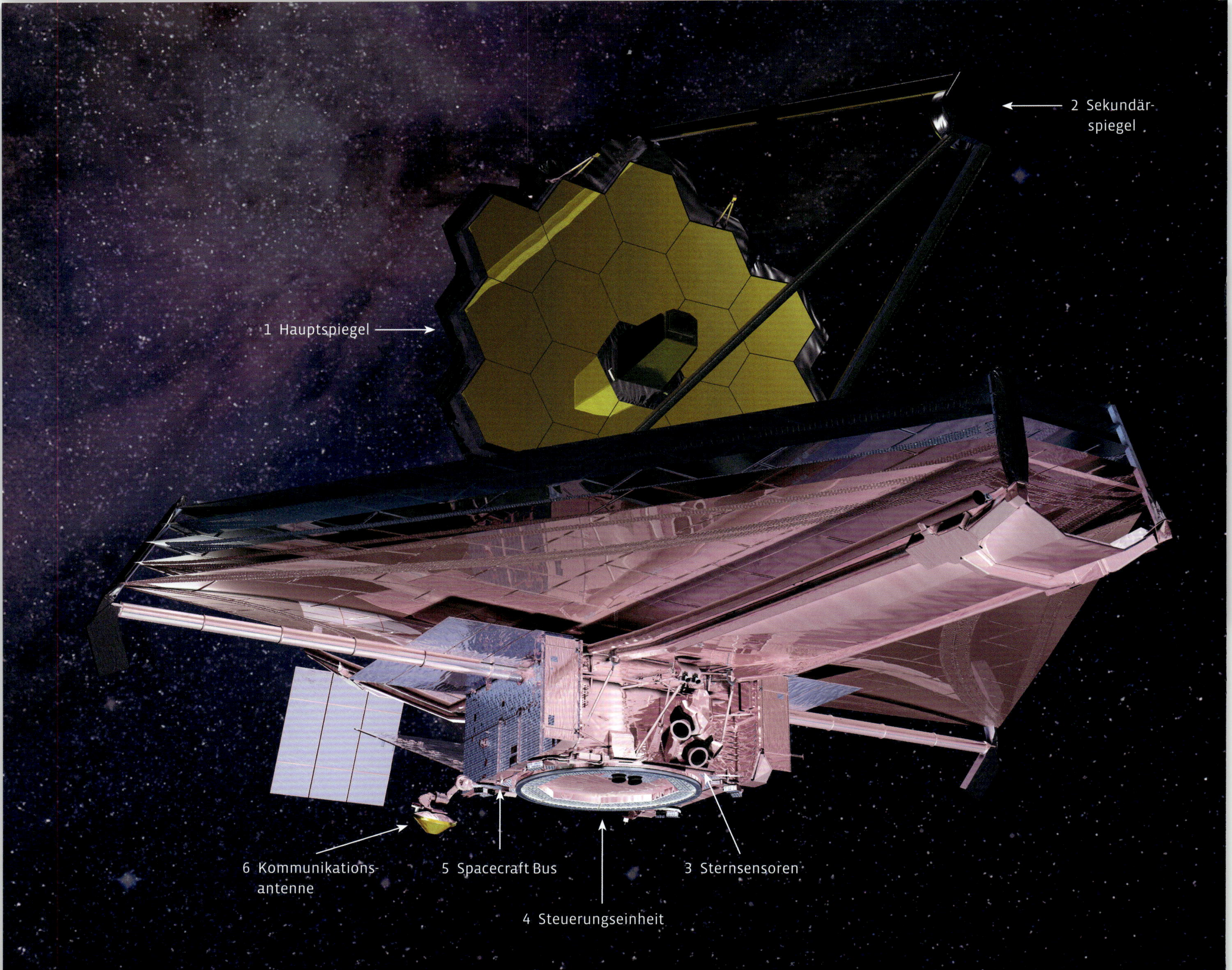


# DAS JAMES-WEBB-WELTRAUMTELESKOP

**Länge:** 21 Meter (Sonnenschild)
**Breite:** 14 Meter (Sonnenschild)
**Höhe der Teleskopoptik:** 8 Meter
**Gewicht:** 6200 Kilogramm
**Empfindlichkeit:** Vom roten sichtbaren Licht bis weit ins Infrarot (0,6 bis 27,9 Mikrometer)
**Datenmenge:** Webb überträgt etwa 50 GB pro Tag, die Datenübertragung erfolgt mit max. 28 Mbit/s
**Leistung der Solarzellen:** fast 2000 Watt
**Benötigte Leistung im Betrieb:** etwa 1000 Watt
**Speicherplatz:** 68 GB Festkörperspeicher, drei Prozent des Speicherplatzes sind für technische Daten reserviert
**Geschwindigkeit:** rund 108.000 km/h (um die Sonne), ca. 750 km/h (um den Lagrange-Punkt 2)

1 Der **Hauptspiegel** (Durchmesser 6,5 Meter) setzt sich aus 18 sechseckigen Segmenten zusammen. Sie bestehen aus dem extrem temperaturbeständigen Metall Beryllium und sind mit in Summe 50 Gramm Gold beschichtet. Gold reflektiert rotes und Infrarotlicht besonders gut. Durch das fehlende Segment in der Mitte des Hauptspiegels gelangt das Licht der Himmelsobjekte in die Kameras und Messinstrumente. Die Sammelfläche des Spiegels ist 25,4 Quadratmeter groß. Die Brennweite des Teleskops liegt bei 131,4 Metern.

2 Der **Sekundärspiegel** befindet sich an der Spitze einer sieben Meter hohen Tragekonstruktion. Er hat 74 Zentimeter Durchmesser und besteht – wie alle Webb-Spiegel (zwei weitere gibt es hinter dem Hauptspiegel) – aus mit Gold beschichtetem Beryllium.

3 Die **Stern- und Sonnensensoren** liefern die Daten für die korrekte Ausrichtung von Webb. Während astronomischer Beobachtungen kommt der noch präzisere Fine Guidance Sensor zum Einsatz, um das Teleskop absolut stabil zu halten.

4 Schwungräder und Steuerdüsen der **Steuerungseinheit** richten James Webb stets korrekt aus. Dafür wird sehr wenig Treibstoff gebraucht. Beim Start hatte James Webb 240 Liter Hydrazin und Distickstofftetroxid an Bord. Der Vorrat wird voraussichtlich bis mindestens 2040 ausreichen.

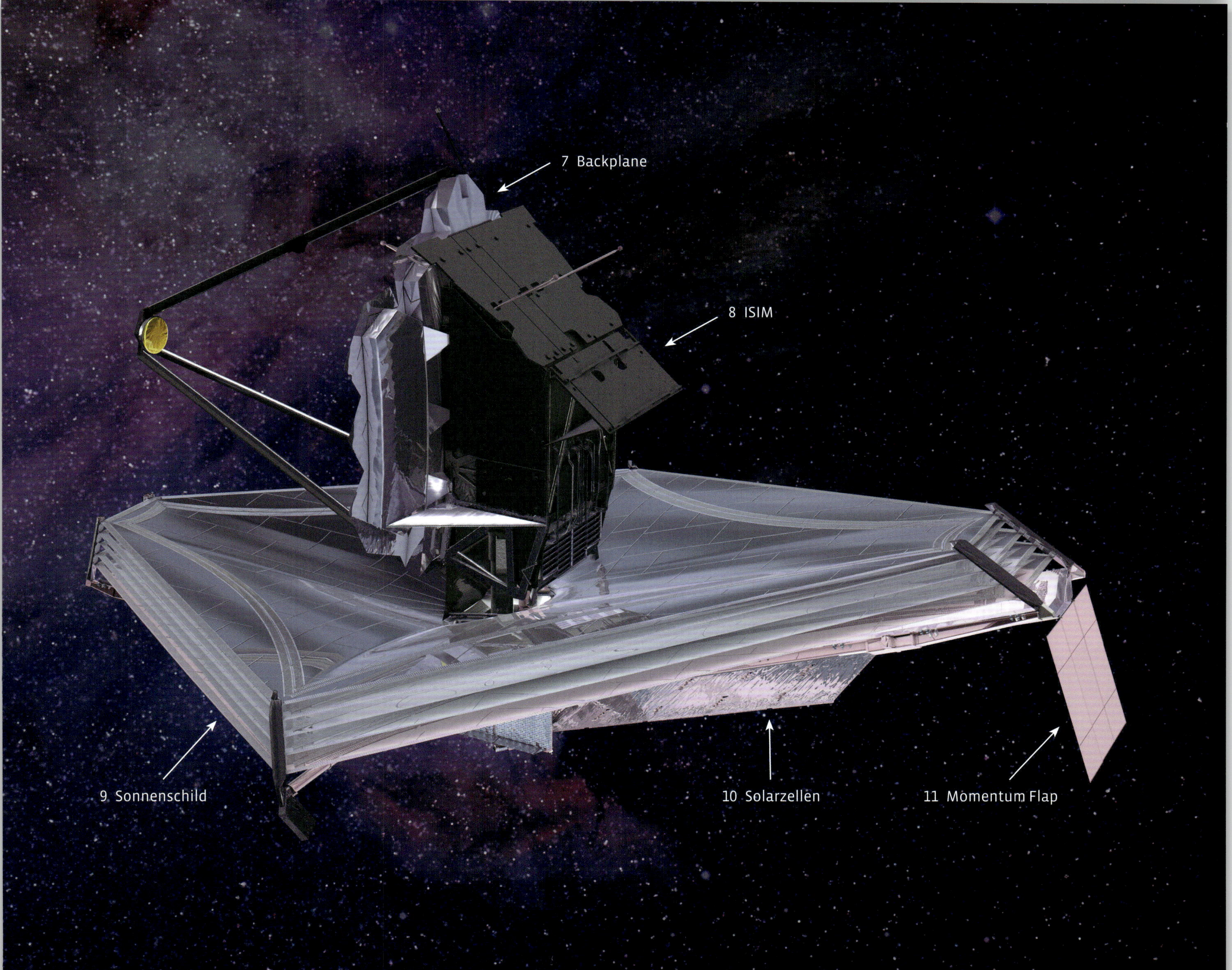


5 Das Grundgerüst des Weltraumteleskops besteht hauptsächlich aus Kohlefaserverbundstoffen. Im **Spacecraft Bus** sind Bordcomputer, Lageregelung, Stromversorgung, Temperaturkontrolle, Tanks, Steuerdüsen etc. untergebracht.

6 Zweimal am Tag gibt es vierstündige Kontaktfenster, in denen über die **Kommunikationsantenne** Kommandos zu Webb und Daten zum Kontrollzentrum übertragen werden. Der Kontakt erfolgt über das Deep Space Network der NASA, mit Antennen in Goldstone (Kalifornien), Canberra (Australien) und Madrid (Spanien). Die Signallaufzeit beträgt maximal sechs Sekunden.

7 Das Spiegelgerüst **(Backplane)** hält die 18 Segmente und richtet sie mechanisch präzise aus.

8 Das **Integrated Science Instrument Module (ISIM)** ist das wissenschaftliche Herzstück. Dort befinden sich vier Kameras/Messinstrumente, die das Licht der Objekte und Phänomene im Kosmos empfangen:

- **NIRCam** (Near-Infrared Camera), die Nah-Infrarot-Kamera
- **NIRSpec** (Near-Infrared Spectrograph), der Nah-Infrarot-Spektrograf
- **NIRISS** (Near-Infrared Imager and Slitless Spectrograph), Nah-Infrarot-Kamera für Interferometrie und Spektroskopie ganzer Felder; an dieses Instrument ist auch der Fine Guidance Sensor (FGS) montiert, der bei der Beobachtung Sterne im Blickfeld erfasst und sie exakt in Position hält, damit die Aufnahmen perfekt scharf werden
- **MIRI** (Mid-Infrared Instrument), Kamera und Spektrograf.

9 Der fünflagige **Sonnenschild** ist etwa so groß wie ein Tennisplatz. Webb muss sich immer im Schatten dieses Schildes befinden und darf nie in Richtung Sonne, Erde oder Mond blicken. Daher kann das Teleskop nicht zu jeder Zeit jeden Punkt am Himmel ansteuern. Zu einem bestimmten Moment sind 39 Prozent des Himmels zugänglich. Durch den Lauf um die Sonne herum erfasst Webb binnen eines halben Jahres den gesamten Himmel.

10 Die **Solarzellen** liefern derzeit etwa zwei Kilowatt Leistung. Das Teleskop braucht nur halb so viel. Bei den Solarzellen ist einkalkuliert, dass sie durch die harschen Bedingungen im All im Laufe der Jahre etwas schlechter arbeiten.

11 Der große Sonnenschild wird ständig vom Sonnenlicht beschienen. Dieser Druck droht, die Ausrichtung von Webb ein wenig zu ändern. Die dort wirkenden Kräfte lassen sich mit dem **Momentum Flap** (etwa „Impuls-Klappe") teilweise ausgleichen. So spart Webb Treibstoff.

# 2
# NEBEL, STERNE, MILCHSTRASSE

Man nehme: Viel Gas, viel Staub, jede Menge Sterne und Planeten, ein paar Schwarze Löcher und rühre alles kräftig durch. Heraus kommt eine wunderschöne Welteninsel wie unsere Milchstraße. Am auffälligsten sind die leuchtenden Sterne. Aber viel mehr Materie steckt in den Gas- und Staubwolken – manche erscheinen nur als schwarze Silhouette, andere glühen betörend schön. Dort entstehen Sterne und Planeten.
In der Milchstraße findet ein himmlisches Recycling statt: Sterne pusten zu ihrem Lebensende viel Material ins All. Das ist der Rohstoff für die nächste Generation von Sternen und Planeten.

→ **Gas, Staub, Sterne, Planeten**
Der Sternhaufen Westerlund 2, 20.000 Lichtjahre entfernt im Sternbild Schiffskiel, enthält etwa 3000 Sterne, ist nur zehn Lichtjahre groß und gerade mal zwei Millionen Jahre alt. Dort treibt die intensive Strahlung der jungen, extrem leuchtkräftigen Sterne wie ein Sandstrahlgebläse die Gas- und Staubmassen in der Umgebung weg. Dichtere Wolken halten dem Druck zunächst Stand; so entstehen die dunklen länglichen Strukturen. Manche wirken, als reckten Dinosaurier ihre Hälse aus dem glühenden Dickicht. Diese Hubble-Aufnahme zum 25-jährigen Jubiläum des Weltraumteleskops zeigt, worum es in diesem Kapitel geht: Wie aus Gas und Staub Sterne entstehen– und manchmal auch Planeten!

# IM ANFANG IST DER STAUB

Asche zu Asche, Staub zu Staub. Dieser Satz gilt auch für Sterne. Sie entstehen, wenn es im Innern von Gas- und Staubwolken immer dichter und heißer wird. Sterne schmieden durch Kernfusion schwerere Elemente. Zum Lebensende schleudern sie wieder Gas und Staub hinaus ins All. Dieser kosmische Materiekreislauf ist vor allem eines: überwältigend schön.

Die Weltraumteleskope Hubble und James Webb sind viele Milliarden Euro teure Hightech-Geräte. Sie kitzeln noch die letzten Informationen der Lichtstrahlen aus den Tiefen des Alls heraus – von Ultraviolett über sichtbares Licht bis zur Infrarotstrahlung. Und was beobachten diese Instrumente oft? Staub- und Gaswolken! Das mag zunächst etwas skurril klingen, denn Staub ist zu Hause ein Ärgernis – im All aber ein überragend wichtiger Rohstoff. Ohne die ausgedehnten Staubschwaden in der Milchstraße gäbe es keine Sterne, keine Planeten – und kein Leben.

Der Staub im All unterscheidet sich allerdings von den Staubflusen im Bücherregal. Die gigantischen Molekülwolken, wie Fachleute den Staub nennen, enthalten meist Wasserstoff, Kohlenmonoxid und Silikatkörnchen – letztere kommen dem Staub in unserem irdischen Alltag noch am nächsten. Es gibt viele weitere chemische Stoffe in den Wolken, etwa große Mengen von polyzyklischen aromatischen Kohlenwasserstoffen. Das sind Moleküle, die lange Ketten und Ringe bilden und viele Wasserstoff- und Kohlenstoffatome enthalten. Diese Verbindungen kommen an vielen Stellen des Universums vor. Sie stehen meist am Beginn komplexerer chemischer Prozesse, die – wenn es perfekt läuft – irgendwann zu Leben führen.

Alle Körper, die im Kosmos leuchten oder durch die Weiten des Universums ziehen, haben in einer Gas- und Staubwolke begonnen. Sterne bilden sich nur im Innern solcher Wolken. Das, was dabei übrigbleibt, formt sich zu Planeten. Unsere Sonne wurde vor etwa viereinhalb Milliarden Jahren aus einer riesigen Molekülwolke geboren – Gleiches gilt für Erde, Merkur, Jupiter & Co., für die Asteroiden und Kometen, die aus den „Krümeln" ehemaliger Sterne bestehen. Alle Sterne, die nachts am Himmel funkeln, sind ebenso Produkte kosmischer Gas- und Staubwolken.

## STAUB – STERN – PLANET

Im Kosmos sind die staubigen Ecken besonders interessant, denn dort passiert am meisten – dort nahm und nimmt fast alles seinen Anfang. Lichtjahre große Gas- und Staubwolken wabern durch die Milchstraße. Irgendwann fangen sie an zu rotieren und sich zusammenzuziehen – oft ausgelöst durch die Anziehungskraft eines vorbeiziehenden Sterns oder die aufprallende Strahlung anderer Sterne in der Nachbarschaft. Die Wolken platten sich allmählich ab und die Materie im Zentrum wird immer dichter. Anfangs sitzt dieser Protostern mitten in den Resten seiner Materiescheibe. Irgendwann ist der Druck so hoch, dass die Kernfusion zündet – ein Stern ist entstanden. Jetzt beginnt eine Art Wettlauf: Entweder schaffen es die Staubteilchen, in der sich drehenden Scheibe zu verklumpen und zu Planeten anzuwachsen. Oder die immer intensivere Strahlung des jungen Sterns pustet Gas und Staub weg – und schneidet somit den entstehenden Planeten die Rohstoffzufuhr ab.

Gerade gezündet, „kämpft" der junge Stern noch mit den Gasmassen seiner Umgebung. Aus der Materiescheibe stürzt weiter Material in Richtung des stellaren Embryos. Doch nicht alles fällt auf den Stern. Vieles wird senkrecht nach oben und unten aus der Scheibe herausgeschleudert – mit mehreren hundert Kilometern pro Sekunde. Treffen diese eng begrenzten Materieströme (Fachleute sprechen von „Jets") in das dünn verteilte Gas in der Umgebung, bilden sich bizarre Objekte. Diese leuchtenden Nebel bei den jungen wilden Sternen heißen Herbig-Haro-Objekte. Der US-Astronom George Herbig (1920–2013) und sein mexikanischer Kollege Guillermo Haro (1913–1988) haben die Entstehung von Sternen erforscht und diese Art Nebel entdeckt. Sie sind eine Art erstes Lebenszeichen des neuen Sterns. Manche sagen, ein junger Stern strecke wie ein Neugeborenes erst einmal seine Arme in die Umgebung aus.

**→ Vier Lichtjahre Gas und Staub**
Das Hubble-Teleskop hat einen kleinen Ausschnitt des Rosettennebels (5200 Lichtjahre Entfernung) im Sternbild Einhorn aufgenommen. Das hier abgebildete Gebiet ist etwa vier Lichtjahre groß – das entspricht dem Abstand von der Sonne zum nächsten Stern. Doch während zwischen uns und Proxima Centauri so gut wie nichts ist, wimmelt es im Rosettennebel von Gas, Staub und jungen Sternen. Dunkel erscheinen staubreiche Wasserstoffwolken. In der Wolke rechts oben krachen die Materiejets eines gerade entstehenden Sterns in das umgebende Material und lassen es rot aufleuchten. Gelb- und Blautöne weisen auf Sauerstoff und Stickstoff in den Wolken. Der Rosettennebel hat etwa hundert Lichtjahre Durchmesser. In seinem Zentrum (ein Stück rechts des Bildes) haben sich viele massereiche Sterne gebildet, deren Strahlung das restliche Gas kräftig aufmischt. In einigen Millionen Jahren bleiben nur noch die Sterne übrig.

↑ **Euclids Pferdekopf**
Diese Staubwolke – wegen des markanten Aussehens Pferdekopfnebel genannt – zeichnet sich etwa 1375 Lichtjahre entfernt vor dem glühenden Gas im Hintergrund ab. Sie befindet sich direkt unterhalb von Alnitak, dem linken Stern im Gürtel des Sternbilds Orion. Die Test-Aufnahme des ESA-Weltraumteleskops Euclid zeigt den Pferdekopf wunderbar eingebettet in seine kosmische Umgebung. Euclid soll in den nächsten Jahren die Verteilung der Galaxien im All vermessen, die Milliarden Lichtjahre entfernt sind. Seine Daten lassen dann vielleicht Schlüsse auf die Dunkle Materie und Dunkle Energie zu.

Der Wandel von einer kalten, dunklen Wolke zu einem heißen, hellen Stern dauert allenfalls einige Millionen Jahre. Für uns Menschen ist dies kurz vor einer Ewigkeit – auf die Prozesse im Weltall bezogen ist es kaum mehr als ein Wimpernschlag. Könnten wir den Himmel im Zeitraffer sehen, böte sich ein kurioser Anblick: Wolken driften lange Zeit durch die Milchstraße. Plötzlich kommt Bewegung in die Gasmassen und nur Augenblicke später sind Sterne gezündet, die wild um sich schießen.

## NUR INFRAROTLICHT DURCHDRINGT DEN STAUB

Doch ein Zeitraffer allein würde uns nicht helfen. Wir bräuchten auch die passenden Augen. Denn Sternentstehung spielt sich im Innern großer dunkler Wolken ab – verborgen hinter einem dichten Vorhang aus Gas und Staub. Mit bloßem Auge ist für uns fast nichts zu erkennen – alles schwarz. An diesem Punkt kommen Hubble und James Webb ins Spiel. Diese Weltraumteleskope sind in der Lage, Infrarotstrahlung zu beobachten – also die Wärmestrahlung der Gas- und Staubwolken. Auch wenn es etwas paradox klingt: Selbst eine kalte Wolke mit einer Temperatur von unter –200 Grad Celsius sendet etwas Infrarotstrahlung aus. Dieses Nichts an Strahlung lässt sich mit modernen Teleskopen und Detektoren registrieren – sofern sie selbst kalt genug sind. Genau dies ist ein Grund dafür, dass James Webb eine sehr tiefe Arbeitstemperatur hat: Das Teleskop ist im All hinter seinem Sonnenschild auf etwa –230 Grad Celsius „gefroren". Doch das reicht noch nicht für das empfindlichste Infrarot-Instrument namens MIRI. Das „Mid Infra-Red Instrument" ist ein Beitrag der Europäischen Weltraumorganisation ESA für James Webb und wurde zum Teil am Max-Planck-Institut für Astronomie in Heidelberg gebaut. Es wird an Bord von James Webb auf –266 Grad Celsius gekühlt, nur sieben Grad über dem absoluten Nullpunkt.

Mit diesem eiskalten Blick durchdringt James Webb das Geschehen in den Staubmassen. Ohne Infrarotstrahlung blieben die staubigen Bereiche des Kosmos weitgehend verborgen. Infrarotstrahlung hat eine längere Wellenlänge als sichtbares Licht und dringt daher auch durch Staubwolken hindurch – zumindest, wenn sie nicht allzu dick sind. Ganz simpel kann man sich vorstellen, dass kurzwelliges Licht wie ein Slalomläufer mit vielen Schwüngen durch die Wolke rast – und bei den vielen Schwüngen eben zwangsläufig auch mal auf ein Staubteilchen prallt und nicht mehr weiterkommt. Dagegen hat Infrarotstrahlung eine viel größere Wellenlänge, macht also viel weniger Schwünge beim Slalom und kommt so ziemlich ungehindert durch die Wolke hindurch.

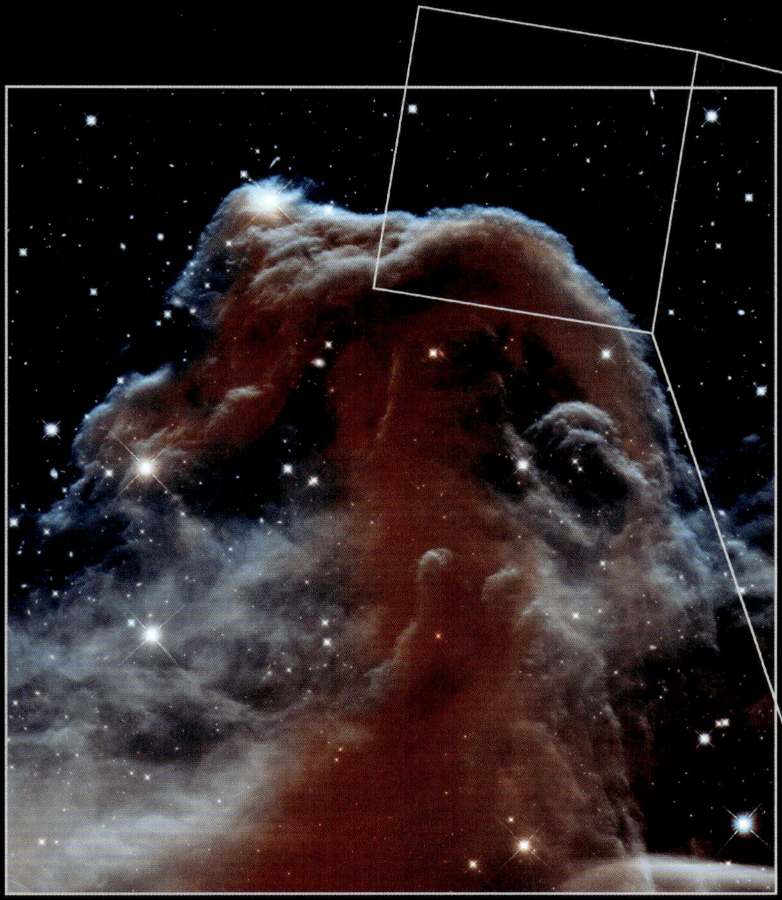

**WEBB NOCH „INFRAROTER" ALS HUBBLE**

Das Hubble-Teleskop (Start 1990) nimmt sehr viel mehr Infrarotlicht wahr, als wir es mit bloßem Auge könnten. Da der Wasserdampf in unserer Atmosphäre die meiste Infrarotstrahlung absorbiert, sind solche Beobachtungen nur vom Weltraum aus möglich. Im Laufe der Zeit wurde den Fachleuten noch klarer, wie wichtig die Beobachtungen im Infrarotbereich sind. Die Hubble-Daten haben manche wissenschaftliche Fragestellung geschärft und das „Infrarot-Bewusstsein" massiv gestärkt. Von überragender Bedeutung ist das Infrarot aus zwei Gründen: Zum einen, um zu erforschen, wie Sterne in Staubwolken entstehen. Zum anderen, um die Galaxien kurz nach dem Urknall zu beobachten (darum geht es im Kapitel 5 ab Seite 196). Inzwischen gibt es ganz andere technische Möglichkeiten als vor fast 40 Jahren, und so liegt beim James-Webb-Weltraumteleskop (Start 2021) der Schwerpunkt im Infrarotbereich. Webb blickt noch viel besser ins Infrarote als Hubble.

James Webb ist nicht der Nachfolger von Hubble (wie es immer mal wieder heißt), sondern eine wunderbare Fortführung oder Ergänzung. Es ist kein Luxus, beide Instrumente im All zu haben – erst die Forschung bei unterschiedlichen Wellenlängen zeigt das ganze Bild der Vorgänge im Kosmos. Der Himmel im Infraroten sieht oftmals ganz anders aus als der im sichtbaren Licht – und der Webb-Himmel im mittleren Infrarot ganz anders als der Hubble-Himmel im nahen Infrarot. Da die Objekte je nach physikalischem Zustand in unterschiedlichen Spektralbereichen leuchten, spüren die Astronominnen und Astronomen auf diese Weise ganz verschiedenen Phänomenen nach. Die Daten ergeben erst gemeinsam ein umfassendes Bild vom Geschehen im Universum. Motto: Getrennt beobachten, vereint entdecken.

**JUBEL ÜBER RHO OPHIUCHI**

Die uns nächstgelegene Molekülwolke befindet sich am nächtlichen Firmament ganz in der Nähe eines sehr bekannten Sterns. Ein kleines Stück oberhalb von Antares, dem rötlichen Hauptstern im Skorpion, steht der Rho-Ophiuchi-Komplex am Himmel. Der Name geht auf das Sternbild Ophiuchus, Schlangenträger, zurück. Über Dutzende Lichtjahre erstrecken sich dort Gas- und Staubwolken. Eine besonders interessante Stelle hat das James-Webb-Teleskop beobachtet – das Bild auf Seite 46 wurde als „Geburtstagsgeschenk" zur Vollendung des ersten Jahres im Routinebetrieb veröffentlicht.

Diese Aufnahme ist ein Schnappschuss der – astronomisch gesehen – äußerst dynamischen Vorgänge dort. Etwa 50 Sterne haben sich bereits gebildet oder sind kurz vor dem Zünden. Fast alle haben in etwa die Masse

**↑ Hubbles und Webbs Pferdekopf**
Auf der Hubble-Infrarot-Aufnahme des Pferdekopfnebels (links) sind deutlich mehr Strukturen und Sterne in den Wolkenmassen zu erkennen als beim Euclid-Foto, das nicht ganz so weit ins Infrarote reicht. Das James-Webb-Bild (rechts), aufgenommen bei noch größerer Wellenlänge, offenbart ungeahnte Details – und sehr viel extragalaktischen „Beifang" hinter den Staubschwaden der Umgebung. Die wunderbare Spiralgalaxie rechts im Webb-Bild ist bei Hubble nur ein verwaschener Lichtfleck. Der Ausschnitt der „Pferde-Mähne" von James Webb hat vor Ort eine Ausdehnung von 0,8 Lichtjahren.

← **Sternfabrik im Schlangenträger**
Happy Birthday, James Webb! Am 12. Juli 2023 war das neue Weltraumteleskop ein Jahr lang im Routinebetrieb. Als Geburtstagsgeschenk für alle Astrofans gab es ein Bild des Rho-Ophiuchi-Komplexes. Dieses Sternentstehungsgebiet im Sternbild Schlangenträger ist nur 390 Lichtjahre entfernt. Die Materiejets vieler junger Sterne hinterlassen ihre Spuren im Wasserstoffgas (rot). Die etwas beigefarbene Wolke enthält große Mengen an Kohlenwasserstoffmolekülen. Diese Teilchen gibt es im Kosmos in großen Mengen. Sie stehen am Anfang vieler chemischer Prozesse im All. Der Bildausschnitt hat einen Durchmesser von 0,7 Lichtjahren.

unserer Sonne oder sind etwas kleiner. Markant ist der rötlich glühende molekulare Wasserstoff. Ein junger Stern, der gerade inmitten eines dunklen Staubkokons entstanden ist, schießt Materie nach oben und unten aus seiner Scheibe heraus (rechts im Bild). James Webb zeigt diese leuchtenden Materieströme in enormer Detailfülle. Ähnliche Strukturen gibt es, etwas kleiner, an etlichen Stellen in dieser Region. Auch dort haben Sterne gerade ihren Lebensweg begonnen. Das rötliche Glimmen des Wasserstoffs an vielen Stellen verrät, welches Sternfeuerwerk in der Wolke im Ophiuchus gerade abläuft.

Der massereichste Stern in diesem Gebiet hat eine große Höhle in die Gaswolke gepustet, die auf den ersten Blick fast wie eine Perücke aussieht. Beigefarben leuchten dort Kohlenwasserstoffmoleküle, die das Ausgangsmaterial vieler chemischer Prozesse im Universum sind. Mit ganz viel Glück werden aus chemischen Vorgängen irgendwann biologische – also Leben. Doch wie genau der Sprung von der Chemie zur Biologie erfolgt, ist bis heute vollkommen unklar. Daran ändern auch Hubble und Webb zunächst nichts.

In dieser Wolke zeigen etliche Sterne die Zeichen protoplanetarer Scheiben. Aus diesem Material könnten sich in den nächsten Millionen Jahren Planeten bilden – auf den heißen Sternen ist Leben nicht möglich. Dafür werden Planeten gebraucht. Formt der Staub in ferner Zukunft Leben auf einem dieser Objekte? Dieses Bild begeistert nicht nur uns Laien, sondern auch viele Fachleute. „An seinem ersten Jahrestag hat das James-Webb-Weltraumteleskop bereits sein Versprechen erfüllt, uns das Universum zu offenbaren und die Menschheit mit atemberaubenden Bildern und wissenschaftlichen Daten zu beschenken," schwärmte Nicola Fox, die damalige stellvertretende NASA-Chefin über diese Aufnahme. Frau Fox ist Britin, hat Weltraum- und Atmosphärenwissenschaften studiert und viel in der Sonnenphysik gearbeitet.

Die Sonne ist eines der Objekte, die James Webb nie erkunden wird – das Teleskop ist immer hinter einem Sonnenschirm geschützt, damit es sich nicht zu sehr aufheizt. Auch ohne Sonne ist Nicola Fox von diesem Instrument begeistert: „Webb ist ein technisches Meisterstück. Es hat den Grundstein für die NASA gelegt, um die ganze Welt in eine neue Ära wissenschaftlicher Entdeckung und der Suche nach bewohnbaren Welten zu führen." Solche PR-Statements klingen immer etwas dramatisch und kitschig. Aber in der Sache liegt Nicola Fox völlig richtig: Dank James Webb ist plötzlich die Rho-Ophiuchi-Region so detailreich zu sehen wie nie zuvor. 390 Lichtjahre entfernt, kosmisch gesehen vor unserer Haustür, ist mit einem Mal direkt zu bestaunen, wie aus Gas und Staub Sterne werden – und irgendwann vielleicht bewohnte Planeten ähnlich der Erde (dazu mehr im folgenden Kapitel).

## JUBEL ÜBER JAMES WEBB

Solche Aufnahmen und Entdeckungen sind auch für das Webb-Team immer wieder bewegend. Natürlich denken dort alle sehr technisch, an die Abläufe, wie das Teleskop Daten gewinnt und zur Erde schickt. Wenn nach all den Mühen tatsächlich wunderbare Entdeckungen auf den Monitoren zu bestaunen sind, lässt das kaum jemanden kalt. Mich begeistert immer Jane Rigby, die Chef-Wissenschaftlerin von James Webb, die einst dem US-Präsidenten die ersten Fotos im Weißen Haus zeigen durfte. Ich habe sie bei etlichen Vorträgen erlebt – und mit ihrer ansteckenden Freude am Universum und dem enormen Einsatz für James Webb rockt sie ganze Vortragssäle mit mehr als tausend Personen im Publikum. Dass astronomisches Fachpublikum vor Jubel von den Sitzen springt, passiert nicht oft. Jane Rigby schafft das. „Nach einem Jahr Wissenschaft wissen wir genau, wie leistungsstark dieses Teleskop ist.", betont sie. „Wir freuen uns auf die nächsten Jahre. Webbs wissenschaftliche Mission beginnt gerade erst – es gibt noch so viel mehr." Auch bei einem mehr als acht Milliarden Dollar teuren Instrument gilt: Die Wahrheit liegt in der Beobachtung. Nur wenn exzellente Daten auf die Erde kommen, haben sich all die Nervereien und Schwierigkeiten der zurückliegenden Jahrzehnte gelohnt. Webb liefert – nicht nur beim Staub, wie in den späteren Kapiteln zu sehen ist.

Die bekannteste und nächstgelegene „Großfabrik" für Sterne ist der Orionnebel. Er gehört zu einer riesigen Molekülwolke, die sich durch fast den gesamten Himmelsjäger Orion erstreckt. Der Orionnebel ist schon im Fernglas ein auffallendes Objekt. Mit einer Entfernung von etwa 1350 Lichtjahren gehört er immer noch zur galaktischen Nachbarschaft (zur Einordnung: der Abstand zum Zentrum der Milchstraße ist zwanzigmal größer). Kaum ein Objekt am Himmel wurde und wird so intensiv beobachtet wie dieser riesige Sternen-Kreißsaal. Die Astronominnen und Astronomen widmen sich dort weniger der Kinderlied-Frage „Weißt du, wie viel Sternlein steh'n?" Denn die Anzahl der Sterne zu kennen, ist nicht so wichtig. Viel bedeutender ist es, eine Antwort auf die Abwandlung „Weißt du, wie die Sternlein entsteh'n?" zu bekommen. Dafür sind gute Theorien und vor allem bessere Beobachtungen notwendig. Ein Schlüssel zum Verständnis der Sternentstehung könnte im Orionnebel liegen.

## ORIONNEBEL, DIE STERNFABRIK

In den letzten Millionen Jahren sind in diesem Gebiet, das einen Durchmesser von gut 20 Lichtjahren hat, bereits zehntausende von Sternen entstanden. Die größten davon sind schon nicht mehr da, weil sie als Supernovae explodiert sind. Das Hubble-Weltraumteleskop hat mehr als 500 Aufnahmen mit fünf verschiedenen Filtern gemacht, um das Objekt fast komplett abzubilden. Der Nebel nimmt am Himmel in etwa die Fläche des Vollmonds ein – entsprechend musste Hubble, das nur ein winzig kleines Blickfeld am Himmel hat, viele Bilder zu einem spektakulären Mosaik zusammensetzen. Dass man so viel Beobachtungszeit in dieses Projekt investiert hat, zeigt, wie wichtig das Erforschen der Sternentstehung ist.

Auch James Webb wird immer wieder auf den Orion gerichtet. Das neue Weltraumteleskop offenbart stets einen ganz anderen Blick als Hubble oder die Großteleskope am Erdboden. Denn sein tiefer Infrarotblick geht hinter die Fassade der leuchtenden Gasmassen. James Webb beobachtet den „Maschinenraum" des Nebels oder das „Warenlager". Das Teleskop zeigt nicht nur junge Sterne, Braune Zwerge und „frei fliegende" Planeten (Objekte von mehrfacher Jupitermasse, die nicht um einen Stern ziehen, sondern allein durch den Nebel laufen). Es offenbart auch, wo welche Mengen an Gas und Staub vorkommen. Auf den Bildern ist zu sehen, wie die intensive Strahlung junger Sterne die Umgebung formt. Gaswolken, die noch nicht dazu gekommen sind, selbst Sterne zu bilden, zerfasern schnell unter der dauerhaften Attacke von Licht und Strahlung.

Im Orionnebel läuft das volle Programm ab, das die Natur bei der Entstehung von Sternen und Planeten zu bieten hat. Besonders wichtig ist die „Anfängliche Massenfunktion" (Fachbegriff IMF). Damit beschreiben Fachleute, wie die Verteilung von massereichen und massearmen Sternen in einem Gas- und Staubkomplex wie Orion ist. Es gibt viel mehr kleine Funzeln als große Strahler. Das Verhältnis genau zu bestimmen, ist bisher aber sehr schwierig – weil die Anzahl der kleinen schwachen Sterne meist unterschätzt wird. Sie sind oft kaum zu entdecken. James Webb hilft nun, diese grundlegende Frage zu klären. Etwas überspitzt formuliert: Wer den Orionnebel versteht, versteht die Sternentstehung überall im Kosmos. Staub ist nicht alles im All, aber im All ist ohne Staub alles nichts.

## STAUBSCHEIBEN ZU PLANETEN

In den Gasmassen des Orionnebels haben die Teams von Hubble und James Webb Dutzende von „protoplanetaren Scheiben" entdeckt. In der Mitte dieser Scheiben haben die Sterne bereits ihr Feuer gezündet, aber sie sind noch so jung, dass sie von den Resten der Gas- und Staubwolke umgeben sind, aus der sie sich gebildet haben. Die Überreste haben sich zu Scheiben abgeplattet, die um den Stern kreisen und sich nun dunkel vor dem hellen Hintergrund abzeichnen. Dort, so die Vermutung, bilden sich gerade Planeten. Ein Teil des dunklen Materials wird zu festen Körpern verklumpen. Der Rest wird von der Strahlung des Sterns weggefegt. Jahrzehntelang hatten Theoretiker vermutet, dass junge Sterne von solchen Scheiben umgeben sein müssten. Kurz nach seinem Start hat das Hubble-Teleskop endlich protoplanetare Scheiben entdeckt – später folgten andere Instrumente im All und auf dem Erdboden. Die Scheiben erscheinen, genau wie es zu erwarten ist, unter ganz unterschiedlichen Winkeln. Mal blicken wir von der Erde genau auf die Kante – dann ist der Stern in der Mitte vom Staub abgedeckt. Mal blicken wir mehr von oben auf die Scheiben – dann ist der helle Stern samt Staubring zu erkennen.

Die Entdeckung extrasolarer Planeten, die um fremde Sterne kreisen, sorgt immer wieder für großes Aufsehen. Astronominnen und Astronomen, die die Scheiben erforschen, bekommen leider nie die ihnen zustehende Aufmerksamkeit. Protoplanetare Scheiben belegen, dass Stern- und Planetenentstehung tatsächlich zusammenhängen. Der Infrarotblick von James Webb zeigt immer mehr Details in den Scheiben um junge Sterne. Allmählich lässt sich fast schon Schritt für Schritt nachvollziehen, wie aus einer Ansammlung von Gas und Staub Sterne und Planeten werden.

Ferne Gas- und Staubwolken und die protoplanetaren Scheiben zu untersuchen, ist nicht weltfremd. Dieses Thema geht uns alle an. Denn man erforscht hier unmittelbar unseren eigenen Werdegang. Vor gut viereinhalb Milliarden war irgendwo in den Randbereichen der Milchstraße in einer großen Staub- und Gaswolke ein ganz gewöhnlicher junger Stern von einer ganz ähnlichen Staubscheibe umgeben. Aus der haben sich acht recht große Körper und viele kleine Objekte gebildet. Einer der acht großen ist alles andere als gewöhnlich, er ist das Paradies im Kosmos. Der Stern heißt Sonne – und das Paradies ist unsere Erde. Toll, was man aus Staub alles machen kann!

**→ Der Paradenebel**
Der Große Orionnebel (M 42) ist der bekannteste Gasnebel. Dieses gewaltige Sternentstehungsgebiet (1350 Lichtjahre entfernt, 20 Lichtjahre Durchmesser) befindet sich im Schwert des Orion und ist in klarer Nacht mit bloßem Auge als diffuser Lichtfleck zu erahnen. Schon ein Amateurteleskop zeigt die ganze Pracht der Sternfabrik. Auf dieser Hubble-Aufnahme sind neben mehr als tausend Sternen auch zahlreiche Braune Zwerge zu erkennen, die dunkelrot glimmen. Beim Verteilen der Gasmassen sind Braune Zwerge zu kurz gekommen – sie haben den Sprung ins Sternleben nicht geschafft.

**→→ Hubbles Orionnebel**
Die Zentralregion des Orionnebels (vier Lichtjahre Durchmesser), aufgenommen vom Hubble-Teleskop, ist ein einziges Gewirr aus leuchtendem Gas und vielen Sternen. Der Nebel ist erst vor wenigen Millionen Jahren aufgeleuchtet – dort werden Sterne wie am Fließband produziert. Berühmt ist das Trapez (links der Mitte) aus hellen Sternen, dessen massereichste Objekte etwa 40-fache Sonnenmasse haben. Andere Sterne im Nebel bringen es nur auf ein Zehntel der Sonnenmasse. Die hellsten Sterne pusten mit ihrer Strahlung Gas und Staub weg und stoppen so auf lange Sicht die Sternentstehung.

**→→→ Webbs Orionnebel**
Derselbe Ausschnitt wie auf der Vorderseite, nun aber bei größerer Infrarotwellenlänge mit James Webb beobachtet. Das Trapez fällt kaum noch auf. Der hellste Stern, der sich gerade mitten in einer dichten Staubwolke bildet, ist für Hubble noch gar nicht zu sehen. Das aufgeheizte ionisierte Gas ist hier in Violett dargestellt, die übrigen Gas- und Staubmassen in Grün-, Rot- und Brauntönen. Die rötlichen „Finger", die vom hellsten Gebiet ausgehen, sind Gas, das bei einer Explosion vor gut 500 Jahren weggeschleudert wurde. Womöglich sind dort zwei Sterne kollidiert.

# EIN WELTALL VOLLER STERNE

Ohne Sterne wäre es im Kosmos ziemlich düster: Sie sind die Lampen im All, verzaubern den Nachthimmel und lassen ganze Galaxien glühen. Sterne sind enorme Kraftwerke, die Licht und Strahlung produzieren und dabei für die schweren Elemente im All sorgen. Und Sterne sind fast wie Menschen: Es gibt Bescheidene und Angeber, Einzelgänger und Teamplayer.

Einen Stern kennen und brauchen wir alle: die Sonne. Sie zieht jeden Tag zuverlässig über den Himmel und versorgt uns mit Licht und Wärme. Das tut sie – da dürfen wir den Modellen glauben – seit viereinhalb Milliarden Jahren. Und sie wird es noch für weitere etwa fünf Milliarden Jahre tun. So schön und wichtig die Sonne ist: In diesem Buch werden Sie kein Bild von ihr finden. Das liegt nicht daran, dass die Hubble- und Webb-Teams unseren Stern schnöde ignorieren. Aber die Sonne ist für die meisten astronomischen Instrumente viel zu hell und zu heiß. Hubble und James Webb dürfen nicht einmal in die Nähe der Sonne blicken. Die Geräte wären sofort zerstört. Hubble hat einmal die Venus beobachtet, bei 45 Grad Winkelabstand von der Sonne. Das war das Risiko kaum wert. Merkurbilder gibt es von Hubble nicht – zu gefährlich. James Webb verschanzt sich draußen im All hinter einem tennisplatzgroßen Sonnenschirm, der stets Richtung Sonne weist und die Strahlung unseres Sterns vom Teleskop fernhält. Damit ist immer nur die Hälfte der Himmelskugel zu beobachten, die der Sonne gegenüber liegt. Wäre das Teleskop einmal im heißen Sonnenlicht, könnte es die einzigartigen Infrarotbeobachtungen nicht mehr durchführen. Webbs wunderbaren Blick gibt es nur „tiefgefroren".

Hubble, Webb & Co. untersuchen dennoch die Sonne – zumindest indirekt. Die Teleskope beobachten unterschiedliche Lebensphasen sonnenähnlicher Sterne. Die Bilder zeigen, wie Gaswolken zu Sternen werden, wie Sterne altern und ihr Leben beenden. Bei aller Unterschiedlichkeit der Sterne: Manches haben doch alle gemeinsam, so wie auch alle Menschen geboren werden, wachsen und irgendwann sterben. Um den Lebensweg der Sterne nachzuvollziehen, müssen die Forscherinnen und Forscher die verschiedenen Daten kombinieren. Die vielen Puzzleteile ergeben am Ende das große Bild. Den Fachleuten ergeht es wie Eintagsfliegen auf der Erde, die erfassen müssen, wie Säuglinge, Schulkinder, Jugendliche, Erwachsene und Greise zusammengehören. Die Entwicklung selbst kann weder die Eintagsfliege noch die beste Astronomin verfolgen. Aber durch präzise Beobachtung der einzelnen Phasen und gute Modelle lässt sich der Werdegang der Menschen oder Sterne nachzeichnen.

## DIE SONNE, WUNDERBAR LANGWEILIG

Die meisten Sterne in den Weiten des Alls ähneln unserer Sonne zumindest ein wenig. Die helle Kugel vor unserer Haustür ist nicht ganz kosmische Durchschnittsware (die meisten Sterne sind etwas kleiner als die Sonne), aber sie zählt auch nicht zu den Angebern oder Strebern im All. Manche Sterne sind mehr als hundertmal größer und eine Millionen Mal leuchtkräftiger. Wir können uns freuen, dass die Sonne – Pardon! – fast ein wenig langweilig ist. Hätte sie bei ihrer Entstehung nur doppelt so viel Materie abbekommen, dann könnten Sie jetzt nicht dieses Buch lesen. Denn ein Stern mit doppelter Sonnenmasse strahlt rund sechzehnmal so hell wie die Sonne (Leuchtkraft und Masse hängen in etwa mit der vierten Potenz zusammen: 2 mal 2 mal 2 mal 2 = 16). Ein doppelter Brennstoffvorrat führt dazu, dass so ein Stern nur ein Achtel der Lebenszeit unserer Sonne hat. Die bringt es am Ende wohl auf gut zehn Milliarden Jahre – bei doppelter Masse wäre es mit der Sonne schon nach anderthalb Milliarden Jahren vorbei gewesen. Das Leben auf der Erde hätte nicht genügend Zeit gehabt, Sie liebe Leserinnen und Leser, das Verlagsteam, Buchhandlungen und den Autor hervorzubringen. Wäre das nicht schade?

Im vorherigen Abschnitt war zu sehen, wie Staub- und Gaswolken durch das All wabern und Sterne bilden. Wolken und Sterne sind nicht voneinander zu trennen – sie gehören zusammen. Das Herbig-Haro-Objekt 211 auf Seite 55 zeigt, wie wunderschön der Übergang von Gaswolke zum leuchtenden Stern ist. Das Objekt sieht aus wie ein Überraschungsbonbon – oder, etwas kitschig formuliert, wie ein Kokon: Dort sehen wir den Protostern im Stadium der „Verpuppung", nach dem schließlich ein fertiger Stern aus den Gasmassen schlüpft. Im Zentralbereich dieses Nebels entstehen gerade zwei Sterne. Die Fachleute meinen, dass beide bisher etwa acht Prozent der Sonnenmasse haben. Sie sammeln weiter Gas aus der sie umgebenden Staubscheibe auf. Dies alles bleibt hinter einem sehr dichten Schleier aus Gas und Staub verborgen und ist nicht direkt zu sehen – nicht einmal für den sehr guten Infrarotblick von James Webb.

**→ Kosmisches Bonbon**
Selbst für James Webb sind die beiden gerade entstehenden Sterne hinter den dicken Staubwolken in der Mitte dieses Objekts (HH 211, etwa 1000 Lichtjahre entfernt im Perseus) nicht zu erkennen. Sie verraten sich, weil sie Materie senkrecht nach oben und unten aus ihrer Gas- und Staubscheibe herausschleudern. Die „Brocken" treffen in das umgebende Material und regen es zum Leuchten an. Diese Bugwellen (Gesamtlänge etwa 0,5 Lichtjahre) aus Wasserstoff, Kohlenmonoxid und Siliziummonoxid sind erst einige tausend Jahre alt. Wenn das „Bonbon" ausgewickelt wird, strahlen dort zwei Sterne etwa von der Masse der Sonne.

## STERNBABIES SPUCKEN MATERIE

Gut zu sehen ist allerdings, dass die gerade entstehenden Sterne nicht alles Material schlucken, sondern Materie senkrecht nach oben und unten aus der Scheibe herausschießen. Die Materie bewegt sich entlang eng begrenzter Ströme; Fachleute sprechen von Jets. Sie entstehen, so die Vorstellung, wenn ein Stern immer mehr Materie aus der umgebenden Gas- und Staubscheibe aufsammelt. Nicht alles stürzt in den jungen Stern. Ein gewisser Teil wird nach oben und unten weggeschleudert. Weil der Abfluss nicht gleichmäßig erfolgt, zeigen sich in den Jets Knoten. Das ausgespuckte Gas ist als dünne, pinkfarbene Kette von Materieknoten im Innern des Bonbons zu erkennen. Diese Kette ist zum Teil leicht verdreht wie ein Korkenzieher. Genau das weist auf zwei Sterne hin, die dort am Werk sind. Die Materie rast mit rund 300.000 Kilometern pro Stunde hinaus ins All. Wenn die Materieknoten auf das Gas in der weiteren Umgebung treffen, entsteht eine leuchtende „Bugwelle". Durch den Aufprall wird das Material zum Leuchten angeregt. Die beiden Sternembryos haben erst vor einigen tausend Jahren begonnen, „um sich zu schießen". Diese Phase dauert wohl nur wenige zehntausend Jahre – astronomisch gesehen ist das extrem kurz. Am Ende werden dort zwei Sterne mit etwa einer Sonnenmasse übrigbleiben – und für Milliarden Jahre leuchten. Wir haben Glück, dass das James-Webb-Teleskop gerade jetzt auf diese Region im Sternbild Stier blickt und bei der Sternentstehung „live" zuguckt. Nie zuvor war dieses Objekt in solcher Detailschärfe zu beobachten. HH 211 ist uns mit einem Abstand von nur 1000 Lichtjahren recht nah – bei keinem anderen Objekt lassen sich die Geburtswehen eines Sterns so gut beobachten. Es ist gut möglich, dass unsere Sonne vor viereinhalb Milliarden Jahren ganz ähnlich ausgesehen hat – im zarten Alter von nicht einmal 10.000 Jahren.

## STERNE SIND ANFANGS HERDENTIERE

Dass Sterne fast nie isoliert entstehen, zeigt auch das James-Webb-Bild von HH 211: Unten in der Mitte ist eine rosafarbene „Krampe" zu sehen, offenbar die Bugwelle eines Sterns, der sich etwas außerhalb des Bildausschnitts befindet. Auch der macht gerade die etwas „gewalttätige" Phase seiner Entstehung durch – genau wie die gut beobachtbaren Nachbarn. Nach gängiger Vorstellung sind die meisten Sterne in unserer Milchstraße in Gebieten ähnlich dem Orionnebel (Seite 49) entstanden, die sich inzwischen längst aufgelöst haben. Sterne sind keine Einzelkinder und sie entstehen auch nicht nur als Doppelstern. Es sind anfangs Herdentiere, die ihr Leben in Haufen beginnen. Mehr als tausend offene Sternhaufen sind in der Milchstraße bekannt. Sie sind die „Jugendgruppen" am Himmel. In ihnen sind einige hundert bis einige tausend Sterne recht lose durch gegenseitige Anziehung verbunden. Das bekannteste Beispiel sind die Plejaden im Stier (HH 211 befindet sich am Himmel ein Stück oberhalb der Plejaden). Die Sterne dort sind vor rund 100 Millionen Jahren gemeinsam entstanden.

Ein sehr interessanter Sternhaufen ist das Objekt IC 348 (Seite 57), das sich James Webb angesehen hat. Bei der Bezeichnung denken manche vielleicht an die Bundesbahn, aber IC steht für *Index Catalogue*. Diesen Katalog von Sternhaufen, Galaxien, Nebeln etc. hat der aus Kopenhagen stammende Astronom Johan Ludvig Emil Dreyer (1852–1916) herausgegeben. Er war am Armagh-Observatorium im Norden Irlands tätig und ist heute weitgehend vergessen – aber die von ihm erstellten Kataloge NGC und IC kennen die meisten, die regelmäßig an den Himmel blicken.

IC 348 ist ein offener Haufen im Sternbild Perseus, am Himmel nicht weit von HH 211 entfernt. Dieser Haufen ist etwa fünf Millionen Jahre alt. Dort gibt es keine Protosterne mehr, die um sich schießen – hier ist die nächste Phase der Sternentstehung zu beobachten. Es glimmen noch die restlichen Gasschwaden, die sich fast wie eine Schlange winden. Zudem sind viele Lichtpunkte zu erkennen, manche nur im Infrarotlicht. Genau deshalb wurde James Webb für diese Beobachtung ausgewählt.

## STERN? BRAUNER ZWERG? PLANET?

Dem Forschungsteam ging es um die Frage, welche Masse die leichtesten Objekte in diesem Haufen haben. Ein Stern braucht mindestens rund acht Prozent der Sonnenmasse, um im Innern die Kernfusion zu zünden. Verpasst er diese Schwelle, wird er kein Stern, sondern bleibt ein Brauner Zwerg. Diesen Begriff hat 1975 die wunderbare Astronomin Jill Tarter geprägt, die jetzt am SETI-Institut in Kalifornien arbeitet und sich mit Leben im Weltall und der Suche danach beschäftigt. Sollte jemand den bemerkenswerten Film *Contact* kennen: Jill Tarter war das Vorbild für die von Jodie Foster gespielte Astronomin. Beim Begriff Brauner Zwerg lag Jill Tarter allerdings etwas daneben – diese Objekte erscheinen eher rötlich oder violett. Allerdings war der Begriff Roter Zwerg damals bereits für die massleärmsten „richtigen" Sterne in Gebrauch.

Braune Zwerge sind zu kurz gekommene Sterne. Sie haben den Sprung zur Kernfusion verpasst, heizen sich anfangs aber dennoch auf, weil sie sich zusammenziehen und durch das Schrumpfen Energie gewinnen. Der Protostern kühlt dann über lange Zeit immer mehr aus. In einem Haufen wie IC 348 lassen sich Braune Zwerge am besten in den ersten Jahrmillionen nach ihrer Entstehung beobachten. So lange sind sie

noch heiß genug, dass die Chance besteht, sie im Infrarotlicht zu beobachten. James Webb war genau das richtige Instrument: Es ist sehr empfindlich im Infraroten und es blickt gestochen scharf hinaus ins All. Tatsächlich werden manchmal die blassen, rötlichen Braunen Zwerge mit ebenso blassen und rötlichen, aber viel weiter entfernten Galaxien verwechselt. James Webb zeigt sehr deutlich, was ein Punkt (Brauner Zwerg) und was ein Fleckchen (Galaxie) ist. Astronomie kann tückisch sein: Objekte, die auf den ersten Blick ziemlich gleich aussehen, sind manchmal komplett unterschiedlich. Die einen sind klein und nah, die anderen riesig und fern. Wenn man genau auf den Hintergrund im Bild von IC 348 achtet, fallen Dutzende kleiner Galaxien auf. Sie sind nicht wie der Haufen 1000 Lichtjahre entfernt, sondern zumeist hundert Millionen, wenn nicht gar Milliarden Lichtjahre.

Bei IC 348 ließen sich Braune Zwerge aufspüren, die vermutlich nur drei- bis viermal massereicher als der Planet Jupiter in unserem Sonnensystem sind. Man schätzt die Masse über die beobachtete Temperatur des Braunen Zwergs (bei bekanntem Alter: fünf Millionen Jahre) und Computermodelle ab. Wie solche Objekte entstehen können, ist ein großes Rätsel: Es ist nicht so schwierig, einen jupiterähnlichen Planeten in einer Scheibe um einen Stern wie die Sonne zu bilden. Aber es ist der Theorie nach kaum möglich, ein einzelnes so massearmes stellares Objekt zu erzeugen. Entweder hat eine Gas- und Staubwolke viel Masse – dann entstehen dort deutlich größere Brocken. Oder die Wolke hat so wenig Masse, dass es nur für ein Objekt mit wenigen Jupitermassen reicht – dann ist es aber schwierig, sie infolge ihrer eigenen Schwerkraft zum Kollabieren zu bringen.

**↑ Kleinste Sterne im kleinen Haufen**
Der offene Sternhaufen IC 348 (rund 1000 Lichtjahre entfernt im Sternbild Perseus) ist erst etwa fünf Millionen Jahre alt. Dort haben sich viele massearme Sterne gebildet, kaum so groß wie unsere Sonne. Mit dieser James-Webb-Aufnahme suchen Fachleute nach den masseärmsten Braunen Zwergen – zu kurz gekommenen Sternen, die nicht genügend Masse für die Kernfusion im Zentrum haben. Anfangs leuchten sie noch recht hell im Infrarotbereich, weil sie sich bei ihrer Entstehung aufgeheizt haben.
Der Rekordhalter in diesem Haufen hat nur etwa dreifache Jupitermasse (300-mal weniger Masse als unsere Sonne!).

← **Schmetterling? Fliege? Protostern!**
Mitten in der „Einschnürung“ dieses Nebels im Sternbild Stier befindet sich ein etwa 100.000 Jahre alter Protostern, der erst die Kernfusion zündet, wenn er genügend Material aufgesammelt hat. Die dunkle Linie in der Mitte ist die Materiescheibe, die den Stern umgibt und auf deren Kante wir blicken. Die schleierartigen Strukturen links und rechts entstehen durch die Wechselwirkung der Strahlung des Stern-Embryos mit den Gasmassen in der Umgebung. Die US-Astronomin Beverly Turner Lynds (geb. 1929) katalogisierte einst viele dunkle Wolken in der Milchstraße und hat dieses Objekt als L1527 aufgeführt. Auf dieser Infrarotaufnahme von James Webb erscheint der Nebel alles andere als dunkel. Die Farben sind willkürlich gewählt. Mit bloßem Auge wäre dort kaum mehr zu erkennen als der glimmende Protostern und eine große dunkle Wolke. In den blau gefärbten Bereichen liegt wenig Staub zwischen der Wolke und uns – das Licht der rötlicher erscheinenden Gebiete hat dagegen viel anderen Staub durchqueren müssen. Die gesamte Struktur ist etwa 20.000-mal größer als der Abstand Erde – Sonne. Frau Lynds ist 2024 im Alter von 95 Jahren gestorben. Die große Astronomin trug besonders gern einen Pullover, der komplett mit dem Bild eines Webb-Galaxienhaufens bedruckt war.

## GEHEIMNISVOLLE MOLEKÜLE

Spektroskopische Beobachtungen der Braunen Zwerge in IC 348 sorgen für noch mehr Kopfzerbrechen. James Webb macht, wie in Kapitel 1 dargelegt, nicht nur großartige Bilder. Für die Wissenschaft ist es meist viel bedeutender, das Licht in seine Wellenlängen zu zerlegen, so wie Regentropfen das Sonnenlicht in seine Farben aufspalten und ein Regenbogen entsteht. Mit einem Spektrum kann man etwas über die chemische Zusammensetzung des Objekts sagen, über die physikalischen Bedingungen vor Ort und seine Bewegung. Tatsächlich nimmt James Webb deutlich häufiger Spektren auf als Bilder. Bei zwei Braunen Zwergen in IC 348 fand man im Licht Spuren eines unbekannten Kohlenwasserstoffmoleküls – genau solche Spuren hatte man auch bei Saturn und dessen Mond Titan beobachtet. Die Befunde von James Webb zeigen wieder einmal, dass man zwar im Groben nachvollziehen kann, wie aus Gas und Staub Sterne werden – dass aber viele Details noch völlig rätselhaft sind.

Die Fachleute, die sich mit der Theorie der Sternentstehung beschäftigen, werden durch James Webb sicher nicht arbeitslos. Ganz im Gegenteil: Jede Entdeckung mag zwar eine Frage lösen, wirft aber zugleich einige neue auf. Bis heute ist unklar, wie viele massereiche und massearme Objekte aus einer großen Gaswolke entstehen. Man weiß nicht, wie genau der Übergang von Sternen zu Objekten mit nur noch der Masse eines Planeten erfolgt. Welche chemischen Prozesse sich bei der Entstehung von Sternen abspielen, ist auch noch weitgehend unverstanden. Das klingt jetzt vielleicht so, als tappten die Fachleute nur noch im Dunklen. So ist es natürlich nicht. Viele Phänomen lassen sich gut erklären. Aber neue Teleskope wie Hubble und James Webb bringen immer wieder neue Daten – und die zu erklären, ist anfangs oft nicht einfach. Doch genau solche Entdeckungen bringen die Wissenschaft voran. Deshalb sehnen sich alle nach neuen Instrumenten. Wenn populäre Theorien Schwachpunkte haben und manche Phänomene nicht schlüssig erklären können, sind genauere Beobachtungsdaten meist der Schlüssel, um bessere Ideen zu entwickeln. Die Astronomie wird nie langweilig!

IC 348 zieht munter durch das All – mit Sternen und Braunen Zwergen. Die Gasreste werden in einigen Millionen Jahren verschwunden sein. Auch der Haufen selbst wird nicht ewig leben. Während die offenen Haufen durch die Milchstraße laufen, gelingt es immer mal wieder einem Stern, der – eher schwachen – Anziehungskraft zu entkommen. Der Effekt verstärkt sich selbst: Je weniger Sterne zum Haufen gehören, desto weniger Kraft hat er, die restlichen Exemplare zu halten. In der Regel haben sich die Sterne eines Haufens nach spätestens einigen hundert Millionen Jahren in alle Winde der Milchstraße verstreut.

## DIE SONNE UND IHRE VERLORENE FAMILIE

Auch unsere Sonne kann sich nicht alleine gebildet haben. Aber da sie seit ihrer Entstehung schon rund 20 Runden um das Milchstraßenzentrum absolviert hat, lässt sich unmöglich sagen, wo genau ihr Geburtsort war – und wer von den Milliarden Sternen in der Galaxis zu ihren Geschwistern gehört. Zudem werden etliche ihrer ehemaligen Sternhaufen-Kollegen gar nicht mehr da sein. So sind (siehe oben) alle Sterne, die gemeinsam mit der Sonne entstanden sind, aber über doppelte oder noch mehr Masse verfügen, längst erloschen oder gar explodiert.

Beim Blick ins All darf man nie vergessen, dass der Kosmos höchst dynamisch ist. Dort ist alles in Bewegung. Allerdings fällt dies zumeist erst über Zeiträume auf, die für uns Menschen viel zu lang sind. Wir sehen nur den Schnappschuss eines Kosmos, in dem alles nur so saust und flitzt, rauscht und blitzt. Sterne ziehen auf unterschiedlichsten Bahnen durch die Milchstraße, Gaswolken bilden sich, zerfasern wieder oder bilden Sterne, Pulsare zucken, Supernovae explodieren und schleudern Unmengen an Material in die Umgebung. Sehen wir einen Sternhaufen im All, so ist das nur eine Momentaufnahme. Die Sterne eines sehr lockeren offenen Haufens laufen unausweichlich mit der Zeit auseinander. Manche von ihnen leben nahezu ewig, andere verpuffen schon nach nur wenigen Millionen Jahren. Die meisten Sterne verlieren sich irgendwann in der Anonymität des Weltalls. Die Gestirne, die uns heute am Himmel leuchten, sind – kosmisch gesehen – nur für „kurze“ Zeit da. Durch Zufall sind sie derzeit beim ständigen Rundlauf durch die Milchstraße für uns gut zu sehen, so ähnlich wie man beim Gang durch eine gut besuchte Fußgängerzone mal für kurze Zeit neben Menschen her geht, die dann entweder zurückbleiben, davonziehen oder abbiegen.

**↑ Stern- und Gasgewimmel im Perseus**
Dieses turbulente Sternentstehungsgebiet mit der Nummer NGC 1333 ist 960 Lichtjahre entfernt. Das James-Webb-Team hat mehrere Aufnahmen zu einem Mosaik kombiniert. Die hellen Sterne sind ein bis drei Millionen Jahre alt. Die rötlich glühenden Wolken entstehen durch Material, das Protosterne in die Umgebung schleudern. In diesem Sternhaufen lassen sich bestens sehr massearme Objekte untersuchen: Schwache Sterne und Braune Zwerge. Vermutlich ist unsere Sonne vor 4,6 Milliarden Jahren in einer ganz ähnlichen Umgebung aufgeleuchtet. Der Bildausschnitt hat eine Breite von etwa 2,5 Lichtjahren.

## GLIESE 710, BESUCH KOMMT!

Im sich unaufhörlich drehenden Milchstraßenkarussell führt dies zu kuriosen Begegnungen. In 1,3 Millionen Jahren wird der hellste Stern am Nachthimmel nicht mehr Sirius sein – sondern Gliese 710. Der ist noch ein völlig unscheinbares Objekt im Sternbild Schlange, gut 60 Lichtjahre entfernt. Dank des ESA-Astrometriesatelliten Gaia (die ESA ist an Hubble und Webb beteiligt und betreibt viele eigene Missionen zur Erforschung des Universums) lässt sich sehr gut abschätzen, wie sich die Sterne in der Umgebung der Sonne bewegen. Gliese 710 läuft fast genau auf die Sonne zu. Er wird uns viel näherkommen als der derzeit nächstgelegene Stern Proxima Centauri. Nach manchen Berechnungen passiert uns der Stern in nur anderthalb Prozent von Proxima Centauris aktuellem Abstand. So nah wäre selbst dieser leuchtschwache Zwergstern ein prominentes Objekt am Himmel: Gliese 710 wird fast so hell leuchten wie die Venus – und wäre unter Umständen sogar am blauen Tageshimmel auszumachen. Der ungebetene Gast wird die Oortsche Wolke passieren, eine Ansammlung von eisigen Kometenkernen am Rand des Sonnensystems – und dabei Teile der Wolke kräftig durcheinanderbringen. Vermutlich geraten ganze Schwärme von Kometenkernen auf Abwege und stürzen ins innere Sonnensystem. Die Erde wäre einem verstärkten Bombardement kosmischer Geschosse ausgesetzt – was unangenehme Folgen für das hoch entwickelte Leben auf der Erde haben könnte, sofern es sich noch nicht selbst ausgelöscht hat.

↑ **Sternenpaar mit Knallbonbon**
650 Lichtjahre entfernt im Sternbild Schlange verschleudern zwei Protosterne Materie aus ihrer Gas- und Staubscheibe – und das seit einigen zehntausend Jahren. Die beiden „Täter" befinden sich nahe dem orangefarbenen Zentrum, sind aber in der dichten Materiescheibe nicht zu sehen. Das ausgestoßene Material prallt auf zuvor weggeblasene Gasmassen. Das führt zu bizarren Mustern, angeleuchtet von der blauweißen Strahlung der Protosterne. In dieser Region bilden sich Kohlenmonoxid, Methanol und andere kohlenstoffhaltige Moleküle. Die zum Teil sehr unterschiedlich orientierten rötlichen „Bugwellen" zeugen von einer bewegten Geschichte. Dieses Objekt trägt die Bezeichnung L483, nach dem „Katalog der dunklen Nebel" der US-Astronomin Beverly Turner Lynds (siehe auch Seite 59). Dank des Infrarotblicks von James Webb erscheinen ihre dunklen Objekte plötzlich hell. Dieser Nebel ist 0,4 Lichtjahre lang. Im Gewimmel der Sterne sind viele diffuse, ockerfarbene Flecken zu erkennen: Millionen Lichtjahre entfernte Galaxien, die durch Zufall im Hintergrund liegen.

**← Kugel aus Sternen**
NGC 104 (15.000 Lichtjahre entfernt; Sternbild Tukan) enthält zehntausende Sterne. Auf dieser Hubble-Aufnahme sind die inneren zwölf Lichtjahre des Kugelsternhaufens zu sehen, der am Himmel mit bloßem Auge zu erkennen ist. Daher bekam er die für Sterne typische Bezeichnung 47 Tucanae. Dort beobachten Fachleute 3000 Weiße Zwerge und erforschen, wie Rote Riesen Masse verlieren und zu Weißen Zwergen werden.

## KUGELHAUFEN, TOLLE EIGENBRÖTLER

Bei aller Veränderlichkeit im Kosmos gibt es eine Klasse von Objekten, die eine Art Gegenentwurf ist und geradezu stoisch ihr Dasein fristet: Kugelsternhaufen. Sie seien hier erwähnt, weil Vieles, was für die Entstehung von Sternen aus Gas- und Staubwolken gilt, bei ihnen offenbar nicht gilt. Diese Objekte bestehen aus Hunderttausenden oder sogar Millionen Sternen, die sich kugelförmig anordnen. Typischerweise haben sie einen Durchmesser von 100 bis 200 Lichtjahren. Kugelsternhaufen sind oft extrem alt. Die meisten sind vor mehr als zehn Milliarden Jahren entstanden – zu einer Epoche, als noch lange nicht an die Sonne zu denken und selbst unsere Milchstraße noch im Wachstum war.

Die Sterne in Kugelhaufen enthalten nur sehr wenige schwere Elemente, denn diese Stoffe werden in Sternen geschmiedet. Die meisten Kugelhaufen sind schon ein bis drei Milliarden Jahre nach dem Urknall entstanden. Somit war schlicht nicht genügend Zeit, um viel Sauerstoff, Kalzium oder Eisen zu bilden, das den Rohstoff dieser Sterne hätte anreichern können. Unsere Heimatgalaxie, die Milchstraße, hat gut 150 Kugelsternhaufen. Sie verteilen sich nicht wie die anderen Sterne in einer großen Scheibe, sondern kreuzen oft auf stark geneigten Bahnen um das Zentrum der Galaxis. Kugelsternhaufen sind kosmische Eigenbrötler, eine ebenso faszinierende wie geheimnisvolle Mischung aus Sternhaufen und Zwerggalaxie. Hubble und James Webb zeigen immer wieder das Sterngewimmel dieser Objekte, etwa den Kugelhaufen NGC 6440 (Seite 63). Er steht in der Nähe der zentralen Verdickung unserer Milchstraße. Daher reist sein Licht auf dem Weg zu uns durch viel Staub, was bisher die Beobachtung erschwert hat. James Webb und seinen Infrarotfähigkeiten kann der Staub nicht viel anhaben. Spektralbeobachtungen deuten an, dass manche Sterne dieses Haufens über sehr unterschiedliche Mengen der chemischen Elemente Helium und Sauerstoff verfügen. Offenbar war das Ausgangsmaterial der vielen Sterne nicht überall gleich. Jetzt will das James-Webb-Team klären, ob das auch für andere Kugelhaufen zutrifft. Jede neue Beobachtung kann helfen, diese rätselhaften Objekte, ihre Entstehung und Entwicklung besser zu verstehen.

## KUGELHAUFEN UND COPERNICUS

Ein kleiner Exkurs: Kugelsternhaufen waren einst buchstäblich weltbewegend. Um das Jahr 1918 herum entdeckte der US-Astronom Harlow Shapley (1885–1972), dass sich die Kugelsternhaufen unserer Milchstraße um einen anderen Punkt konzentrieren als die Sonne. Damals war die vorherrschende Meinung, dass die Sonne nahe des Milchstraßenzentrums steht. Mit Harlow Shapleys Messungen schien nun offensichtlich, dass die Mitte unserer Galaxie einige zehntausend Lichtjahre entfernt ist. Mit einem Mal waren Sonne und Erde nicht mehr im Zentrum der bekannten Welt, sondern irgendwo am Rand. Es war die erste Bestätigung des Copernicanischen Prinzips außerhalb des Sonnensystems, nach dem wir eben nicht an einem bevorzugten Ort im Universum sind. Der Thorner Astronom Nicolaus Copernicus (1473–1543) hatte die Erde aus dem Zentrum des Sonnensystems gedrängt und zu einem Planeten unter Planeten gemacht. Mit reinen Sternzählungen in der Milchstraße hatte man die Erkenntnis, dass die Sonne nicht in der Mitte der Galaxie steht, nicht gewonnen, weil damals der Staub im All noch unbekannt war. Die Menge an Sternen scheint in alle Richtung ziemlich ähnlich abzunehmen – doch der Schluss, wir müssten nahe der Mitte sein, ist falsch. Mit James Webb, das einfach durch den Staub hindurchsieht, wäre diese Fehleinschätzung nicht passiert.

**→ Uraltes Sterngewimmel**
Hunderttausende Sterne gehören zum Kugelsternhaufen NGC 6440 im Sternbild Schütze. Dieser Haufen ist etwa 13 Milliarden Jahre alt. Er hat sich also vermutlich innerhalb der ersten Milliarde Jahre nach dem Urknall gebildet. Unsere Sonne ist nicht einmal halb so alt. Dieser Methusalem befindet sich rund 28.000 Lichtjahre entfernt am Rand der zentralen Verdickung unserer Milchstraße. Der Ausschnitt dieses James-Webb-Bildes entspricht vor Ort einer Ausdehnung von etwas mehr als 1000 Lichtjahren. NGC 6440 wurde 1786 von dem aus Hannover stammenden Astronomen Friedrich Wilhelm Herschel entdeckt.

← **Sternenstadt am Rand der Milchstraße**
Das Team des Hubble-Weltraumteleskops hat diese Aufnahme des Kugelsternhaufens M 72 (gut 50.000 Lichtjahre entfernt im Sternbild Wassermann, Durchmesser 100 Lichtjahre) im April 2025 zum 35. Jubiläum des Hubble-Starts veröffentlicht. M 72 ist knapp zehn Milliarden Jahre alt und zählt damit zu den eher jungen Kugelhaufen. Mit nur wenig mehr als 100.000 Mitgliedern ist er vergleichsweise klein. Im Zentrum eines Kugelhaufens beträgt der gegenseitige Abstand der Sterne nicht Lichtjahre, sondern nur noch Lichtstunden (das entspricht etwa dem Durchmesser unseres Sonnensystems).

Wäre die Erde der Planet eines Sterns in diesem Haufen, so wäre das nächtliche Firmament übersät von hellen Sternen. Die rötlichen Exemplare nähern sich ihrem Lebensende und haben sich bereits zu Roten Riesen aufgebläht. Unsere Sonne wird in knapp fünf Milliarden Jahren in diesem Stadium sein. Während sich offene Sternhaufen im Laufe der Zeit meist auflösen, bleiben die Sterne in Kugelhaufen durch die gegenseitige Anziehungskraft miteinander verbunden. Könnten wir die Bewegung der Sterne im Zeitraffer sehen, so würde der Haufen wie ein wild gewordener Bienenschwarm aussehen, der um seinen Korb schwirrt.

M 72 ist der 72. Eintrag im Katalog des Franzosen Charles Messier (1730–1817), der im 18. Jahrhundert eine Liste von Himmelsobjekten erstellt hat, die bei der Suche nach Kometen für einen Fehlalarm sorgen könnten. Pierre Méchain (1744–1804), Mitarbeiter Messiers, hat dieses Objekt im Jahr 1780 entdeckt – und damals für einen Nebel gehalten. Erst später war mit besseren Teleskopen zu erkennen, dass der vermeintliche Nebel aus zahllosen Sternen besteht.

**← ↑ Die Zunge und das Fragezeichen**
1500 Lichtjahre entfernt im Sternbild Segel schießen zwei Protosterne Materieströme ins interstellare Gas, die pinkfarbene Wolken entstehen lassen – das Herbig-Haro-Objekt 46/47. Der zwei Lichtjahre lange Nebel erinnert an die Zunge im Logo der Rolling Stones (Seite 66/67). Drei der vielen Galaxien im Hintergrund bilden ein Fragezeichen. Finden Sie sie auf dem großen Bild (unten am Rand)?

**↗ Kosmische Kerze? Himmlischer Geist?**
Was wie ein ewiges Licht aussieht, ist ein Stern, der sich gerade bildet. Wir blicken genau auf die Kante der Gas- und Staubscheibe, in der der Protostern sitzt. Nach oben und unten schießen Materiejets heraus (der untere ist selbst für James Webb kaum zu erkennen). HH 30 befindet sich 475 Lichtjahre entfernt im Sternbild Stier. Die Länge des oberen Jets entspricht 900-mal der Strecke Erde – Sonne.

## ROLLING STONES MIT FRAGEZEICHEN

Doch nun zurück zu den jungen Sternen und wie sie den Weg ins Leben finden. Eine meiner Lieblingsaufnahmen von James Webb zeigt das Herbig-Haro-Objekt 46/47 im Sternbild Segel (Seite 66/67). Dort sind die pinkfarbenen „Bugwellen" des herausgeschleuderten Materials besonders markant. Im großen linken Bereich sehe ich immer die herausgestreckte Zunge im Logo der Rolling Stones. Mit gut einem Lichtjahr Ausdehnung ist diese Zunge den Königen des Rock 'n' Roll durchaus würdig. Die hellen Sterne in der Umgebung wirken mit ihren Beugungsstrahlen wie perfekt eingesetzte Bühnenbeleuchtung. Tatsächlich rocken auch in HH 46/47 zwei Sterne das Universum, die noch immer Material aufsammeln und vom Halbstarken zum richtigen Star werden wollen. Diese Sterne bilden sich gerade inmitten der dichten Wolke im Zentrum, die selbst für James Webb nicht zu durchdringen ist.

Im Hintergrund sind viele ferne Galaxien zu sehen. Drei bilden ein orange-rötliches Fragezeichen (siehe Ausschnitt oben). Zwei von ihnen zeigen den gebogenen Teil – darunter markiert eine elliptische Galaxie den Punkt des Fragezeichens. Ist das nicht ein großartiger Zufall? Erst streckt uns der Kosmos die Zunge raus. Und dann stellt uns das Universum eine Frage. Welche mag es wohl sein? Im Science-Fiction-Klassiker *Per Anhalter durch die Galaxis* berechnet ein kosmischer Supercomputer die Antwort auf „die endgültige Frage nach dem Universum, dem Leben und dem ganzen Rest". Heraus kommt – eher unbefriedigend – 42. Vielleicht signalisiert uns der Kosmos, dass die endgültige Frage nach dem Universum für Erdlinge unerreichbar ist?

## KEINE PLANETEN OHNE STERNE

Wie wichtig Sterne für die Planetenentstehung sind, ist manchmal ganz direkt zu sehen. Das Herbig-Haro-Objekt HH 30 im Sternbild Stier ist dafür ein Paradebeispiel (oben rechts). Wir blicken dort direkt auf die Kante der Staubscheibe, in deren Mitte gerade ein Stern zündet. Die Reste so einer Scheibe verklumpen in der Regel zu Planeten. Bei HH 30 wurden Aufnahmen von James Webb und der Teleskopanlage ALMA (Atacama Large Millimeter Array) in den chilenischen Anden kombiniert. ALMA erfasst die Strahlung von etwa millimetergroßen Körnchen. Diese Körnchen sammeln sich nur im inneren Bereich der Scheibe.

James Webb dagegen empfängt die Infrarotstrahlung, die von den Staubpartikeln ausgeht, die nur etwa einen Mikrometer (Tausendstel Millimeter) groß sind. Diese Teilchensorte verteilt sich in der Scheibe über einen viel größeren Bereich. Vielleicht verklumpt dieses alles und bildet Planeten ähnlich dem Merkur oder dem Mars bei uns. HH 30 ist ein exzellentes Beispiel dafür, wie Teleskope im Weltraum und am Boden (die jeweils unterschiedliche Strahlung empfangen) zusammenarbeiten. Erst wenn möglichst viele Daten kombiniert werden, lässt sich verstehen, wie dem Nebel, der im Moment wie eine Kerze aussieht, bald ein Sternlicht aufgeht – und ob er planetare Begleiter bildet.

## WEIHNACHTSSTERNE IN DER SCHLANGE

Ein herrliches Durcheinander aus Sternen, Gas und Staub im Sternbild Schlange ist für mich das „Weihnachtsbild" vom James Webb (Seite 70/71). Auf den ersten Blick wirkt es, als wäre hier ein Grafiker etwas übermotiviert gewesen. Tatsächlich zeigt es aber traumhaft schöne Natur: An manchen Stellen glüht das Gas rötlich, an anderen reflektieren die Gas- und Staubmassen das blau-weiße Licht junger heißer Sterne. Einige helle Sterne wirken mit den Beugungsstrahlen wie glitzernde Weihnachtskugeln und geben dem ganzen ein überaus festliches Gepräge. Dort sind auf engstem Raum einige Stadien der Sternentstehung nebeneinander zu sehen – diese kosmische „Krippenszene" erstreckt sich nur über drei Lichtjahre.

**↑ Kosmischer Tornado mit Galaxie**
Das ausgestoßene Material eines wachsenden Sterns (rechts unten außerhalb des Blickfelds) im Sternbild Chamäleon nennen die Fachleute scherzhaft Tornado. Das Gas bewegt sich mit fast einer Million Kilometern pro Stunde durch das All – das passt zu einem Tornado. Das ganze Objekt wirkt auf diesem Bild geradezu plastisch. Dank dieser detailreichen Infrarotaufnahme von James Webb lassen sich erstmals die einzelnen Strukturen des Nebels (Fachbezeichnung HH 49/50; etwa 0,5 Lichtjahre lang) untersuchen. Webbs scharfer Blick hat das Rätsel gelöst, was es mit dem bis dahin mysteriösen Objekt an der Spitze der Gaswolke auf sich hat: Es handelt sich um eine weit entfernte Spiralgalaxie, der wir genau „ins Gesicht“ blicken. Während der „Tornado“ nur 625 Lichtjahre entfernt ist, sind es bis zur Galaxie viele Millionen Lichtjahre. Es sind zahlreiche weitere Galaxien zu erkennen, die noch weiter entfernt sind und daher kleiner erscheinen. Manche von ihnen leuchten sogar durch die dünnen Gasmassen des Nebels hindurch.

→ **Hubble-Bubble**
In rund 700 Lichtjahren Entfernung im bekannten Sternbild Kassiopeia (dem „Himmels-W") stößt ein extrem massereicher heißer Stern viel Strahlung und Materie ins All. So entstand der Bubble-Nebel, der auf dieser Hubble-Aufnahme mit seiner fast perfekten Kreisform fasziniert – und ein großes Rätsel aufgibt. Denn der Zentralstern befindet sich keineswegs genau in der Mitte der fast zehn Lichtjahre großen Materieblase. Wie sich das verstehen lässt, wüssten die Fachleute auch gerne. Das Leben der Sterne ist in vielem geheimnisvoll – für Hubble, Webb & Co. bleibt noch viel zu tun.

← **Gas, Staub, Sterne in der Tarantel**
Diese Hubble-Aufnahme zeigt einen 110 Lichtjahre breiten Ausschnitt am Rand des Tarantelnebels (160.000 Lichtjahre entfernt; Große Magellansche Wolke; Seite 238/239). Das Forschungsteam interessiert sich vor allem für Wolf-Rayet-Sterne – sehr massereiche Sterne, die kurz vor dem Lebensende schon ihre äußeren Wasserstoffschichten abgestoßen haben und mit intensiver Strahlung die Gasmassen der Umgebung aufmischen. Die Wechselwirkung von Sternen und Gas lässt sich in den Magellanschen Wolken wegen des Blicks von außen auf das Geschehen oft einfacher beobachten als in der Milchstraße voller Staubschwaden.

←← **Tohuwabohu aus Gas und Sternen**
Im Sternbild Schlange leuchten viele junge Sterne (erst ca. 100.000 Jahre alt) und jede Menge Gas und Staub. Links oben pusten etliche Protosterne Material in die Umgebung. Interessanterweise verlaufen die rötlich glühenden Materiejets alle in der gleichen Richtung. Das blau-weiße Leuchten in der Mitte des Bildes sind Gaswolken, die das Licht junger Sterne reflektieren. Eine senkrecht stehende Staubstruktur sieht aus wie ein Auge. Dort steht ein heller Stern zufällig vor einer dunklen Gaswolke. Links oben nahe dem Rand zeigt sich noch eine Spiralgalaxie – zufälliger Beifang in Millionen Lichtjahren Entfernung. Nur James Webb kann mit seinem Infrarotblick Gas und Staub in der Milchstraße und ferne Galaxien so schön gleichzeitig aufnehmen. Der Stern- und Staub-Komplex in der Schlange ist etwa 1300 Lichtjahre entfernt – der Bildausschnitt ist drei Lichtjahre breit.

Dunkle Staubwolken driften durch das Bild – manche so dicht, dass selbst James Webb mit seinem Infrarotblick nichts erkennen kann. Einige Wolken sind gerade dabei, sich zu verklumpen und im Innern das Sternfeuer zu entfachen. Oben links im Bild jagen schon Protosterne Materiejets in die Umgebung – bemerkenswerterweise scheint gut ein Dutzend dieser Objekte gleich orientiert zu sein. Laien staunen und Fachleute wundern sich. Es ist unklar, warum diese Herbig-Haro-Objekte in Formation auftreten. Mitten im blauweißen Bereich strahlt ein heller Stern, der von einer dichten Staubscheibe umgeben ist, in der sich Planeten bilden. Diese Scheibe wirft ihren Schatten auf das umgebende Gas. Die beiden dunklen Keile sind gut zu erkennen: Der eine läuft vom Stern in Richtung der 1-Uhr-Position, der andere Richtung 7 Uhr. Etwa zwei Dutzend Sterne sammeln zwar noch immer Material auf, haben aber die ersten Schritte ihrer Entstehung schon hinter sich und sind die auffälligsten Strahler im Weihnachtswunderland. Embryo, Säugling, Kleinkind – und das alles dutzendweise: in der Schlange feiert sich die Sternentstehung.

## CHEMIE FÜR ALLE WELT

In ähnlichen Wolken untersuchen die Forschungsteams die chemischen Stoffe, die bei der Stern- und Planetengeburt eine Rolle spielen. In den kalten Wolken gibt es simples Wassereis, aber auch gefrorenes Carbonylsulfid. Dieses Molekül besteht aus je einem Atom Kohlenstoff, Sauerstoff und Schwefel – auf der Erde ist es das bedeutendste Schwefelgas in der Atmosphäre. Ammoniak, Methan und Methanol finden sich ebenfalls sehr oft in den galaktischen Wolken. Methanol besteht aus sechs Atomen und gilt damit als einfachstes komplexes organisches Molekül. Organisch heißt hier lediglich, dass es Kohlenstoff enthält.

Mit Leben hat es (noch) nichts zu tun. Doch viele Stoffe, die in den großen Wolken zu beobachten sind, stellen die Grundbausteine dar, aus denen sich Leben bilden kann. Im Sonnensystem haben Gas und Staub erst die Sonne entstehen lassen, später Planeten – und auf einem von ihnen Leben. Was auf der Erde geht, wird genauso an vielen anderen Stellen des Kosmos möglich sein. Das besagt das Copernicanische Prinzip: Wir leben an keinem irgendwie besonderen Ort im All. Doch den Erdzwilling irgendwo in der Milchstraße wird auch James Webb noch nicht entdecken können – schade!

Kurz bevor Sterne ihr normales Berufsleben im All (Jobbeschreibung: Leuchten und heizen, dabei Elemente herstellen) aufnehmen, feiern sie oft noch einmal eine richtige Party. Die Sterne sind ausgewachsen, genießen aber noch die Gruppendynamik und schlagen etwas um sich – so wie es beispielhaft in NGC 346 in der Kleinen Magellanschen Wolke zu sehen ist (Seite 75). Sie ist eine von zwei Begleitgalaxien unserer Milchstraße, die am Himmel der Südhalbkugel mit bloßem Auge zu sehen sind.

Vor gut 500 Jahren bemerkte der portugiesische Seefahrer Ferdinand Magellan diese beiden Objekte. Die Bezeichnung Große und Kleine Magellansche Wolke hat sich erst im frühen 20. Jahrhundert eingebürgert – bis dahin war meist von Nubecula Major und Minor die Rede, vom Großen und Kleinen Nebelchen. Manche sprachen von den Kapwolken, weil sie vom Kap der Guten Hoffnung aus gut zu sehen sind. Magellan hat die Wolken sicher nicht „entdeckt". Er hat allenfalls als Erster die Kunde von diesen Objekten nach Europa gebracht. Schon die ersten Menschen, die auf der Südhalbkugel an den Himmel blickten, müssen die Magellanschen Wolken wahrgenommen haben. Die älteste schriftliche Erwähnung stammt vom persischen Astronomen Al-Sufi aus dem Jahr 964.

**← Eine Schale voller Sterne**
Diese Hubble-Aufnahme des jungen Sternhaufens NGC 346 in der Kleinen Magellanschen Wolke vereint alles, was Sternentstehung so wunderschön macht: Glühendes Gas, viel Staub, heiße Sterne. Dieser Haufen hat rund 2500 Mitglieder – die jüngsten sind erst vor etwa zwei Millionen Jahren entstanden. Mit ihrer intensiven Strahlung „dreschen" sie regelrecht auf die Gas- und Staubmassen in der Umgebung ein. Das sind die Reste der gigantischen Wolke, aus der sich der Haufen gebildet hat. Durch den dauerhaften „Beschuss" ist der markante Bogen aus Gas und Staub entstanden, der sich über 150 Lichtjahre erstreckt. Fast scheint es, als lägen die jungen, weiß-blauen Sterne in einer riesigen Schale – oder als zeige uns der Haufen ein breites Grinsen.

Das Ultraviolettlicht der gerade entstandenen Sterne heizt den Wasserstoff in den Gaswolken auf, Fachleute sprechen von Ionisation. Die ionisierten Gasmassen leuchten leicht rötlich. Kalte Staubschwaden zeichnen sich dunkel als Silhouette ab. Zwei Hubble-Aufnahmen im Abstand von elf Jahren zeigen, dass manche Sterne am Rand des Haufens in Richtung des Zentrums driften.

NGC 346 und die glühenden Nebelmassen sind das hellste Objekt dieser Art in der Kleinen Magellanschen Wolke, einer Begleitgalaxie unserer Milchstraße in etwa 200.000 Lichtjahren Entfernung. Diese Galaxie war lange isoliert. Dort gibt es viel weniger Elemente, die schwerer sind als Helium, als in unserer Milchstraße. Ob die Kleine Magellansche Wolke in einigen Milliarden Jahren mit der Milchstraße verschmilzt oder an ihr vorbeizieht, ist noch offen.

Das Geschehen spielt sich im Sternbild Tukan ab, nicht weit vom Himmelssüdpol entfernt. 1595 war die erste holländische Expedition nach Westindien aufgebrochen. Der Kapitän Pieter Dierkszoon Keyser hat die für Europäer unbekannten Sterne der Südhalbkugel kartiert und in zwölf neue Sternbilder eingeteilt, oft animiert durch die Tierwelt vor Ort. Keyser starb zwar noch auf Java, aber sein Tukan leuchtet bis heute am Himmel.

## DIE (STERN-)MASSE MACHT'S

Auch bei NGC 346 ist irgendwann das letzte Gas verpufft. Dann bleibt der Haufen „nackt" auf weiter Flur. Solche Sternhaufen sind perfekte „Labore", um die Entwicklung von Sternen zu untersuchen. Denn alle Mitglieder sind in etwa gleichzeitig und aus den gleichen Stoffen entstanden. Sie unterscheiden sich nur in ihrer Masse. Dabei gilt: Je massereicher ein Stern ist, desto leuchtkräftiger ist er und desto schneller verbraucht er seinen Brennstoff. Ein Stern, der dreimal so viel Masse wie die Sonne hat, prahlt mit großer Leuchtkraft – lebt aber nur etwa ein Dreißigstel so lang wie sie. Mit Hilfe von Sternhaufen entdeckte der dänische Astronom Ejnar Hertzsprung (1873–1967) im Jahr 1905, dass es Sterne ganz unterschiedlicher Größe gibt (Zwerge und Riesen). Sterne entstehen nicht nur in Haufen – sie verraten dort auch viel über ihr Dasein.

Ein besonderer Sternhaufen ist Westerlund 1, der in der Bilderstrecke am Anfang dieses Buches zu sehen ist (Seite 15). Er verblüfft die Fachleute: 12.000 Lichtjahre entfernt im Sternbild Altar strahlen dort Tausende Sterne um die Wette. Besonders auffällig sind die vielen sehr massereichen Exemplare, die in ganz unterschiedlichen Entwicklungsstadien sind. Manche Sterne leuchten eine Million Mal so hell wie Sonne. Andere sind so groß, dass sie in unserem Sonnensystem bis zur Bahn des Saturn reichen würden.

## STERNHAUFEN MIT 1500 SUPERNOVAE

Westerlund 1 ist vermutlich noch nicht einmal fünf Millionen Jahre alt. Wäre er viel älter, so hätten die massereichsten Sterne bereits ihr Leben in einer gigantischen Explosion beendet. Dies wird nicht mehr lang auf sich warten lassen: In den nächsten 40 Millionen Jahren werden dort 1500 Supernovae explodieren – ein einzigartiges Feuerwerk. Wären wir mit der Erde Teil dieses Haufens (was wegen der vielen energiereichen Explosionen in der Nähe für das Leben äußerst ungesund wäre), so stünden am Himmel Hunderte Sterne so hell wie der Vollmond. Dunkle Nächte gibt es in Westerlund 1 nicht. Wie dieser Supersternhaufen so schnell so viele Sterne bilden konnte und wie es ihm in Zukunft ergeht, wird intensiv erforscht – vor allem mit Hilfe von Bildern von James Webb.

Sind Sterne erst einmal recht turbulent entstanden und aufgewachsen, gestalten sie die längste Phase ihres Lebens eher ruhig, fast langweilig. Sie schrubben Dienst auf der Hauptreihe, wie die Fachleute sagen. Exemplare ähnlich der Sonne verändern sich über Jahrmilliarden kaum. Mich fasziniert, wie wunderbar die Natur das eingerichtet hat: Sonnenähnliche Sterne sind unglaublich effizient, langlebig und duldsam. Die Sonne schickt uns Licht und Wärme – und das schon seit „ewigen Zeiten". Im Innern unseres Sterns gibt es eine besonders gute Energiequelle: die Kernfusion.

## VIER MILLIONEN TONNEN ENERGIE!

Manche träumen davon, dieses Sonnenfeuer auf der Erde nachzustellen. Doch die Atomkerne lassen sich nur unter großem Aufwand zum Verschmelzen bewegen. Unsere Sonne – und praktisch alle anderen Sterne – schaffen das, weil sie gigantisch groß sind und im Zentralbereich extreme Bedingungen herrschen. Die Sonne ist riesig groß: Ihr Durchmesser beträgt 1,4 Millionen Kilometer – man könnte quer durch die Sonne eine Schnur spannen, auf der 109 Erden aneinandergereiht sind. Und es gibt wiederum Riesensterne, durch die man eine Schnur mit 109 oder mehr Sonnen spannen könnte (dazu später mehr). Für die Zahl, die die Sonnenmasse in Tonnen angibt, gibt es gar kein vertrautes Wort: Es ist eine 2 mit 27 Nullen. Im Innern herrscht eine Temperatur von 15 Millionen Grad Celsius. So passt alles für das gigantische Kraftwerk, das die Sonne leuchten lässt und uns mit Licht und Wärme versorgt.

Bei der Kernfusion verschmelzen pro Sekunde rund 600 Millionen Tonnen Wasserstoff zu 596 Millionen Tonnen Helium. Die fehlenden vier Millionen Tonnen werden nach Einsteins Formel $E = mc^2$ in Strahlung umgesetzt.

Unsere Sonne verliert vier Millionen Tonnen Masse – in jeder Sekunde! Doch selbst dieser Schwund fällt kaum ins Gewicht: In den fast fünf Milliarden Jahren ihrer Existenz hat sie

noch nicht einmal ein Tausendstel ihrer Materie in Strahlung umgewandelt. So eine Energiequelle auf der Erde zu nutzen, ist schon lange ein Traum. Womöglich bleibt es einer. Nach einem Kalauer ist die Kernfusion auf Erden die Energiequelle der Zukunft – und zwar immer.

### STERNEN GEHT DER BRENNSTOFF AUS

So groß und massereich Sterne auch sind. Wenn jede Sekunde Unmengen an Wasserstoff „verloren" gehen und zu Helium oder anderen Stoffen werden, dann ist es irgendwann vorbei mit dem Sternfeuer und der Sternentstehung. Denn irgendwann gibt es kaum noch Wasserstoff, der einen Stern bilden könnte. Die Objekte im Weltall fressen ihren eigenen Rohstoff auf. Leichte Elemente gehen verloren, schwere reichern sich an. Es wird zwar „ewig" dauern, bis das ein Problem ist. Aber es ist sofort klar, dass der Kosmos nicht seit Äonen völlig unverändert existieren kann. Auch das Universum entwickelt sich: Es ist entstanden, gewachsen und wird irgendwann wohl ein Ende haben. Auch dies liegt an den Sternen. Bei denen macht es nicht nur die Masse, sondern auch die Anzahl. Einzelne Sterne mögen unwichtig sein. Doch Sterne insgesamt prägen den Kosmos.

Habe ich im vorherigen Abschnitt geschrieben, ohne Staub wäre im All alles nichts? Das stimmt zwar. Aber es gilt genauso: Sterne sind nicht alles, aber ohne sie … Sie sind die „Maschinen", die das All am Leuchten halten. Dunkle Materie und Dunkle Energie (siehe Kapitel 5) sind die geheimnisvollen Supermächte im All. Wir können sie nicht sehen, aber sie verraten sich indirekt durch ihren Einfluss auf – Sterne! Was nützen uns dunkle Phänomene? Wir wollen und müssen im All etwas sehen. Wie gut, dass es Sterne gibt!

**↑ Mystische Milchstraße**
Die Sternentstehungsregion Sagittarius C befindet sich etwa 26.000 Lichtjahre entfernt im Sternbild Schütze. Sie gehört zum Zentralbereich unserer Milchstraße und ist nur gut 300 Lichtjahre vom Schwarzen Loch im Galaktischen Zentrum entfernt. Nie zuvor wurde dieses Gebiet so detailreich aufgenommen wie hier von James Webb. Heißer (ionisierter) Wasserstoff erscheint türkis – die nadelartigen Strukturen sind für die Fachleute völlig rätselhaft. Der pinkfarbene Lichtfleck (linke Seite, rechts unterhalb des hellsten Sterns im Bild) ist ein gerade aufflammender Sternhaufen, dessen massereichstes Mitglied 30-mal schwerer ist als unsere Sonne. Der Haufen befindet sich nahe der Spitze einer V-förmigen Dunkelwolke, die das Licht etlicher Sterne und der glühenden Gasmassen blockiert. Der Bildausschnitt erstreckt sich vor Ort über 40 Lichtjahre – es sind rund 500.000 Sterne zu sehen (viel Spaß beim Nachzählen!).

**↑ Haufen am Rand der Milchstraße**
Der Abstand zur Wolke Digel 2S im Sternbild Kassiopeia beträgt 40.000 Lichtjahre. Sie befindet sich am fernen Stadtrand der Milchstraße, 58.000 Lichtjahre vom Galaktischen Zentrum entfernt (mehr als doppelt so weit wie wir). Auch dort bildet eine große Molekülwolke viele Sterne, die Materiejets in die Umgebung schießen. Das Gas da draußen enthält weniger schwere Elemente als weiter innen in der Milchstraße. Ein Forschungsteam untersucht, welchen Einfluss diese andersartige Umgebung auf die Sternentstehung hat. Der Bildausschnitt überdeckt vor Ort 20 Lichtjahre. Im Hintergrund sind zahlreiche Galaxien in den Tiefen des Alls zu erkennen.

## EIN METER STAUB UND STERNE

Weil Staub und Sterne so wichtig sind (man mag auch sagen: einen so breiten Raum einnehmen), sind sie Thema der folgenden Panorama-Seiten. Das erste Panorama zeigt einen Ausschnitt des Adlernebels (der so wegen seines Aussehens heißt, was allerdings nur bei einer Gesamtaufnahme gut erkennen ist) im Sternbild Schlange. Die „Säulen der Schöpfung" – eine Art lebender Legende im All – hat James Webb in HD-Qualität aufgenommen. Besonders beeindruckend finde ich die dunkelroten Flecken an den Spitzen oder am Rand mancher Staubsäule. Dort kämpfen sich gerade Protosterne den Weg ins Freie. Auf fast allen James-Webb-Bildern sind im Hintergrund ferne Galaxien auszumachen. Hier ist keine zu erkennen – denn der etwa 7000 Lichtjahre ferne Nebel bildet einen selbst für Webb blickdichten Vorhang. Es sind nur die Sterne im Vordergrund zu sehen.

Nicht satt sehen kann ich mich an dem fast einen Meter breiten Carina-Staub-und-Stern-Festival im Sternbild Schiffskiel. Die NASA-PR-Abteilung spricht von den kosmischen Klippen. Für mich sieht es wie ein wogendes Staubmeer aus oder eine gigantische Zeltstadt. Könnten wir diese Gegend über einige zehntausend Jahre im Zeitraffer sehen, so fiele auf, wie sich die Staubkronen verändern, wie Sterne aufflammen und Materiejets in die Umgebung schießen. Nach spätestens einer Million Jahre wären Gas und Staub so gut wie verschwunden. Dieses Panorama-Bild wäre immer noch begeisternd, aber es würde „nur" noch unzählige Sterne zeigen. Dann wären auch deutlich mehr Galaxien im Hintergrund zu erkennen.

Im Bereich über der „Gaskante" sind immerhin einige ferne Welteninseln auszumachen. Dies ist ein klares Zeichen, dass der Staub in diesem Bereich des Schiffskiels nicht ganz so undurchdringlich ist wie im Adlernebel. Diese Aufnahme gehört zu den ersten, die das James-Webb-Team nach einem halben Jahr im All veröffentlicht hat. Die Bilder belegten, dass das neue Weltraumteleskop funktioniert, dass die rund neun Milliarden US-Dollar gut investiert waren. Die Daten waren sofort für alle Menschen weltweit frei verfügbar – und somit stürzten sich viele Forschungsgruppen auf dieses Bild und untersuchten die Sternentstehung. Das Bild ist auf dem Weg zu einer Webb-Ikone – und so ziert ein Ausschnitt daraus den Titel dieses Buches.

Das dritte Bild in Überbreite stammt vom Hubble-Teleskop und ist ebenfalls ein Teil des Adlernebels – genau wie die Säulen der Schöpfung. Allerdings ist diese „Staub- und Gasskulptur" nicht so bekannt wie die Hubble-Ikone. Es lohnt sich, einmal ganz in Ruhe mit den Augen spazieren zu gehen. Das ganz Gebilde wirkt geradezu dreidimensional und hat eine ganz eigene Dynamik. Fast meint man, das Wirbeln der hellen und dunklen Wolken zu erahnen. Markant ist der extrem dunkle längliche Fleck links oberhalb der „Staubbrücke". Es sieht aus, als schwebe ein Luftschiff heran. Vermutlich sah unser Sonnensystem vor knapp fünf Milliarden Jahren genauso aus. Diese dunkle kompakte Wolke dürfte gerade anfangen, sich zusammenzuziehen und im Innern immer dichter und heißer zu werden. Schon bald wird aus den Gas- und Staubmassen ein Stern, der – wenn alles gut geht – von Planeten umkreist wird. Gas und Sterne sind im All nicht alles – aber ohne Gas und Sterne ist im All alles nichts.

**← Webbs Säulen der Schöpfung**
Diese Sinfonie aus Staub und Strahlung ist seit 1995 eine kosmische Ikone, damals aufgenommen vom Hubble-Teleskop. Der Infrarotblick von James Webb geht tief hinein in die Staubsäulen, die bis zu fünf Lichtjahre lang sind (das ist mehr als die Entfernung von der Sonne zum nächsten Stern) und an knochige Finger erinnern. Dort entstehen gerade viele Sterne. Der rote Fleck an der Spitze der mittleren Säule ist die Strahlung ganz junger Objekte, die noch von Staub eingehüllt sind. Dieses kosmische Meisterwerk befindet sich 7000 Lichtjahre entfernt im Sternbild Schlange.

**↑ Langfinger im Adlernebel**
Die Strahlung heißer, junger Sterne, die sich rechts außerhalb des Ausschnitts befinden, haben diese 9,5 Lichtjahre lange Skulptur aus Gas und Staub geformt. Die dünnsten Gasschwaden wurden bereits weggepustet – zurück bleiben die dichteren Bereiche, in denen sich Sterne bilden. Ionisierter Wasserstoff leuchtet rötlich, bläulich erscheint Sauerstoff. An der Spitze des Fingers (rechts) sieht eine dunkle Staubwolke wie ein Pinguin aus. Dieses Gebilde (Hubble-Aufnahme) ist im Adlernebel M 16 (Sternbild Schlange, 7000 Lichtjahre entfernt) ein Nachbar der „Säulen der Schöpfung".

**↑ Großes Kino aus Staub und Sternen**
Zu den ersten fünf Bildern, die das James-Webb-Team im Juli 2022 veröffentlichte, gehörte dieser Blick auf „Berge" und „Täler" im Carinanebel (7600 Lichtjahre entfernt im Sternbild Schiffskiel). Die höchsten „Gipfel" sind sieben Lichtjahre hoch. Die energiereiche Strahlung junger Sterne (sie befinden sich oberhalb dieses Bildausschnitts) wirkt wie ein Sandstrahlgebläse. Sie mischt Gas und Staub auf, heizt das Material auf und lässt die Kante glühen. Mehr und mehr Wolken fallen zu Sternen zusammen. Die jüngsten kämpfen sich gerade durch die dunklen Staubmassen und sind als rötliche Punkte zu erkennen. An einigen „Bergen" im Vordergrund sind die Materiejets samt Bugwellen von Protosternen zu sehen. In wenigen Millionen Jahren gibt es hier tausende Sterne mehr – und der Nebel ist verschwunden. Die acht Zacken, die die hellsten Sterne umgeben, sind ein unvermeidlicher optischer Störeffekt (Beugung) im Webb-Teleskop – inzwischen geradezu sein Markenzeichen.

# BUNTE NEBEL FÜR DAS LEBEN

Sterne wie unsere Sonne führen ein eher unspektakuläres Leben. Dafür beenden sie ihr Dasein auf wunderschöne Weise: Sie pusten ihre äußeren Schichten in den Weltraum – und regen als kompakte Sternleiche die Gas- und Staubmassen zum Leuchten ab. Im All wimmelt es von überwältigend schönen Nebeln. Die bunten Objekte sind Teil des galaktischen Recyclings.

Die Masse entscheidet über Gut und Böse – so einfach lässt sich der Lebensweg der Sterne charakterisieren. Was wann und wie aus einem Stern wird, hängt letztlich nur von seiner Masse ab. Das Geburtsgewicht bestimmt den Lebensweg eines Sterns. Natürlich gibt es Ausnahmen, etwa wenn ein Stern nicht allein durch das All zieht, sondern einen engen Begleiter hat. Für Supernovae, Neutronensterne und Schwarze Löcher sind Sterne zuständig, die mindestens fünf- bis achtmal mehr Masse haben als unsere Sonne. Manch stellares Schwergewicht bringt gar einige hundert Sonnenmassen auf die Waage.

Sterne von der Größe der Sonne können mit Supernova-Explosionen und geheimnisvollen Schwarzen Löchern am Lebensende nicht aufwarten. Sie brennen recht unspektakulär vor sich – und zwar ziemlich lange. Dagegen vergeudet ein Stern mit zehnfacher Sonnenmasse seinen Brennstoffvorrat, indem er fast 10.000-mal heller als die Sonne leuchtet. Diese Verschwendungssucht bezahlt er mit einem kurzen Leben: Nach kaum mehr als zehn Millionen Jahren ist Schluss – eben mit einer gewaltigen Explosion. Die Sonne jedoch wird etwas mehr als zehn Milliarden Jahre alt, sofern die Theorien zutreffen.

## ROTE ZWERGE LEUCHTEN „EWIG"

Ein Stern mit einem Zehntel Sonnenmasse glimmt mit nur einem Zehntausendstel Sonnenleuchtkraft ziemlich öde vor sich hin – und das für mehr als hundert Milliarden Jahre. So kurios es klingen mag: Sterne von weniger als Dreiviertel Sonnenmassen können im Universum noch gar nicht gestorben sein, da ihre Lebensdauer das heute angenommene Weltalter von etwa 13,7 Milliarden Jahren übersteigt. Rote Zwerge, die vor zwölf Milliarden entstanden sind, leuchten noch immer so schwächlich wie zu Beginn. Man sieht sie kaum – aber, etwas gehässig formuliert, das macht auch nichts. Denn diese Sterne „bringen" sowieso nichts. Sie sind nicht weit zu sehen. Für Leben auf Exoplaneten scheinen sie kaum geeignet zu sein, weil ihr aktive Oberfläche viel gefährliche Strahlung aussendet. Schließlich verweigern sie sich der universellen Aufgabe, den Kosmos mit schweren Elementen anzureichern. Rote Zwerge sind die kosmischen Spaßbremsen – und trotzdem faszinierend. Sie sind die mit Abstand häufigsten Sterne im Weltall. Aber sie fallen nicht auf.

## BURNOUT DER SONNE

Unsere Sonne ist, was die Masse angeht, ein anderes Kaliber. Sie leuchtet sehr zuverlässig seit rund viereinhalb Milliarden Jahren. Die Sonne nutzt ihren Brennstoffvorrat an Wasserstoff sehr effizient, aber sie geizt nicht zu sehr mit Strahlung und Wärme. So konnte sich auf der Erde in aller Ruhe Leben entwickeln. Aber auch für die Sonne gilt: Nichts hält ewig. Irgendwann ist der Wasserstoff im Innern aufgebraucht. Dann findet das Wasserstoffbrennen in einer Schale statt, die langsam nach außen wandert. Die Sonne macht dann auf Zwiebel-Look. Das Helium im Zentrum, die „Asche" aus rund zehn Milliarden Jahren Sternleben, zündet irgendwann und bildet Kohlenstoff und andere Elemente. Das ist dann schon der Anfang vom Ende – denn diese Phase dauert bestenfalls einige hundert Millionen Jahre. Die Sonne bläht sich durch die intensivere Strahlung im Innern kräftig auf. Zugleich wird ihre Oberflächentemperatur etwas geringer: Aus dem kleinen gelben Stern von heute wird ein Roter Riese. Merkur und Venus werden wohl mit einem Zischen in der Sonne verschwinden.

Das Schicksal der Erde ist noch offen – bewohnbar ist unser Planet dann aber schon lange nicht mehr. Am Himmel steht ein riesiger roter Ball und beleuchtet die komplett verkohlte Erdlandschaft. Die Kernfusion im Innern der Sonne verbraucht immer schneller die noch vorhandenen Brennstoffreste. Schließlich gerät die Sonne kurz vor den Burnout. Sie wird instabil, flackert und pulsiert eine Zeit lang. Der Sonne ist der Todeskampf anzusehen. Die Strahlung aus dem Innern treibt immer mehr Materie aus den dünnen Außenschichten (die man sich als sehr lockere glühende Zuckerwatte vorstellen kann) hinaus ins Planetensystem und weiter ins All. Durch diesen „Sternwind" wird die Sonne fast die Hälfte ihrer Masse verlieren.

**→ Südlicher Ringnebel**
Zu den ersten Objekten, die das James-Webb-Weltraumteleskop aufgenommen hat, gehört der Südliche Ringnebel (Durchmesser 0,8 Lichtjahre, 2500 Lichtjahre entfernt) im Sternbild Segel. Im Zentrum kreisen zwei Sterne im Abstand von etwa 200 Milliarden Kilometern umeinander – der eine ist auffallend hell, der andere ist ein kleines Stück links unterhalb am Rand eines Beugungsstrahls kaum zu erkennen. Das ist der Weiße Zwerg, der seine Außenschichten ins All gepustet und diesen Nebel gebildet hat. Der hellere Stern hat das Material gut „umgerührt" und so zur Entstehung der bizarren Ringe beigetragen.

**→→ Nördlicher Ringnebel**
Die James-Webb-Instrumente NIRCam (links) und MIRI (rechts) haben jeweils ihren eigenen Blick auf den Ringnebel (2000 Lichtjahre entfernt im Sternbild Leier). Die Gasmassen stammen von einem Stern, der vor 7000 Jahren zum Weißen Zwerg (ganz links auf der rechten Seite) wurde. NIRCam zeigt viele Details im inneren Nebel, Gasknoten aus Wasserstoff und leuchtende Kohlenwasserstoffe im Hauptring (Durchmesser ein Lichtjahr). Dank MIRI sind erstmals die zehn äußeren Ringe aus kälteren Gasmassen gut zu beobachten. Ein um den Zentralstern herumlaufender Begleiter hat das Abströmen des Materials beeinflusst.

**← Himmlischer Schmetterling**
Planetarische Nebel haben eine Vielzahl von Formen – aber kaum einer ist so schön wie NGC 2899. Dieser Nebel befindet sich 4500 Lichtjahre entfernt im Sternbild Segel. Im Zentrum gibt es zwei Sterne, einer davon ist ein Weißer Zwerg (etwa die Masse der Sonne, aber nur so groß wie die Erde) mit 22.000 Grad Celsius Oberflächentemperatur. Die Bewegung der beiden Sterne umeinander führt zur kuriosen Form dieses Nebels, die an einen Schmetterling erinnert (die Spannweite der Flügel beträgt 2,5 Lichtjahre). Die hellen Gassäulen, die durch die intensive Strahlung des Weißen Zwergs entstanden sind, könnten allerdings auch Teile eines Korallenriffs sein. Auf dieser Hubble-Aufnahme glüht Wasserstoff rötlich und Sauerstoff zeigt sich bläulich. Die Sauerstoffatome könnten irgendwann mal von extraterrestrischem Leben eingeatmet werden, sofern es so funktioniert wie unseres. Der Sauerstoff auf der Erde stammt aus ganz ähnlichen Sternen, die vor mindestens fünf Milliarden Jahren ihr Leben beendet haben.

## DER SCHÖNE TOD DER SONNE

Im verbleibenden Rest geht irgendwann buchstäblich der Ofen aus. Ohne den Strahlungsdruck aus dem Innern stürzt der Rest zu einem winzig kleinen Weißen Zwerg zusammen. Die „Leiche" der Sonne ist nur noch so groß wie die Erde, ist aber anfangs extrem heiß. Sie strahlt allmählich ihre gespeicherte Restenergie ab und kühlt über Milliarden Jahre hinweg aus. In den ersten paar tausend Jahren regt der Weiße Zwerg noch das zuvor abgestoßene Gas zum Leuchten an: Die Sonne wird für einige Zeit ein wunderschöner Nebel sein – und mittendrin, wenn sie nicht zuvor verschluckt wurde, die völlig ramponierte Erde. Zu schade, dass es dann kein Leben mehr gibt. Denn der Himmelsanblick in so einem Nebel muss die wahre Pracht sein.

Die bunten Gasmassen, die den auskühlenden Sternrest umgeben, nennen Fachleute Planetarischen Nebel. Die Bezeichnung „Planetarisch" geht auf Friedrich Wilhelm Herschel (1738–1822) zurück. Der aus Hannover stammende Astronom hatte 1781 von England aus den Planeten Uranus entdeckt. Der erschien im Teleskop als blasses Scheibchen. Weil auch diese Nebel schwach glimmende ausgedehnte Objekte sind, prägte Herschel den Begriff Planetarischer Nebel. Sie haben aber nur mittelbar etwas mit Planeten zu tun: Das in ihnen ins All driftende Material könnte lange Zeit später Teil einer Gas- und Staubwolke sein, aus der Sterne und Planeten entstehen.

## NEBEL ÜBER NEBEL

Hubble und James Webb haben Dutzende dieser Nebel aufgenommen. Keiner gleicht dem anderen. Eines der schönsten Exemplare ist der Ringnebel, der im Katalog von Charles Messier die Nummer 57 hat (Seite 92/93). Dieses Objekt ist schon mit einem Amateurteleskop als Ring mitten zwischen den beiden unteren Sternen des Sternbilds Leier zu erkennen. Das James-Webb-Weltraumteleskop zeigt diesen Nebel in ungeahnten Details. Dabei spielt wieder einmal die Empfindlichkeit im Infrarotbereich eine herausragende Rolle. NIRCam, die Kamera im nahen Infrarot, zeigt wunderbar Tausende von Materieknoten im inneren Ring dieses Nebels. MIRI, das Strahlung des längerwelligen mittleren Infrarots empfängt, offenbart vor allem das schwache Leuchten der Strukturen außerhalb des Hauptrings. Die Doppelseite 92/93 zeigt die linke Hälfte des Nebels mit den Augen von NIRCam – die rechte Hälfte wurde von MIRI aufgenommen. So lassen sich die unterschiedlichen Kameras an Bord von James Webb gut vergleichen.

Im Außenbereich des Nebels gibt es rund zehn schwache Ringe, die aus Material bestehen, das der Stern einige Zeit vor dem Zusammenbruch zum Weißen Zwerg ausgestoßen hat. Die vielen Ringe sind – so die Vermutung – durch einen Begleitstern entstanden, der auf einer elliptischen Bahn um den heutigen Weißen Zwerg zieht. Sein mittlerer Abstand dürfte etwa so groß sein wie die Strecke von der Sonne zum Pluto. Der Begleiter hat bei seinen Passagen am Hauptstern den Abfluss des Materials gestört und so die Ringe entstehen lassen. Manchmal ist von astronomischer Archäologie die Rede, weil man aus heutigen Beobachtungen ableiten möchte, welche Bedingungen dort vor langer Zeit geherrscht haben. Mit Pinsel und Spatel kann man im All nichts ausgraben. Mindestens genauso gut sind Beobachtungen bei unterschiedlichen Wellenlängen. Sie zeigen Strahlung, die bei unterschiedlichen physikalischen Prozessen entsteht – und legen so „Schicht für Schicht" die Vorgänge im Ringnebel oder anderswo frei.

## WEISSER ZWERG LÄSST LEUCHTEN

Im Innern des Ringnebels gibt es sehr viel heißes Gas, vor allem Helium. In den markanten Materieknoten – davon gibt es etwa 20.000 Stück im Ringnebel – stecken viel Wasserstoff und Sauerstoff. Die Knoten sind durch die Strahlung des Sterns in die Länge gezogen. Deren Schatten sorgen auch für die „Wimpern" weiter außen. Diese schwach leuchtenden Linien fallen im MIRI-Bild noch mehr auf als in der Aufnahme mit NIRCam. Im Hauptring kommen viele polyzyklische aromatische Kohlenwasserstoffe vor – sie sind der Baukasten für die komplexere Chemie im Universum.

Der Weiße Zwerg, dem das alles zu verdanken ist, ist auf der MIRI-Aufnahme zu erkennen – aber er fällt in diesem Spektralbereich nicht sehr auf. Es ist der Stern, der auf Seite 93 ganz links, fast im Bund des Buches, steht. Weiße Zwerge sind äußerst kompakte Sternleichen. Sie haben etwa die Masse der Sonne, sind aber nur so groß wie die Erde. In ihnen ist die Materie sehr, sehr dicht gepackt. In Weißen Zwergen läuft keine Kernfusion mehr ab. Sie leuchten, weil sie noch ihre Resthitze abstrahlen. Die ist anfangs so stark, dass die intensive Strahlung die abgestoßenen Gasmassen zum Leuchten anregt – und so den bunten Nebel ins All zaubert.

## DAS LEUCHTENDE VAKUUM

Was da so hübsch leuchtet, ist nach irdischen Maßstäben ein perfektes Vakuum. In jedem Kubikzentimeter des Nebels befinden sich weniger als tausend Teilchen. Zum Vergleich: Auf der Erde gibt es in einem Kubikzentimeter Luft mehr als eine 1 mit 19 Nullen Teilchen. Helium, Sauerstoff, Stickstoff, Schwefel und viele Stoffe mehr: Planetarische Nebel sind Chemielager im Kosmos. Am Ende seines Lebens hat jeder Stern Wasserstoff zu Helium fusioniert und zudem viel Kohlenstoff, Stickstoff, Sauerstoff und weitere Elemente produziert. Der Anteil des Wasserstoffs nimmt im Weltraum kontinuierlich ab. Allerdings geht das ganz langsam. Rund drei Viertel der Materie im Universum ist Wasserstoff. Davon ist so viel vorhanden, dass niemand Angst haben muss, plötzlich könnten aufgrund von Rohstoffmangel keine Sterne mehr entstehen. Die für unseren Alltag so wichtigen Elemente wie Sauerstoff, Kalzium oder Eisen haben am gesamten Kosmos nicht einmal einen Massenanteil von zwei Prozent. Diesem „Hauch" verdanken wir die Erde und unser Leben. Der Vollständigkeit halber sei angemerkt, dass das fehlende Viertel der Materie auf Helium entfällt.

## 14 MILLIARDEN JAHRE MENSCH

Von den Myriaden von Atomen im menschlichen Körper sind rund zwei Drittel Wasserstoff. Dieses Element bildete sich in den ersten Minuten nach dem Urknall. Wir Menschen sind also zum Großteil fast 14 Milliarden Jahre alt. Platz zwei und drei der häufigsten Elemente in unserem Körper nehmen Sauerstoff und Kohlenstoff ein. Sie sind nicht beim Urknall entstanden, sondern später in Sternen – und dann häufig durch Planetarische Nebel wieder in den kosmischen Materiekreislauf gelangt. Durch Kernfusion lässt sich bis zur Herstellung von Eisen Energie gewinnen. Massereiche rote Riesensterne bilden durch einen etwas anderen Mechanismus Elemente bis zur Masse von Blei – noch schwerere Stoffe wie Gold entstehen bei Supernova-Explosionen. Es gibt also einen ganz direkten Bezug des Menschen zu Sternen – aber nicht über Sternzeichen und Horoskope, sondern über die Materie. Die stammt aus den kosmischen Anfängen, toten Sternen oder gigantischen Explosionen. Wir Menschen sind alle Sternenstaub – und der Rest der Natur um uns herum auch!

## DER RINGNEBEL DES SÜDENS

Der berühmte Ringnebel in der Leier hat ein ebenso schönes Gegenstück am Himmel über der Südhalbkugel. Der Südliche Ringnebel (NGC 3132, Seite 91) im Sternbild Segel war Teil der „James-Webb-Ouvertüre" – er gehörte zu den ersten fünf Objekten, von denen Bilder des damals brandneuen Weltraumteleskops veröffentlicht wurden. Diese Bilder sollten zeigen, was das Instrument alles kann. Das Ziel wurde erreicht – und zwar sowohl was die Schönheit der Aufnahmen angeht als auch ihre wissenschaftliche Aussagekraft.

Im Innern des Nebels fällt ein sehr heller Stern mit markanten Beugungsstrahlen auf. Das ist nicht der Weiße Zwerg, dem wir diesen Nebel zu verdanken haben. Der steht ein wenig links unterhalb und erscheint viel schwächer. Er hat im Laufe einiger tausend Jahre seine äußeren Schichten ins All gepustet. Sie wurden vom noch brennenden und daher helleren Begleiter kräftig umgerührt. So sind die bizarren Wolkenstrukturen entstanden. Auch der Südliche Ringnebel zeigt viele Knoten aus Gas und Staub, die von der energiereichen Strahlung des Zentralsterns umspült werden. Wie beim berühmten Ringnebel im Norden sind in den Außenbereichen „Wimpern" zu sehen. Sie entstehen, weil das Licht des Zentralsterns durch Löcher im hellen Gasring hindurch scheint – wie bei uns die Sonne durch Löcher in der Wolkendecke. Dieser Nebel besteht, so die genauere Analyse der Daten, aus zwei Halbschalen, die sich ober- und unterhalb der beiden Sterne öffnen. Wir blicken zufällig fast genau von oben in eine Schale.

## NEBEL WEG, MATERIE BLEIBT

Planetarische Nebel zeigen vor allem eines: Das Ende eines sonnenähnlichen Sterns ist ein über Jahrtausende laufender Kampf. Immer wieder wird Material ins All gepustet, der Stern flackert und stürzt schließlich zum Weißen Zwerg zusammen. Doch was auch immer in den letzten Jahrtausenden geschehen ist: Es ist noch eine Zeit lang zu sehen. Die Astronominnen und Astronomen müssen die Spuren nur richtig deuten. Viel Zeit bleibt ihnen nicht: Das Auskühlen des Sterns und das Abdriften von Gas und Staub sind unerbittlich – in etwa 10.000 Jahren wird von beiden Ringnebeln nichts mehr zu sehen sein. In der Milchstraße sind trotz der gut 200 Milliarden Sterne nur 1500 dieser Nebel bekannt. Das spiegelt die kurze Lebensdauer wider. Das Leuchten verschwindet – das Material aber bleibt für Jahrmilliarden Jahre erhalten, wabert dunkel durch das All, bis es irgendwann wieder Teil eines Sterns wird.

Eine Anmerkung noch zum zauberhaften Bild des Südlichen Ringnebels. Auch hier sind, Sie ahnen es sicher, wieder Galaxien im Hintergrund zu sehen. Viel schöner könnte es kaum passen, ästhetisch wie inhaltlich: Ein Stück links neben dem Nebel ist eine sehr dünne Galaxie zu sehen. Sie sieht aus wie eine Nadel mit einer kleinen hellen Verdickung in der Mitte. Wir blicken fast genau auf die Kante einer Spiralgalaxie, die einige Milliarden Lichtjahre entfernt sein dürfte. Es ist sogar eine dunkle Linie zu erkennen, die durch die Galaxie läuft. Das ist der Staub in der galaktischen Ebene. Dieser Staub stammt zum Teil aus den Planetarischen Nebeln dieser Galaxie!

## VIELE NEBEL, KEINE THEORIE

Manche Nebel sind fast kreisrund, andere bizarr verformt. Manche sehen aus wie ein Schmetterling oder haben riesige Henkel. Es scheint „alles" möglich. Fachleuten, die die Entstehung und Entwicklung von Sternen theoretisch beschreiben wollen, macht diese Formenvielfalt der Planetarischen Nebel nicht nur Freude – sie dürfte manchmal auch die Laune trüben. Denn wie genau diese letzte Phase eines sonnenähnlichen Sterns abläuft, lässt sich bisher eher schlecht als recht in Modellen beschreiben. Jedes Bild hilft, die richtigen Fragen zu stellen und mehr über diese Objekte zu lernen. Jedes Bild ist ein wichtiger Mosaikstein, um den Sternwind, das Abströmen der Materie im Spätstadium der Sterne zu verstehen. Wie stößt ein Stern seine äußeren Schichten in den Weltraum? Warum scheint dies mal fast gleichmäßig in alle Richtungen zu geschehen, mal völlig erratisch nur entlang bestimmter Achsen? Welche Prozesse laufen in dem abgestoßenen Gas ab? Klar ist nur, dass dieses Gas für uns buchstäblich lebenswichtig ist bzw. einmal war. Denn genau in solchen Nebeln entstehen viele der größeren Moleküle, die dann Ausgangsstoffe des Lebens sind. In Sternen selbst ist es für die meisten komplexeren Stoffe viel zu heiß – dort würden Moleküle sofort zerfallen. Doch ein Modell, das diese Abläufe umfassend beschreibt, gibt es immer noch nicht. Das Verständnis hinkt der Begeisterung etwas hinterher – eine übliche Situation, wenn neue Instrumente faszinierende neue Einblicke liefern.

**→ Staubringe im Stier**
Zwei Sterne, die auf dieser James-Webb-Aufnahme zu einem Punkt verschmelzen, stehen im Zentrum des Planetarischen Nebels NGC 1514 im Sternbild Stier (zwei Lichtjahre Durchmesser). Der eine hatte einst mehrfache Sonnenmasse, ist inzwischen ein Weißer Zwerg und hat seine Außenschichten in die Umgebung gepustet. Aufgrund der Störeffekte durch seinen engen Begleiter strömt das Material nicht völlig gleichmäßig ins All, sondern bildet die markanten Ringe. Sie enthalten vor allem winzig kleine Staubpartikel, die sich durch die Ultraviolettstrahlung des Weißen Zwergs im Zentrum aufheizen und im Infraroten zu sehen sind (mit dem MIRI-Instrument von James Webb) – über eine Entfernung von 1500 Lichtjahren. Interessant ist, was in diesem Nebel nicht zu sehen ist: Es gibt keine Hinweise auf etwas komplexere Moleküle wie Kohlenwasserstoffe, die sonst fast immer in solchen Objekten zu finden sind. Offenbar hat der enge Begleiter das Material ständig durchmischt und so den Ablauf der üblichen chemischen Prozesse verhindert. Aber es sind viele Galaxien im Hintergrund zu erkennen: Sie erscheinen meist als elliptische Fleckchen – manchmal lassen sich sogar Spiralarme erahnen.

# SUPERNOVAE – DAS BESTE ZUM SCHLUSS

Die massereichen Sterne im Kosmos beenden ihr Leben mit einer infernalischen Explosion: Bei einer Supernova zerreißt es den ganzen Stern. Zurück bleibt ein Neutronenstern oder gar ein Schwarzes Loch. Das weggeschleuderte Material fegt den umgebenden Weltraum frei – und verteilt lebenswichtige Elemente im All. Wir sind alle ein wenig Supernova!

Für den 4. Juli 1054 vermerken chinesische Chroniken das Auftauchen eines „Gaststerns". Den kaiserlichen Hofastronomen war urplötzlich ein strahlender Punkt am Firmament aufgefallen, der heller als die Venus leuchtete und für etwa drei Wochen sogar am helllichten Tag neben der Sonne zu beobachten war. Was da für Aufsehen sorgte, war die Explosion eines massereichen Sternes, eine Supernova. Im Sternbild Stier hatte sich ein Stern von mehrfacher Sonnenmasse am Ende seines Lebens in Stücke gerissen. Für einige Tage leuchtete er heller als Milliarden normaler Sterne zusammen, um danach allmählich zu verlöschen. Erst viele Jahrhunderte später bekam die Menschheit die Reste des explodierten Sterns wieder zu Gesicht. Durch ein Teleskop betrachtet legt der Krebsnebel bis heute Zeugnis der dramatischen Vorgänge jener Tage ab.

### WUNDERBARER KREBSNEBEL

Die bei der Explosion weggeschleuderten äußeren Schichten des Sterns prallen auf ruhendes Gas in der Umgebung und lassen ein geradezu filigranes Gespinst aus Gas und Staub entstehen. Vergleiche zwischen Aufnahmen von heute und von vor einigen Jahrzehnten zeigen, dass sich der Nebel weiter ausdehnt – und dass seine Bewegung vor mehr als 950 Jahren begonnen hat.

Die bunt schillernde James-Webb-Aufnahme (Seite 106) dokumentiert eine Reihe interessanter physikalischer Phänomene. Die orange-rötlichen Filamente sind Gaswolken mit doppelt ionisiertem Schwefel, der intensiv im Infrarotbereich strahlt. Gelb-weißlich und in Grün erscheinen Gebiete, in denen viel Staub vorkommt. Nie zuvor ließ sich der Staub in einem Supernova-Überrest so genau untersuchen. Das diffuse, etwas milchige Leuchten im gesamten Nebel ist Synchrotronstrahlung. Sie entsteht, wenn sich Elektronen fast mit Lichtgeschwindigkeit entlang von Magnetfeldlinien bewegen.

Da die Elektronen beim Abstrahlen Energie verlieren, muss es eine Quelle geben, die laufend neue energiereiche Teilchen nachliefert. Das kann nur der Neutronenstern im Zentrum des Nebels sein – die Leiche des Sterns, der bei der Supernova explodiert ist.

### EIN STERN, SO KLEIN WIE EINE STADT

In einem Neutronenstern ist die Materie noch viel dichter gepackt als in einem Weißen Zwerg. Der Neutronenstern enthält einige Sonnenmassen, hat dabei aber nur geradezu lächerliche 20 Kilometer Durchmesser. Neutronensterne erzeugen keine Energie mehr wie normale Sterne, sondern strahlen nur noch die Energie ab, die sie aus der Supernova retten konnten. Wegen ihres extrem starken Magnetfelds leuchten sie nicht gleichmäßig in alle Richtungen. Es gibt lediglich zwei Strahlungskegel entlang der beiden magnetischen Pole. Neutronensterne rotieren sehr schnell. Streicht bei der Rotation des Sterns einer dieser Kegel auch über die Erde, so erkennen die Astronominnen und Astronomen den Neutronenstern als „kosmisches Leuchtfeuer" und sprechen von einem Pulsar. Der Pulsar im Zentrum des Krebsnebels rotiert 30-mal pro Sekunde.

Was da so bunt leuchtend noch heute mit einigen tausend Kilometern pro Sekunde auseinander fliegt, ist im Wortsinn lebenswichtig. Sterne wie unsere Sonne können theoretisch alle Elemente bis zum Eisen produzieren. Bis dahin wird beim Verschmelzen kleinerer Atomkerne Energie frei. Alle Elemente, die schwerer sind als Eisen, brauchen Unterstützung von außen – denn zu ihrer Entstehung ist Energie nötig. Tatsächlich kommen die meisten kleineren Sterne kaum über Kohlen-, Stick- und Sauerstoff hinaus. In größeren Mengen entsteht Eisen nur bei Supernova-Explosionen. Die noch schwereren Elemente im All stammen so gut wie alle aus Objekten wie dem Krebsnebel.

**→ Spiralförmige Staubschleuder**
Hier kreisen zwei extrem massereiche Wolf-Rayet-Sterne mit einer Periode von 197 Jahren umeinander. Sie pusten sehr gleichmäßig Materie in die Umgebung und bilden dabei diese erstaunlich symmetrische Figur (8000 Lichtjahre entfernt; Sternbild Winkelmaß; vier Lichtjahre Durchmesser). Webbs Infrarotdaten sind wichtig, um die Entstehung von Staub (kohlenstoffhaltige Partikel) im All zu verstehen. Wolf-Rayet-Sterne gelten als eine der Hauptquellen für Staub im Kosmos. Während das Material ins All abströmt und sich abkühlt, bilden sich die etwas komplexeren Staubteilchen.

**→ Wandernde Staubringe**
Den Riesenstern WR 140 (5600 Lichtjahre entfernt; Sternbild Schwan) umgeben 17 Ringe aus ausgestoßenem Material. Der Stern hat mehr als 20-mal so viel Masse wie die Sonne und zieht gemeinsam mit einem Partner durch das All. Alle acht Jahre kommen sich beide auf den Abstand Erde–Sonne nahe. Dann bilden die abströmenden Gasmassen der Sterne Staubteilchen – etwas größere Partikel vor allem aus Wasserstoff und Kohlenstoff. Auf diese Weise entsteht alle acht Jahre ein neuer Staubring. Die Distanz zwischen den Ringen beträgt gut 600 Milliarden Kilometer (4000-mal die Entfernung Erde-Sonne). Webb-Aufnahmen im Abstand eines Jahres zeigen die Verschiebung.

Juli 2022
September 2023

← **Pusteblume vor der Supernova**
Der Wolf-Rayet-Stern WR 124 nähert sich dem Ende seines nur wenige Millionen Jahre währenden Lebens (astronomisch gesehen extrem kurz). Er hat in den letzten rund 50.000 Jahren bereits große Teile seiner äußeren Schichten in den Weltraum gepustet. Der frei liegende Sternkern hat noch ca. 20-mal so viel Masse wie die Sonne. Etwa die zehnfache Sonnenmasse hat der Stern bereits abgestoßen. Diese Materie bildet eine Schale aus Gas und Staub mit zehn Lichtjahren Durchmesser. Sie dehnt sich mit etwa 150.000 Kilometern pro Stunde weiter aus.

Wie die wolkige Struktur dieser „Pusteblume" zeigt, verliert der Riesenstern seine Materie nicht gleichmäßig. Vielmehr schleudert er immer mal wieder große Fetzen in verschiedene Richtungen. Der Stern pulsiert und flackert – er ringt schon mit dem Tode.

Die Infrarotinstrumente des James-Webb-Teleskops zeigen erstmals in allen Details, wo es wie viel Staub in der Umgebung so eines Sterns gibt. Der Staub ist Rohstoff für künftige Generationen von Sternen und Planeten. Zudem können sich auf der Oberfläche der Staubkörnchen komplexere Moleküle bilden, die am Beginn der Entwicklung von Leben stehen. Bis heute rätseln die Fachleute, wo der ganze Staub im Universum herkommt. Beobachtungen von Riesensternen wie WR 124 werden helfen, diese Frage zu klären.

Im Jahr 1866 haben die französischen Astronomen Charles Wolf (1827–1918) und Georges Rayet (1839–1906) diese extrem massereichen Sterne mit abgestoßenen Hüllen entdeckt. Sie fielen durch besondere spektrale Eigenschaften auf.

WR 124 befindet sich 20.000 Lichtjahre entfernt im Sternbild Pfeil am Sommerhimmel. Vor Ort strahlt er etwa eine Million Mal heller als unsere Sonne. Spätestens in einigen hunderttausend Jahren explodiert dieser Stern als Supernova. Die acht Linien, die die hellen Sterne umgeben, sind Beugungsmuster, die durch die Bauweise des Teleskops entstehen. Sie sind ein rein optischer Effekt und haben nichts mit den Sternen zu tun.

**←↓ Die Supernova von nebenan**
Das Hubble-Teleskop hat kaum ein Objekt so oft beobachtet wie die Supernova 1987 A in der Großen Magellanschen Wolke. 2017 waren zwei Henkel und ein Ring zu sehen (links), die die heiße Gaswolke umgeben, in der sich jetzt ein Neutronenstern oder ein Schwarzes Loch befindet. Der weißglühende Ring (unten; ein Lichtjahr Durchmesser) ist Gas, das schon vor etwa 20.000 Jahren ausgestoßen wurde und nun von der Schockwelle der Supernova aufgeheizt wird.

**↓ Webbs Supernova SN 1987A**
Natürlich hat auch James Webb die Lieblings-Supernova (168.000 Lichtjahre entfernt) der Astronomen beobachtet. Im Zentrum sind grünblaue Klumpen aus Gas und Staub zu erkennen, die bei der Explosion ins All geschleudert wurden. Webbs Infrarotblick zeigt, dass der diffus weiß leuchtende Bereich mit den „Armbändern" aus glühenden Materieknoten viel größer ist als bisher bekannt. Webb wird diese Supernova während seiner ganzen Mission im Auge behalten.

## SUPERNOVA FÜR DAS LEBEN

Die Chemie des Kosmos ist faszinierend: Mit dem Urknall waren nur Wasserstoff und Helium entstanden, vielleicht noch Spuren von Lithium. Alle anderen Elemente wurden irgendwann später in Sternen erbrütet – oder sie sind bei Supernova-Explosionen entstanden. Den Sauerstoff, den wir atmen, verdanken wir vielleicht längst erloschenen sonnenähnlichen Sternen. Das Eisen im Blut und das Gold oder Silber am Finger sind Überreste von Supernova-Explosionen. Die Wolke, aus der die Sonne und ihre Planeten entstanden sind – also auch unsere Erde –, war eine wunderbare Mischung von Material vieler ausgebrannter Sterne. Ohne Supernova-Reste hätte sich zwar die Sonne bilden können, nicht aber eine bewohnte Erde.

Für die schweren Elemente sorgen die massereichsten Sterne – und die produzieren viele der leichteren Elemente gleich mit. Sonne & Co. brauchen trotzdem keine Komplexe zu haben. Die Natur hat das ganz prima eingerichtet. Die massereichen Sterne liefern bei ihrer Energiegewinnung viele neue Elemente und produzieren zudem im Akkord – denn schon nach einigen Millionen Jahren sind sie ausgebrannt und verteilen ihre Ware im All. Diese Sterne produzieren lebenswichtige Stoffe, lassen selbst aber kein Leben zu. Salopp gesagt: Bei Sternen stimmt die Chemie.

## TYCHO BRAHES SUPERNOVA

Selbst in der Astronomiegeschichte spielte eine Supernova eine überragende Rolle. Im Herbst 1572 erblickte der dänische Edelmann Tycho Brahe eine plötzlich im Sternbild Kassiopeia aufgeflammte Supernova (sie hat aber nichts mit der Supernova Cas A auf Seite 105 zu tun). Für Tycho ein Wendepunkt – und für die Astronomie: Denn er wandte sich unter dem Eindruck der Supernova der Himmelskunde zu. Tychos präzise Beobachtungsdaten der folgenden Jahrzehnte ermöglichten schließlich dem aus Weil der Stadt stammenden Mathematiker Johannes Kepler, das neue Weltbild mit der Sonne im Zentrum auf mathematisch korrekte Füße zu stellen.

Die letzte helle Supernova an unserem Himmel gab es 1604. Seitdem fiebern alle der nächsten Supernova-Explosion in unserer Galaxis entgegen. In weit entfernten Galaxien spüren automatische Suchprogramme Hunderte (!) Sterne pro Nacht auf, die hochgehen. Nur bei uns zu Hause gibt es nichts zu entdecken. Dabei sollte es der Theorie nach etwa einmal im Jahrhundert eine Supernova in unserer Milchstraße geben. Allerdings bekommen wir davon kaum etwas mit, wenn die Explosion am anderen Ende der Milchstraße stattfindet.

## SCHWARZES LOCH?

1987 gab es zumindest einen „Trostpreis". Damals flammte eine Supernova immerhin in einer Begleitgalaxie der Milchstraße auf. Sie ist natürlich längst erloschen, beschäftigt die Forschung aber noch immer. Denn jetzt kann man live zusehen, wie sich ein Supernovaüberrest nach Art des Krebsnebels bildet. Die Supernova 1987A gehört sicher zu den am besten beobachteten Einzelobjekten am ganzen Himmel. Hubble hat fast jedes Jahr die Explosionswolke beobachtet – James Webb wird das auch tun.

Bis heute ist unklar, was bei der Explosion übrig geblieben ist. Beobachtungen deuten darauf hin, dass ein Neutronenstern mit seiner Strahlung die Überreste beeinflusst. Bei so einer Supernova kann der Kern des explodierten Sterns aber auch noch weiter zusammenstürzen – dann wird er zum Schwarzen Loch. Das ist ein Objekt, dessen Anziehungskraft so stark ist, dass nichts – nicht einmal Licht – entkommen kann. Um die Faszination der Schwarzen Löcher geht es in den späteren Kapiteln – bei den Galaxien und der Kosmologie

**← Die Supernova in der Cassiopiea**
Etwa im Jahr 1680 ist im Sternbild Kassiopeia ein rund 11.000 Lichtjahre entfernter Stern als Supernova explodiert. Auf der Erde war von Cassiopeia A (kurz: Cas A), wie die Fachleute sagen, offenbar nichts zu sehen. Denn dichte Gas- und Staubwolken in der Milchstraße versperren den Blick dorthin. Das James-Webb-Weltraumteleskop hat die knapp zehn Lichtjahre große Explosionswolke beobachtet, die sich immer weiter ausdehnt. Auf den ersten Blick ist zu erkennen, dass dort Dramatisches passiert sein muss. Auf dieser Infrarotaufnahme sind orange- und pinkfarben die Sternreste dargestellt, die bei der Explosion in die Umgebung geschleudert wurden.

Diese Knoten bestehen vorwiegend aus Elementen wie Sauerstoff, Schwefel, Argon und Neon, die im Vorgängerstern entstanden sind. Zudem enthalten sie viel Staub. Die kleinsten Brocken, die James Webb noch auflösen kann, sind etwa hundertmal größer als der Abstand Erde – Sonne. Wie Rauchschwaden eines Lagerfeuers sehen die Bereiche in Cas A aus, in denen die Schockwellen der Explosion auf das Gas in der Umgebung treffen. Es wurde lange vor der Supernova ins All gepustet. Im inneren Bereich fallen fast kreisrunde Löcher im Gas auf. Vermutlich haben kurze Zeit nach der Explosion weggeschleuderte Trümmerfetzen diese Löcher ins Gas gerissen. Die Farben sind willkürlich bestimmten Infrarot-Filtern zugeordnet. Sie haben nichts mit dem visuellen Eindruck zu tun, den Menschen vor Ort hätten.

Die letzte Supernova, die strahlend hell an unserem Himmel geleuchtet hat, stand 1604 im Schlangenträger und wurde unter anderem von Johannes Kepler beobachtet. Seitdem warten die Astronominnen und Astronomen sehnsüchtig auf die nächste helle galaktische Supernova. Sie ist lange überfällig. Sicher ist, dass der Lichtblitz der nächsten Explosion bereits unterwegs ist. Die Frage ist nur, wann er die Erde erreicht – vielleicht heute Abend, vielleicht aber auch erst in Jahrhunderten.

### → Die perfekte Supernova

Am 4. Juli 1054 explodierte 6500 Lichtjahre entfernt im Sternbild Stier ein massereicher Stern. Die Supernova war so hell, dass sie wochenlang selbst am blauen Tageshimmel gut zu sehen war. Beobachter in China und Arabien vermerkten das Auftauchen eines „Gaststerns“. Fast 1000 Jahre später ist noch immer die Explosionswolke dieser Supernova zu sehen. Sie trägt die Katalogbezeichnung Messier 1 (M 1) und wird oft Krebs- oder Krabbennebel genannt. Dieser Name geht auf sein Aussehen in Teleskopen zurück und hat nichts mit dem Sternbild Krebs zu tun.

Der Supernova-Überrest dehnt sich weiter aus und hat inzwischen elf Lichtjahre Durchmesser. Auf diesem Foto des James-Webb-Weltraumteleskops leuchtet glühender Schwefel orange-rötlich. Bereiche mit viel Staub erscheinen gelb-weißlich und in Grün. Das diffuse milchige Glimmen geht auf äußerst energiereiche Elektronen zurück. M 1 enthält zudem viel Wasserstoff, Kohlenstoff, Sauerstoff und andere schwere Elemente. Sie sind Rohstoff für neue Sterne und Planeten.

Was vom explodierten Stern übrig blieb, kollabierte schlagartig zu einem extrem dichten Objekt, in dem Elektronen und Protonen zu Neutronen zusammengequetscht wurden. Ein Neutronenstern enthält mehr Masse als die Sonne, hat aber nur etwa 20 Kilometer Durchmesser. So ein Objekt verfügt über ein extrem starkes Magnetfeld, dreht sich rasend schnell und gibt entlang enger Kegel Radiostrahlung ab. Überstreicht der Leuchtkegel des Radiosignals die Erde, so ist das Flackern des Neutronensterns zu sehen – Fachleute sprechen von einem Pulsar. Der Pulsar in diesem Supernova-Überrest dreht sich 30-mal pro Sekunde um seine Achse.

Diese Objekte sind so präzise gehende „Uhren“, dass Astronominnen und Astronomen mit ihnen Effekte der Allgemeinen Relativitätstheorie so exakt vermessen wie es sonst nicht möglich ist. Als die britische Doktorandin Jocelyn Bell 1967 den ersten Pulsar entdeckte (nicht den in diesem Objekt), dachte man für kurze Zeit, es handele sich um das Funkfeuer einer außerirdischen Zivilisation. Aber schnell war klar, dass es sich um besondere Sterne handeln musste. Für diese Entdeckung bekam ihr Doktorvater 1974 den Physik-Nobelpreis – aber nicht die Forscherin.

In einigen zehntausend Jahren werden sich die Gas- und Staubmassen so weit verdünnt haben, dass der Krebsnebel nicht mehr zu sehen ist – dann bleibt nur noch der Pulsar übrig.

# 3
# PLANETEN, OASEN DES LEBENS

Sterne produzieren jene Elemente, die für das Leben nötig sind. Aber Leben, wie wir es kennen, ist in der Hitze eines Sterns nicht möglich. Dafür fühlt sich Leben auf Planeten pudelwohl, sofern sie die richtige Entfernung vom Stern haben. Zu nah am Stern, verkocht das Leben – zu weit entfernt, gefriert es. Von den Milliarden Planeten allein in unserer Milchstraße werden etliche behaglich temperiert sein und Leben entwickelt haben. Doch ein Nachweis über viele Lichtjahre Entfernung ist extrem schwierig. Die Erde ist der einzige Ort im Kosmos, von dem wir wissen, dass er bewohnt ist – noch.

→ **„Hexenküche" im Orion**
In diesem Ausschnitt (knapp ein Lichtjahr groß) des Orionnebels (siehe auch Seite 49) scheinen die Gas- und Staubschwaden nur so zu brodeln. Die intensive Ultraviolettstrahlung der jungen heißen Sterne löst viele chemische Prozesse aus. Der Infrarotblick von James Webb zeigt, dass es in diesen Wolken große Mengen des Moleküls $CH_3^+$ gibt. Diese und ähnliche Kohlenstoffverbindungen spielen eine überragende Rolle für die Entwicklung von Leben. Womöglich gibt es im Orionnebel bald eine Art zweite Erde. Der Pfeil markiert ein gerade entstehendes Planetensystem. Eine Detailaufnahme ist auf Seite 120 zu sehen.

# UNSER KOSMISCHES ZUHAUSE

Ein wunderbarer Stern, vier Gesteinsplaneten, vier Gasriesen, bezaubernde Ringe, geheimnisvolle Monde, dazu Myriaden an Asteroiden, Kometen und Staubteilchen: Das Sonnensystem ist betörend schön – und mit unserer Erde, dem wichtigsten aller Himmelskörper, kosmisch einzigartig. Aber offenbar gibt es auch woanders lebensfreundliche Bedingungen.

Viele Milliarden Dollar teure Weltraumteleskope, die bis in die letzten Winkel des Weltalls blicken, werden nicht viel mit unserem Sonnensystem zu tun haben – so könnte man meinen. Für die meisten Astronominnen und Astronomen sind Mond, Asteroiden, Planeten und Kometen fast schon „kosmischer Unrat". Objekte aus Gestein, Eis und Gas, die irgendwo im Vordergrund ihre Bahnen ziehen – und im schlimmsten Fall einfach nur stören, etwa wenn der Mond mit seinem Licht die schwachen Himmelskörper überstrahlt.

Doch sowohl Hubble als auch James Webb sind sehr wichtige Instrumente, um die Planeten im Sonnensystem zu erforschen. Mit einigen Einschränkungen: Merkur ist für beide absolut verboten. Der innerste Planet ist zu nah an der Sonne – die Gefahr, dass deren helle Strahlung die Instrumente beschädigt, ist viel zu groß. Venus und unser Mond standen bei Hubble nur in absoluten Ausnahmefällen auf dem Arbeitsplan – für James Webb sind auch sie unerreichbar, da sie stets hinter dem Sonnenschutzschirm verborgen sind.

**DIE FASZINATION DES MARS-LEBENS**

Hubble und Webb kommen regelmäßig bei Mars, Jupiter, Saturn, Uranus und Neptun zum Einsatz. Für diese Aufnahmen gibt es diverse Gründe: Die beiden Spitzenteleskope zeigen einen Planeten wie Jupiter heute zum Teil mit deutlich mehr Details als es Raumsonden wie die Voyagers und Pioneers in den 1970er-Jahren beim Vorbeiflug konnten. Das ist vor allem der technischen Entwicklung bei den Kameras zu verdanken. Zudem verraten nur regelmäßige Aufnahmen mit Hubble und Webb, welche Prozesse in den Atmosphären der Planeten dort draußen ablaufen. So ergänzen die Daten der Weltraumteleskope ideal die Messungen und Fotos von Raumsonden. Schließlich weiß jedes PR-Team, dass Bilder der Gasmassen Jupiters oder der Ringe Saturns immer für positive Emotionen sorgen – Fotos der Geschwister der Erde haben einen anderen Reiz als Aufnahmen ferner Sternhaufen oder Gaswolken. Gut alle zwei Jahre kommt Mars, unser äußerer Nachbarplanet, der Erde recht nah. Somit steht der rote Planet

**← Mars, Planet der Träume**
Unser äußerer Nachbarplanet Mars erinnert auf den ersten Blick ein wenig an die Erde: Er hat eisige Polkappen, in der Atmosphäre gibt es Wolken und die Oberflächenstrukturen sehen fast aus wie Kontinente. Das Hubble-Teleskop hat den Mars (6780 Kilometer Durchmesser) Ende Dezember 2024 aus einer Entfernung von 98 Millionen Kilometern beobachtet. Womöglich leben im eisigen Boden ein paar Mikroben. Doch als Sehnsuchtsort zum Auswandern taugt der Mars nicht: Heutzutage geht es auf seiner Oberfläche absolut lebensfeindlich zu – zu kalt, zu trocken und stets der tödlichen kosmischen Strahlung ausgesetzt.

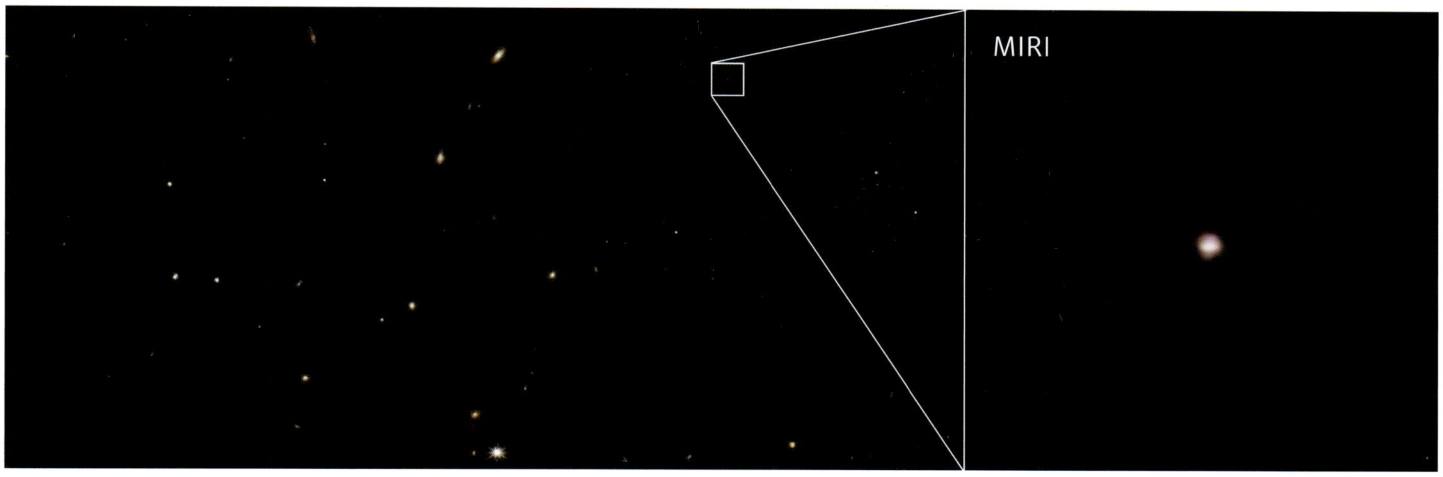

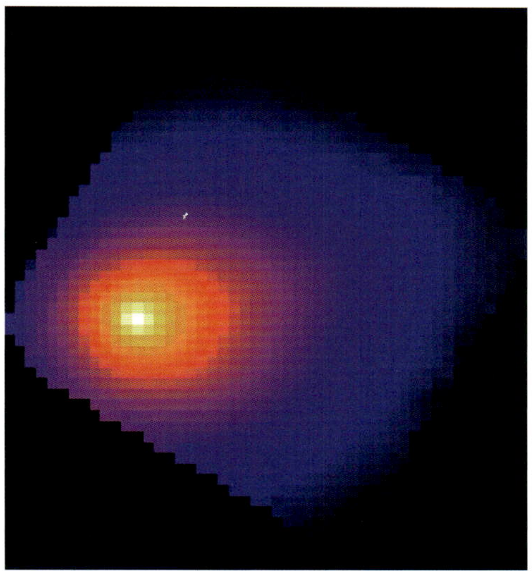

alle zwei Jahre auch auf dem Hubble-Beobachtungsplan (Bild Seite 110). Mars übt seit jeher eine fast magische Faszination aus. Seine manchmal blutrot erscheinende Farbe passt zu seiner Benennung nach dem römischen Kriegsgott. Teleskopbeobachtungen enthüllten, dass Mars ganz erstaunlich unserer Erde ähnelt: Er ist nur unwesentlich stärker geneigt und ein Tag auf dem Mars dauert mit 24 Stunden und 37 Minuten nur wenig länger als bei uns. Der Planet hat genau wie die Erde ausgeprägte Jahreszeiten, zeigt Polkappen und Flecken, die man einst für Kontinente hielt. In der Atmosphäre bilden sich Wolken und immer wieder toben Staubstürme über die wüstenartige Landschaft.

Ganz Eifrige hielten Mars einst für von kleinen grünen Männchen bewohnt – heute sehen sie im roten Planeten ein Ausweichquartier, weil die Erde irgendwann unbewohnbar werde. Doch Leben, wie wir es kennen, kann heutzutage auf der Marsoberfläche nicht existieren. Es ist zu kalt und zu trocken. Die dünne Atmosphäre besteht vor allem aus Kohlendioxid und das schwache Magnetfeld lässt die energiereichen Teilchen der kosmischen Strahlung ungehindert auf den Boden treffen. Mars sieht auf Hubble-Aufnahmen schön aus – aber jede irdische Giftmülldeponie ist ein behaglicherer Ort zum Leben als der rote Planet. Vermutlich war Mars vor Jahrmilliarden viel wohnlicher: Es war wärmer, es gab Wasser auf der Oberfläche, der Planet verfügte über eine dichtere Atmosphäre und ein stärkeres Magnetfeld. Damals könnte sich einfaches Leben entwickelt haben – wenn sich tatsächlich „kleine grüne Mikroben" gebildet haben, dann dürften sie noch immer tief im Permafrostboden des Planeten stecken. Aber weder Hubble noch Webb könnten sie nachweisen – dafür braucht man Raumsonden auf der Oberfläche.

## WEBB UND DER KOLLISIONS-ASTEROID

Ende 2024 ging einem Himmelsüberwachungsprogramm ein besonderer Asteroid ins Netz. Das Objekt 2024 YR4 könnte – so schien es zunächst – kurz vor Weihnachten 2032 mit der Erde zusammenstoßen. Eine genauere Bahnbestimmung hat diesen Fall dann zwar ausgeschlossen, aber nun könnte der Brocken den Mond treffen. Um mehr über diesen Asteroiden zu erfahren, hat James Webb ihn beobachtet (Bild oben). Auch für das Superteleskop ist da nicht viel zu erkennen: 2024 YR4 bleibt ein verwaschenes Fleckchen. Doch die Infrarotbeobachtungen lieferten wichtige Informationen. Aus dem reflektierten Sonnenlicht schließt man auf einen Durchmesser von etwa 60 Metern. Zudem zeigen Messungen bei verschiedenen Infrarotwellenlängen, dass es auf der Oberfläche dieses Asteroiden offenbar kaum Staub gibt. Dafür scheint sie von faustgroßen Gesteinsbrocken übersät zu sein. Mit Webb und Teleskopen auf der Erde wird man 2024 YR4 im Auge behalten, insbesondere bei der nächsten engen Passage 2028. Vier Jahre später kommt der Gesteinsbrocken der Erde viel näher als James Webb! Aber keine Sorge: Es besteht keine Gefahr, dass der Asteroid das Weltraumteleskop trifft.

**↑↑ Asteroiden-Einschlag 2032?**
Der Asteroid 2024 YR4 ist das kleinste Objekt, das James Webb je beobachtet hat (am 8. März 2025, 120 Millionen Kilometer entfernt). Kurz nach seiner Entdeckung schien es so, als könnte der etwa 60 Meter große Asteroid am 22. Dezember 2032 die Erde treffen. Inzwischen ist die Bahn genauer bekannt: 2024 YR4 dürfte unseren Planeten verfehlen, könnte aber auf dem Mond einschlagen. Das MIRI-Bild bildet vor allem die Infrarotstrahlung des Materials auf der Asteroidenoberfläche ab. Dort gibt es offenbar zahlreiche faustgroße Gesteinsbrocken, aber kaum Staub.

**↑ Besuch aus der Milchstraße**
Komet 3I/ATLAS (links Hubble, rechts Webb) kommt aus den Tiefen der Milchstraße und entschwindet auch wieder dorthin. Der wenige Kilometer große Komet ist erst das dritte interstellare Objekt – entstanden bei einem anderen Stern und dann dort „entkommen". Durch die Nachführung auf 3I/ATLAS erscheinen die Sterne als Striche. Webb hat dort Wasser und Kohlendioxid gefunden.

↑ **Jupiter, der Hubble-Blick**
Der ganz große Bruder der Erde, aufgenommen am 20. November 2024. Jupiter ist eine riesige Gaskugel (Äquatordurchmesser 143.000 Kilometer) und besteht größtenteils aus Wasserstoff, Helium und Ammoniak. Die schnelle Rotation in nur knapp zehn Stunden führt zu bizarren Wolkenformationen. Der „Große Rote Fleck" ist ein Wirbelsturm, der seit Jahrhunderten beobachtet wird und in dem unsere Erde bequem Platz hätte.

## JUPITER, PLANET MIT WIRBELSTURM

Ein Prunkstück im Sonnensystem ist Jupiter, der größte aller Planeten. Der Gasriese (benannt nach dem römischen König der Götter) ist eine Art zu kurz gekommene Sonne. Hätte er aus der Gas- und Staubwolke, aus der die Sonne und die Planeten entstanden sind, 70-mal mehr Materie abbekommen, dann hätte auch bei ihm die Kernfusion gezündet und Jupiter wäre ein roter Zwergstern geworden – wir sähen eine zweite Sonne am Himmel. Doch zum Glück blieb Jupiter ein Planet. In einem Doppelsternsystem wäre die Bahn unserer Erde wohl nicht über Jahrmilliarden so stabil geblieben, dass sich in aller Ruhe das Leben entwickeln konnte.

Die Gaskugel, die elffachen Erddurchmesser hat, dreht sich in nicht einmal zehn Stunden um die eigene Achse. Das sieht man den Bildern an, denn Jupiter ist relativ stark abgeplattet. Sein Äquatordurchmesser ist 9000 Kilometer größer als der Poldurchmesser. Die schnelle Rotation führt zu den bizarren Wolkenmustern in den obersten Gasschichten. Viele Wolkenbänder reichen einmal um den Planeten herum. Es bilden sich Wirbel, die sich manchmal binnen Monaten wieder auflösen – oder über Jahrhunderte Bestand haben, wie der berühmte Große Rote Fleck. Dieser Wirbelsturm schrumpft seit Jahrzehnten und ist inzwischen „nur" noch etwas größer als die Erde – einst war er doppelt so groß.

Die Hubble-Aufnahme (Seite 112) entspricht in etwa dem Eindruck, den wir mit bloßem Auge hätten. Dagegen zeigen die Infrarot-Instrumente von James Webb einen ganz anderen Jupiter. Die Infrarotwellen, die das Weltraumteleskop empfängt, sind für unsere Augen unsichtbar. Die verschiedenen Filteraufnahmen werden daher etwas willkürlich bekannten Farben zugeordnet. Rötlich dargestellt sind die Polarlichter am Nord- und Südpol. Gelbgrünlich erscheint der Dunst, der in den obersten Atmosphärenschichten um die Pole wabert. Blaugräulich zeigen sich die tieferen Wolkenschichten. Der Große Rote Fleck und das Wolkenband am Äquator erscheinen viel heller als der Rest des Planeten: Diese Bereiche sind höher als die Umgebung und reflektieren viel einfallende Sonnenstrahlung.

**↑ Jupiter, der Webb-Infrarotblick**
Für James Webb sieht Jupiter ganz anders aus als für Hubble. Auf dieser Aufnahme vom Sommer 2022 treten viele Wolkenstrukturen deutlicher hervor. Weiß erscheinen Wolken, die einige Kilometer über die Umgebung aufragen: der Große Rote Fleck, die Gasmassen am Äquator und viele kleine Sturmgebiete, die als helle Punkte zu sehen sind. Kombiniert mit Hubble-Bildern lassen sich so die Vorgänge in den oberen Schichten des Gasriesen gut nachvollziehen.

## SATURN, DER HERR DER RINGE

Begeistern bei Jupiter die Wolkenformationen, so sind es bei Saturn die Ringe. Sie machen ihn zum zweitschönsten Planeten im Universum – der schönste ist natürlich unsere Erde. Saturn besteht – wie Jupiter – vor allem aus Wasserstoff und Helium. Mit einem Äquatordurchmesser von 120.000 Kilometern ist Saturn (benannt nach dem römischen Gott des Ackerbaus) gut neunmal größer als die Erde. Seine Wolkenstrukturen sind nicht so spektakulär wie die beim großen Nachbarn. In der Saturnatmosphäre toben ebenfalls gewaltige Stürme, aber so etwas wie einen Großen Roten Fleck gibt es nicht.

Bei den jährlichen Hubble-Aufnahmen ziehen die Ringe die Blicke auf sich, die Saturn genau in der Äquatorebene umgeben und etwa 280.000 Kilometer Durchmesser haben. Sie bestehen aus Myriaden von Steinchen und Eispartikeln – die meisten Objekte sind groß wie Sandkörner, manche Brocken kommen auf einige Zentimeter oder gar Meter Ausdehnung. Die Ringe sind nichts anderes als unzählige winzige Monde, die Saturn auf eigenen Bahnen umkreisen. Innen laufen sie deutlich schneller als außen, genau wie die Planeten um die Sonne – die Ringe sind also nicht starr, sondern ständig in Bewegung. Sie sind hauchdünn und meist nicht einmal hundert Meter (!) dick. Würde man die Saturnringe auf die Größe einer Seite dieses Buches verkleinern, so müsste das Papier im gleichen Maßstab tausendmal dünner sein! Die Ringe sind das „dünnste" Objekt im gesamten Sonnensystem.

Die Rotationsachse Saturns ist um 27 Grad gegen die Erdbahn geneigt. Daher blicken wir mal – wie im März 2025 – genau auf die Kante der Ringe, mal von „oben" oder „unten" auf sie. Saturn braucht fast 30 Jahre, um einmal um die Sonne zu ziehen. In dieser Zeit durchläuft er einmal den Zyklus Blick von unten, auf die Kante, Blick von oben und wieder auf die Kante. Mal erscheinen uns die Ringe wie riesige Henkel – mal sind es schmale Spitzen. Genau zur Kantenstellung 2025 stand Saturn unbeobachtbar hinter der Sonne. Daher gibt es kein Hubble-Bild mit dem „verschwundenen" Ring.

James Webb hat Saturn einige Jahre vor der Kantenstellung beobachtet (Seite 115). Auch hier unterscheiden sich der Infrarotanblick und der Blick im sichtbaren Licht sehr. Das Methan der Saturnatmosphäre verschluckt viel Sonnenlicht – daher erscheint der Planet sehr dunkel. Dagegen strahlen ausgerechnet die Eis- und Staubpartikel der Ringe besonders hell im Infra-

**↓ Saturn, der Hubble-Blick**
Die Rotationsachse von Saturn ist um 27 Grad geneigt. Im Laufe seines 30-jährigen Umlaufs um die Sonne blicken wir zweimal genau auf die Kante (z. B. 2025) und zweimal auf die maximal geöffneten Ringe (z. B. 2018). Das Hubble-Teleskop verfolgt diesen Wechsel bei seinen jährlichen Saturn-Aufnahmen. Dabei geht es nicht so sehr um die Ringe, sondern um Veränderungen in den obersten Gasschichten des Planeten. Bei maximaler Ringöffnung ist auch ein Pol besonders gut zu sehen, dort fällt eine sechseckige Wolkenstruktur auf. Saturn hat 120.000 Kilometer Durchmesser und ist bei diesen Aufnahmen etwa 1,3 Milliarden Kilometer entfernt.

2024

2021

2018

**← Titan, Saturns Mondplanet**
Titan (5150 Kilometer Durchmesser) ist der einzige Mond im Sonnensystem mit einer dichten Atmosphäre und Flüssen und Ozeanen. Der Infrarotblick von James Webb geht durch die Schichten voller Kohlenwasserstoffe und zeigt Details auf der Oberfläche: Das grünliche Gebiet nahe dem Nordpol ist ein See aus flüssigem Methan. Die dunklen Flecken am Äquator sind Sanddünen. Die weißen Bereiche sind Wolken.

**↖ Enceladus, Geysire, Leben?**
Der Saturnmond Enceladus (500 Kilometer Durchmesser) ist von einem Eispanzer bedeckt, unter dem sich ein tiefer Ozean befindet. Durch Risse im Eis schießen Fontänen aus Wasser und kohlenstoffhaltigem Material – entdeckt von der Raumsonde Cassini im Jahr 2008. Jetzt erfasst James Webb die Geysire, die 20.000 Kilometer hoch ins All reichen. Im Ozean dieses Mondes könnte es einfaches Leben geben.

**← Saturn, der Webb-Infrarotblick**
Das neue Weltraumteleskop wird erst 2032 Saturn mit maximaler Ringöffnung beobachten können. Wie diese Aufnahme von 2023 zeigt, absorbieren die Methanwolken in der Atmosphäre viel Strahlung und erscheinen daher dunkel. Dagegen leuchten die Eispartikel der Ringe extrem hell. Die Anziehungskraft einiger Monde führt zu den Lücken in den Ringen. Links zeigen sich die Monde Dione, Enceladus und Tethys.

roten. Sie reflektieren sehr gut das Sonnenlicht. Wie die Ringe entstanden sind, ist noch immer unklar. Vermutlich ist ein Objekt von vielleicht 300 Kilometern Durchmesser dem Planeten zu nahegekommen und wurde von dessen Schwerkraft regelrecht zerrieben. Auch Jupiter, Uranus und Neptun haben Ringe, aber sie sind bei weitem nicht so bezaubernd wie die des Saturn.

### TITAN – FAST WIE DIE ERDE

Mindestens genauso spektakulär wie die Ringe ist Titan, der größte Mond des Saturn (Bild oben links). Zöge er allein durch das All, so würde er als Planet gelten. Titan überragt deutlich den innersten Planeten Merkur. Dieser Mond ist der einzige mit einer dichten Atmosphäre – sie ist anderthalbmal dichter als die der Erde und ist für das bloße Auge undurchdringlich. Neben der Erde ist er das einzige Objekt im Sonnensystem, auf dem Flüsse fließen und auf dem es Seen und Ozeane gibt. Dort plätschert aber kein Wasser, sondern Methan. Dieses Gas ist auch bei –180 Grad Celsius noch flüssig. Dagegen bestehen die Berge auf Titan zum Teil aus steinhart gefrorenem Wassereis. 2005 ist Europas Raumsonde Huygens auf Titan gelandet und hat einige Stunden lang Daten zur Erde gefunkt. Inzwischen blickt James Webb mit seinen Infrarot-Instrumenten durch die trüben Wolkenschichten und zeigt, wo dichtere Wolken in der Atmosphäre entstehen und was auf der Oberfläche geschieht. Ob Sanddünen am Äquator oder ein Kohlenwasserstoff-See nahe dem Nordpol: James Webb hat alles im Blick.

### ENCELADUS – BELEBTER EISMOND?

Zu den verblüffendsten Objekten im Sonnensystem zählt für mich Enceladus. Dieser Saturnmond ist nahezu eine perfekte Kugel. An seiner Oberfläche hat er einen dicken Eispanzer, unter dem ein viele Kilometer tiefer Ozean aus salzigem Wasser schwappt. Durch lange Risse im Eis nahe dem Mondsüdpol schießen Fontänen aus Wasser, Kohlendioxid und anderen kohlenstoffhaltigen Materialien ins All (Bild oben rechts). Flüssiges Wasser und Kohlenstoff? Diese Kombination elektrisiert die Fachleute: Gibt es dort draußen, 1,3 Milliarden Kilometer entfernt, einfaches Leben? Das ist sehr plausibel, aber der Nachweis wird noch schwieriger als beim Mars. Auch James Webb erkundet die Geysire. Die bläulich gefärbte Aufnahme mag stark verpixelt sein. Sie zeigt aber, wie das Wasser aus dem Mond hervorschießt und sich in der Umgebung Saturns verteilt. Bis wieder eine Raumsonde den Saturn erreicht, dürften Jahrzehnte vergehen. So lange muss James Webb zeigen, was beim Ringplaneten und seinen Monden vor sich geht.

## URANUS UND NEPTUN – FAST VERGESSEN

Bei den äußeren Gasriesen Uranus und Neptun sind die Daten von Hubble und Webb besonders wichtig, denn bisher ist nur die Raumsonde Voyager 2 an ihnen vorbeigeflogen – 1986 an Uranus, drei Jahre später an Neptun. Die Beobachtungen der Weltraumteleskope erfolgen im Rahmen des OPAL-Programms. OPAL steht für Outer Planets Atmospheres Legacy. Dies ist ein langfristiges Projekt, bei dem Jahr für Jahr die Atmosphären der äußeren Planeten aufgenommen werden – immer dann, wenn die Planeten der Erde am nächsten sind. Wie sich zeigt, geht es bei Uranus und Neptun erstaunlich dynamisch zu – und das, obwohl sie 2,9 bzw. 4,5 Milliarden Kilometer von der Sonne entfernt und damit klirrend kalt sind. Hubble und Webb sind geradezu „Sturmbeobachter". Immer wieder zeigen sich hohe Wolken, die als helle Flecken auf den Bildern auffallen. Zudem sind die dünnen Ringe der Planeten zu erkennen.

Uranus ist ein Unikum im Sonnensystem. Seine Rotationsachse steht nicht senkrecht auf seiner Bahn, sondern ist um 98 Grad geneigt. Der Planet rollt förmlich um die Sonne. Für seine Atmosphäre hat das dramatische Folgen: Jahrzehntelang liegt ein Pol im konstanten Sonnenschein, während der andere die Sonne nicht zu sehen bekommt. Derzeit ist die Nordhalbkugel auf der Sonnenseite, wie die Hubble-Bilder deutlich zeigen. Die Eiswolken aus Schwefelverbindungen, Methan und Wasser sind die hellsten im ganzen Sonnensystem.

**→ Uranus – Webbs Infrarotblick**
Für James Webb sind die staubigen Uranusringe besonders auffallend. Auch hier ist der helle Bereich rund um den Nordpol zu erkennen. Die anderen Flecken, etwa ganz links am Rand, sind große Stürme. Die fünf hellen blauen Punkte in der Umgebung des Planeten sind die Monde Oberon, Titania, Umbriel, Ariel und Miranda (von oben nach unten). Die weißen Punkte nah am Planeten sind weitere Uranus-Monde (siehe Bild unten links).

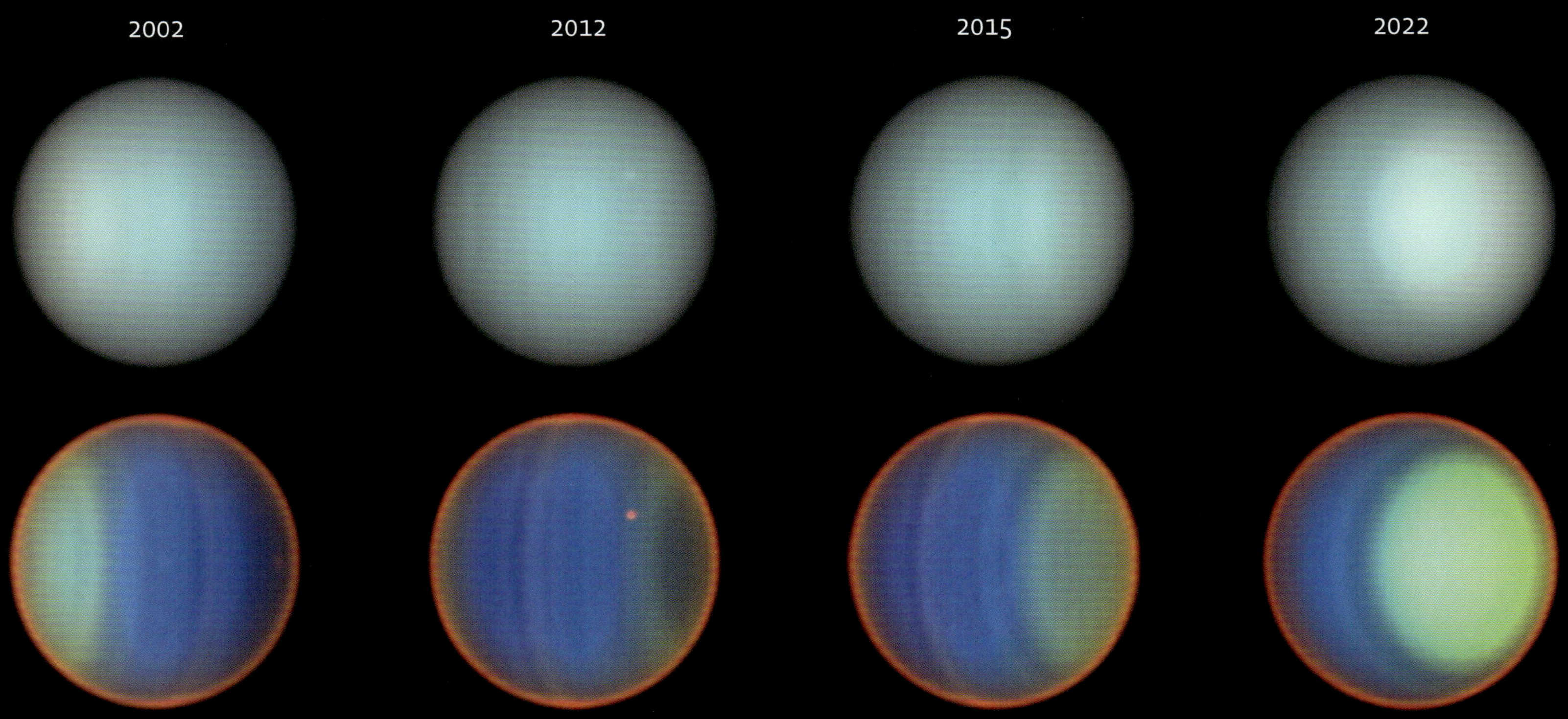


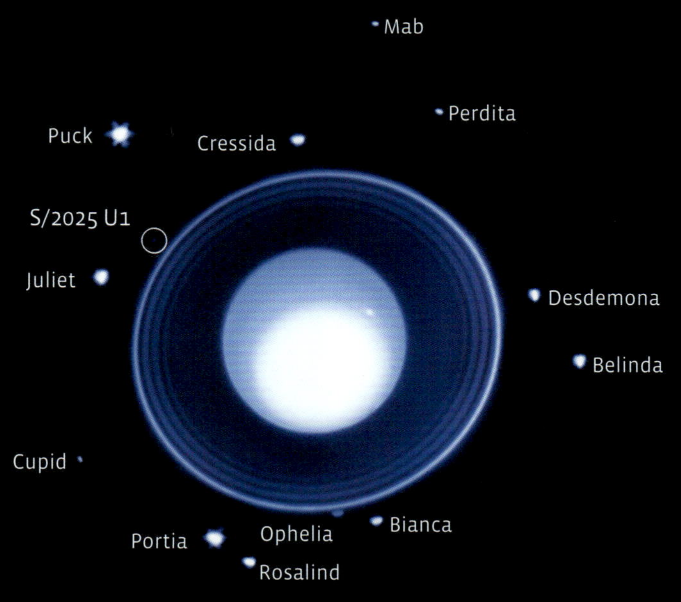


**← Webbs Mond-Entdeckung**
Am 19. August 2025 wurde bekannt, dass James Webb einen neuen Mond entdeckt hat. S/2025 U1, so die vorläufige Bezeichnung, ist wohl nur knapp zehn Kilometer groß. Er braucht neuneinhalb Stunden für eine Runde um Uranus. Weder die Sonde Voyager 2 noch Hubble hatten den Mond bemerkt. Webbs Infrarotblick zeigt ihn eindrucksvoll, ebenso wie die vielen anderen Monde und Ringe des Planeten sowie den hellen Bereich am Nordpol.

**↑ Uranus, der Hubble-Blick**
Im sichtbaren Licht (oben) erscheint Uranus (51.000 Kilometer Durchmesser) ziemlich strukturlos und langweilig. Auf Hubbles Infrarotbildern (unten) sind die Wolkenbänder und jahreszeitliche Veränderungen gut zu erkennen. Besonders markant ist die große weiße Wolke am Nordpol. Die Rotationsachse von Uranus ist um 98 Grad geneigt. Derzeit liegt die Nordhalbkugel größtenteils ununterbrochen im Sonnenlicht.

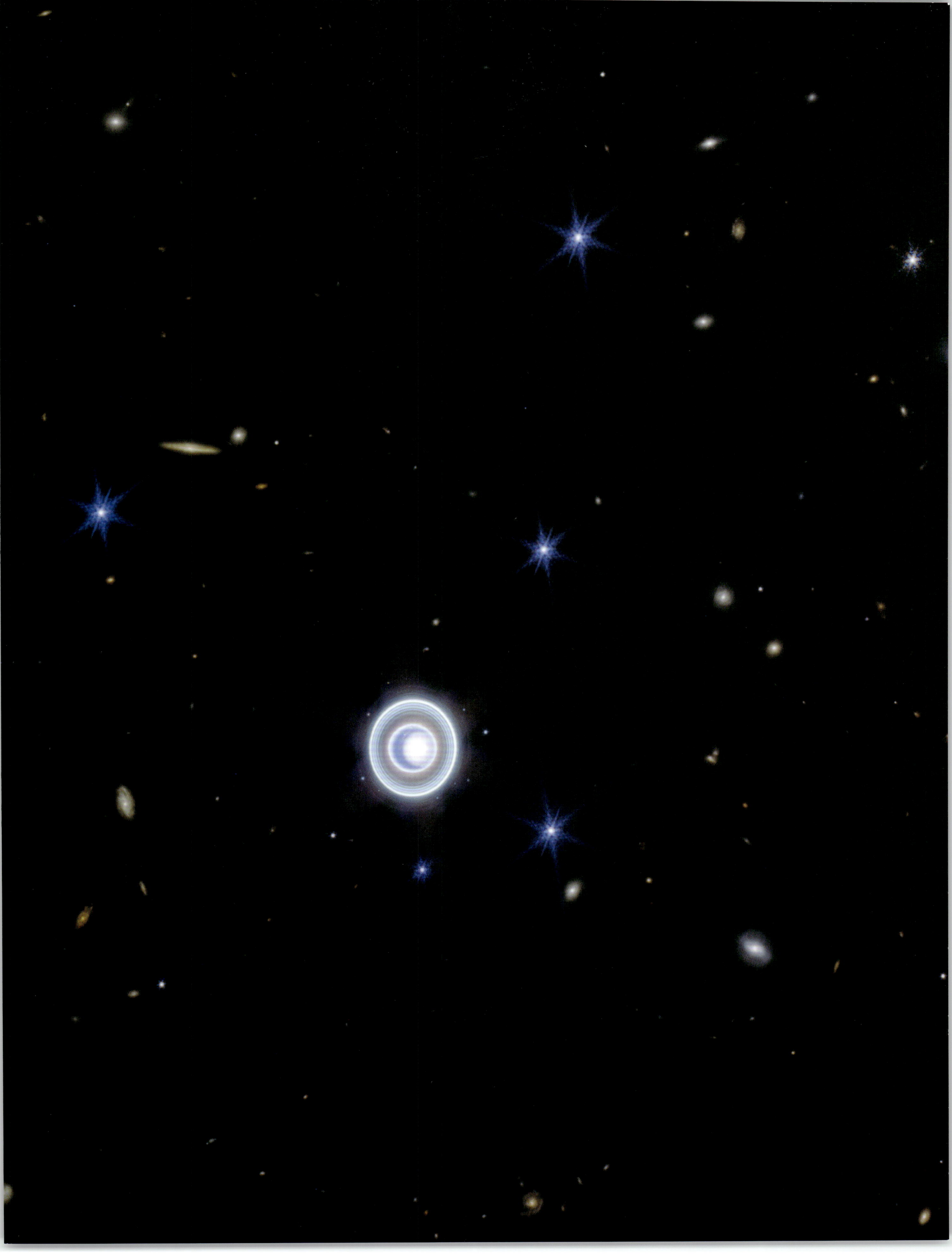

Neptuns Wolkenmotor ist offenbar die schwankende Aktivität der Sonne. Erreicht ihn viel Ultraviolettstrahlung unseres Sterns, so laufen in seinen Gasschichten etwas verzögert chemische Prozesse ab, die zur Bildung von Wolken führen. Ist die Sonne kaum aktiv, verschwinden die Wolken wieder. Hubble und Webb zeigen, dass beide Planeten mehr verdienen als den Blick aus der Ferne. Doch vor 2050 dürfte kaum eine Sonde vorbeikommen. Die blauen Gaskugeln am Rande des Sonnensystems sind die etwas vergessenen Geschwister der Erde. Wir – und die Planeten da draußen – hatten Glück, dass in den 1980er-Jahren Voyagers Reise zu allen vier Gasriesen möglich war.

## NEPTUN UND DIE GALAXIEN

Die James-Webb-Aufnahmen zeigen nicht nur die beiden Planeten, sondern auch viele Sterne der Milchstraße und noch mehr Galaxien in den Tiefen des Kosmos. Beim Neptun-Bild (rechts) verzaubert die Balkenspiralgalaxie links unten. Die Botschaft ist klar: Hinter Neptun kommen nur noch ein paar Zwergplaneten (darunter Pluto), Kometenkerne und dann ganz lange gar nichts. Bis zu den nächsten Sternen der Milchstraße sind es viele Lichtjahre – bis zu den Galaxien im fernen Universum gar viele Millionen Lichtjahre. Hinter dem Neptun ist das Planetensystem zu Ende – der Kosmos fängt da aber erst richtig an.

**→ Neptun, der Webb-Infrarotblick**
James Webb erfasst die dünnen Staubringe und hellen Eiswolken (Bild von 2022). Das helle Objekt links oberhalb von Neptun ist dessen Mond Triton. Er reflektiert rund 70 Prozent des einfallenden Sonnenlichts, während die Methanwolken des Planeten viel Strahlung absorbieren. Sechs schwache Punkte nahe dem Planeten sind kleinere Neptunmonde. Im Blickfeld sind zudem viele Sterne und Galaxien zu sehen.

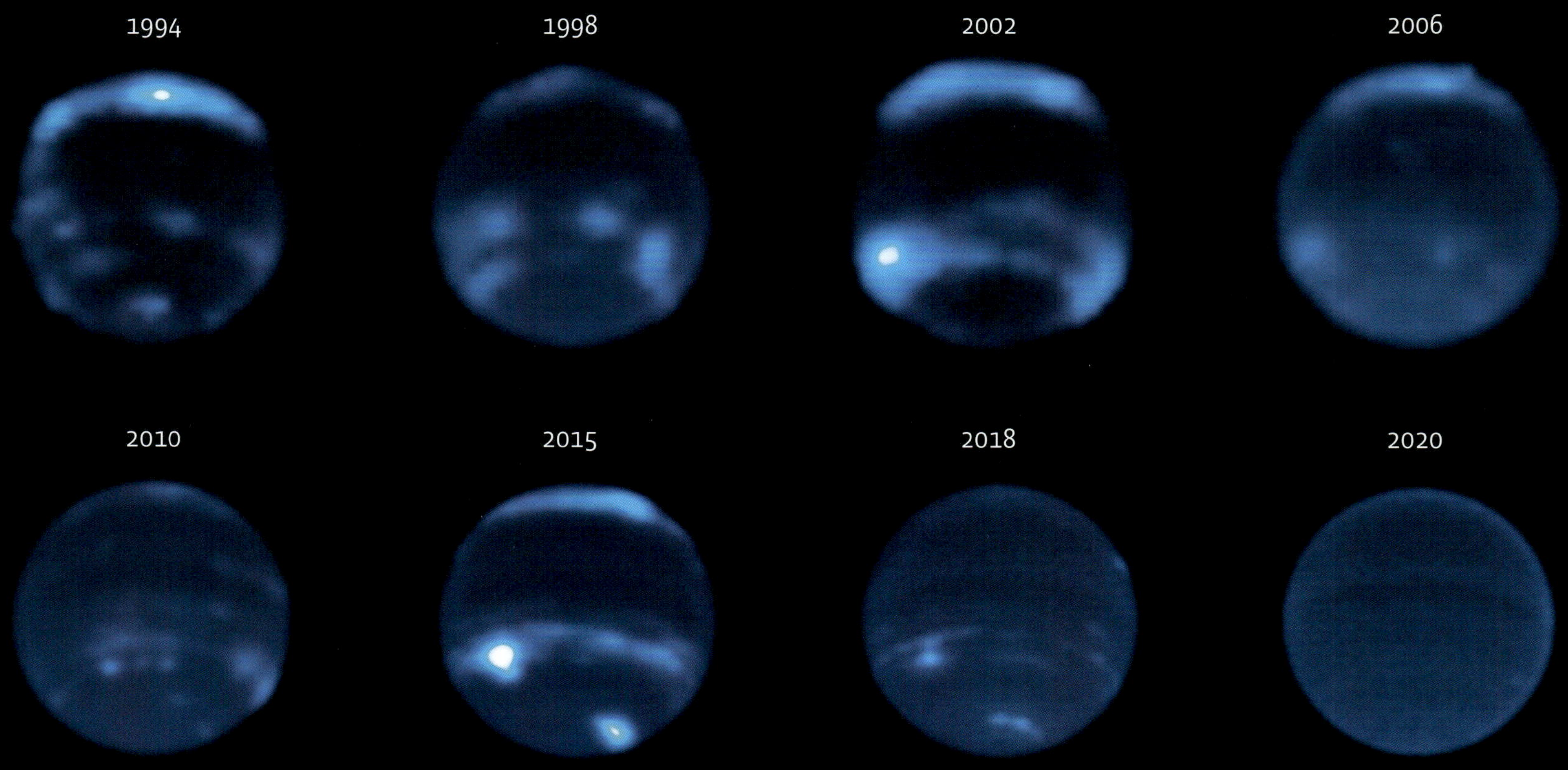


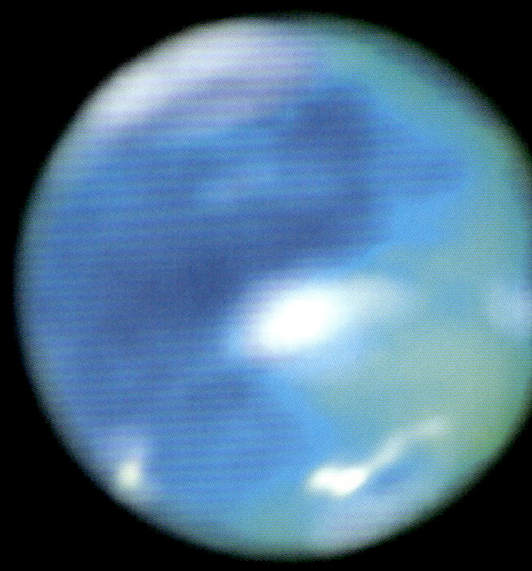

**← Webbs Polarlicht-Entdeckung**
James Webb hat erstmals die schwachen Polarlichter Neptuns beobachtet. Sie sind türkis dargestellt (hier über eine Hubble-Aufnahme gelegt) und treten in gemäßigten Breiten auf, weil das Magnetfeld um 47 Grad gegen Neptuns Rotationsachse geneigt ist. Zudem hat Webb intensive Strahlung des Moleküls $H_3^+$ nachgewiesen, das beim Auftreffen des Sonnenwinds auf die Atmosphäre entstehen kann.

**↑ Neptun, der Hubble-Blick**
Jahr für Jahr blickt Hubble auf den fernsten Planeten (49.500 Kilometer Durchmesser, Sonnenabstand 4,5 Milliarden Kilometer). Besonders markant sind die sich schnell verändernden Eiswolken in der oberen Atmosphäre. Vermutlich löst die Ultraviolettstrahlung der Sonne die Bildung der Wolken aus. Ist die Sonne sehr aktiv, bilden sich mehr Wolken. Ist die Sonne ruhig, verschwinden sie (2020).

# EXOPLANETEN – WIR SIND NICHT ALLEIN

Mehr als 6000 Planeten, die um andere Sterne als die Sonne laufen, sind bereits bekannt. Und die Suche geht weiter: Allein in unserer Milchstraße dürfte es Milliarden davon geben. Viele dieser Exoplaneten sind für Leben völlig ungeeignet. Doch der Traum ist, eine „zweite Erde" zu entdecken – ein Objekt, auf dem Leben möglich ist oder sogar existiert.

Schon für den italienischen Gelehrten Giordano Bruno (1548–1600) waren die Sterne am Himmel nichts anderes als ferne Sonnen, die auch von Planeten umkreist werden. Für diese hochmoderne Sichtweise ließ ihn die Inquisition in Rom auf dem Scheiterhaufen verbrennen. Doch die Fakten bestätigen Giordano Bruno: Inzwischen sind tausende Sterne gelistet, die planetare Begleiter haben. Planeten sind – wie von der Theorie erwartet – ganz gewöhnliches „Beiwerk" eines Sterns. Allerdings sind sie nur sehr schwer zu beobachten, denn Planeten leuchten nicht selbst und stehen stets in der Nähe eines hellen Sterns. Fotos von Exoplaneten machen zu wollen, ist in etwa so, als wolle man von Hamburg aus Mücken aufnehmen, die um ein Flutlicht in Stuttgart kreisen. Das Flutlicht ließe sich mit entsprechender Technik erfassen – aber die Mücken sind hoffnungslos überstrahlt. Fachleute entdecken Exoplaneten daher indirekt. Im Wesentlichen gibt es zwei Methoden: Bei der einen zerlegt man das Licht eines Sterns in seine Farben. Zieht ein Planet um den Stern, so lässt der mit seiner Anziehungskraft den Stern minimal hin- und herpendeln, was sich im Spektrum verrät. Bei der anderen überwacht man die Helligkeit eines Sterns. Gibt es dort regelmäßige kleine Helligkeitseinbrüche, so deutet das auf einen Planeten hin, der von Zeit zu Zeit genau vor dem Stern entlang zieht und ein wenig Licht blockiert. So lassen sich Planeten finden, die viel zu dicht um ihren Stern ziehen, um sie über viele Lichtjahre Abstand direkt beobachten zu können.

Die ersten Planeten bei einem sonnenähnlichen Stern gingen 1995 ins Netz. Noch wenige Jahre zuvor galten Astronomen, die sich mit Planeten bei anderen Sternen beschäftigten, vielen Kollegen als Spinner. Planetensucher lagen irgendwo zwischen Science-Fiction- und UFO-Fans. Was einst als etwas schmuddelig angesehen wurde, ist inzwischen eines der dynamischsten Gebiete der Astronomie – und bereits mit einem Nobelpreis ausgezeichnet. So ändern sich die Moden – auch in der Wissenschaft.

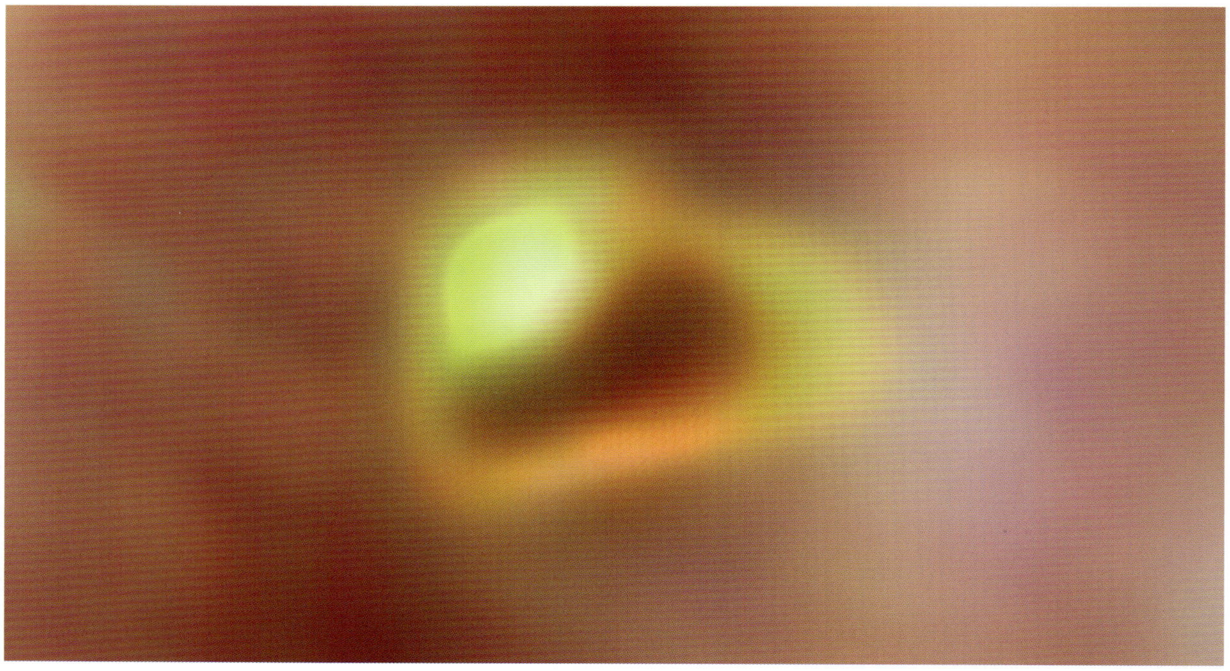

**← Planetenentstehung im Orion**
Was aussieht wie eine schwebende Mütze ist ein junger Stern im Orionnebel (1350 Lichtjahre entfernt, Übersichtsbild auf Seite 109), den eine Gas- und Staubscheibe umgibt. James Webb hat nicht nur dieses Foto gemacht, sondern im Infrarotbereich auch die chemische Zusammensetzung untersucht: Erste Moleküle, die für die Entstehung von Leben eine Rolle spielen, sind in der Scheibe bereits vorhanden. Dort verklumpt das Material bald zu Planeten – bildet sich auf ihnen dann auch Leben? Die Staubscheibe ist gut dreimal größer als unser Planetensystem (wenn man die Umlaufbahn des Neptun als Rand ansieht).

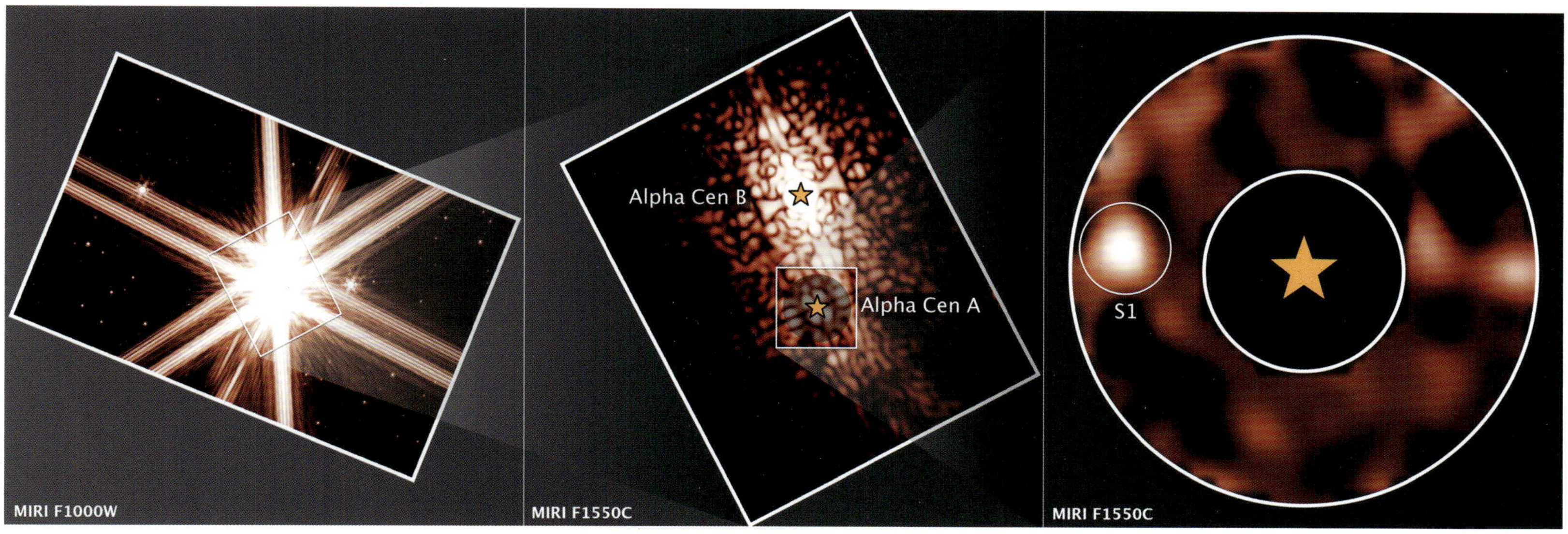


**↑ Lichtsuppe mit Exoplanet?**
Beim „normalen" Blick (links) auf Alpha Centaruri A und B wird ein möglicher Planet völlig überstrahlt. Wenn das MIRI-Instrument von Webb Alpha Cen A abdeckt (Kreis mit Sternsymbol; Mitte und rechts) stört immer noch viel Streulicht, u.a. von Alpha Cen B. Das lässt sich durch Vergleichsbeobachtungen und Modelle bereinigen. Übrig bleibt ein möglicher Planet (rechts) von Alpha Cen A. In den Bildern ist jeweils der genutzte Filter (z. B. F1000W; 10 Mikrometer) von MIRI (Seite 34) angegeben.

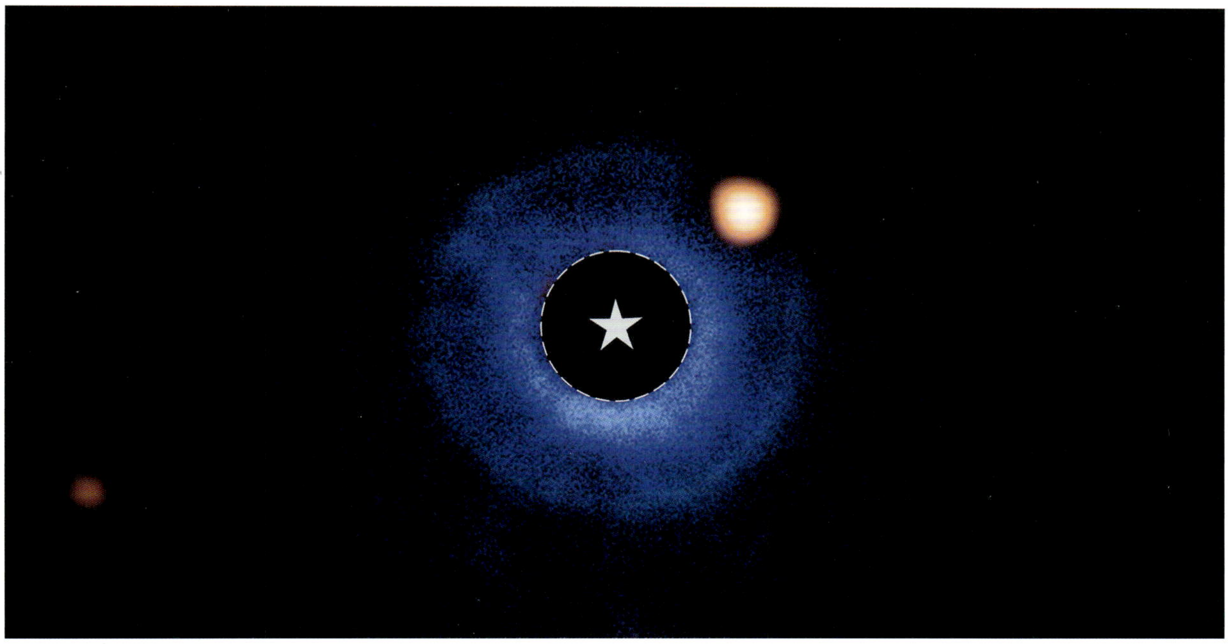

**← Webbs erster Exoplanet**
Um den sechs Millionen Jahre alten Stern TWA 7 (111 Lichtjahre entfernt; Sternbild Luftpumpe) zieht ein Planet etwa von der Masse Saturns. Er ist rund 50-mal weiter von seinem Stern entfernt als die Erde von der Sonne und befindet sich genau in der Lücke eines Staubrings (blau dargestellt), den das Very Large Telescope der ESO beobachtet hat – perfektes Teamwork Weltraum/Erdboden!

## PLANETEN MIT STERNFINSTERNIS

Hubble und James Webb sind keine Maschinen für eine systematische Exoplanetensuche. Dafür ist die Beobachtungszeit viel zu kostbar. Aber die Weltraumteleskope erforschen gezielt Sterne, bei denen bekannt ist oder zumindest vermutet wird, dass sie Exoplaneten haben. Ein Beispiel ist der Stern TWA 7 im Sternbild Luftpumpe (das gibt es wirklich!). Dort erspähte James Webb einen Begleiter, der etwa die Masse von Saturn in unserem Sonnensystem hat (TWA 7b, Bild oben). Es war bereits bekannt, dass TWA 7 von einer Staubscheibe umgeben ist, auf die wir fast genau senkrecht von oben (oder unten) blicken. Tatsächlich zeigt sich exakt an der erwarteten Stelle ein schwacher Lichtpunkt.

Beim Fotografieren von Exoplaneten bedient sich das Webb-Team eines Tricks: Im Strahlengang der Kamera blockiert eine kleine Maske das Licht des hellen Sterns und es kommt zu einer künstlichen Sternfinsternis. Dann sind lichtschwache Objekte in seiner Umgebung besser zu sehen. Allerdings lassen sich damit nur Exoplaneten in relativ großer Entfernung vom Stern beobachten – der Abstand muss meist mindestens so groß sein wie die Entfernung Sonne–Jupiter in unserem Planetensystem. Einen Planeten auf einer so engen Umlaufbahn wie sie die Venus oder die Erde haben, kann man so nicht entdecken. Jetzt ließ sich sogar ein möglicher Planet bei Alpha Centauri A aufspüren – dem nächsten Nachbarn der Sonne, der mit bloßem Auge zu sehen ist. Er ist nur 4,3 Lichtjahre entfernt. Das Bild ganz oben zeigt, wie schwierig solche Beobachtungen sind. Der Planet ist 10.000-mal schwächer als der Stern und geht im „Lichtmatsch" fast unter. Im März 2023 war er zu erahnen, bei zwei Beobachtungen 2024 nicht zu sehen. Vielleicht war der Planet, der – wenn er existiert – etwa die Masse von Saturn hat und gut doppelt so weit vom Stern entfernt ist wie die Erde, Alpha Cen A zu nah. Um sicher zu gehen, dass es sich nicht um einen Hintergrundstern handelte, der zufällig zu sehen war, muss man den Planeten erneut beobachten. Das Webb-Team liegt auf der Lauer.

**ERST DIE SCHEIBE, DANN DER PLANET**

Ein Planet bildet sich aus den Krümeln der Gas- und Staubscheibe eines jungen Sterns. Ein Stern entsteht aus einer großen Wolke, die sich dreht, abplattet und verdichtet. Im Zentrum zündet irgendwann der Stern – der „Rest" verklumpt im Idealfall zu Planeten. Solche Scheiben lassen sich bei vielen Sternen beobachten. Ihre Entdeckung in den 1990er-Jahren ist mindestens so bedeutend wie das Erspähen der ersten Exoplaneten, wurde aber leider viel weniger gewürdigt. Im Orionnebel (Bilder auf Seiten 49 und 109) gibt es viele protoplanetare Scheiben. Eine besonders schöne ist auf Seite 120 abgebildet. Der Stern im Zentrum leuchtet bereits, aber noch verdeckt ihn zum Teil eine dichte Materiescheibe. In einigen Millionen Jahren wird sie verschwunden sein. Dann ziehen vermutlich einige Planeten um den Stern. Ein Musterbeispiel für die Staubscheibe eines entstehenden Planetensystems zeigt der Stern Fomalhaut im Sternbild Südlicher Fisch (Bild unten). Dieser Stern gehört zu den 20 hellsten am Nachthimmel und ist in unseren Breiten im Herbst abends tief über dem Südhorizont zu sehen. Der Blick geht dann auf einen Stern, den eine Staubscheibe mit einigen Lücken umgibt. Vermutlich haben dort Planeten viel Material aufgefegt. Die Infrarotkameras von James Webb zeigen bestens die Wärmestrahlung des vielen Staubs. Die entstehenden Planeten selbst, wenn sie vorhanden sind, strahlen in einem anderen Wellenlängenbereich und lassen sich bisher nicht nachweisen.

**↓ Planeten bei Fomalhaut?**
Den Hauptstern im Südlichen Fisch (25 Lichtjahre entfernt) umgibt eine Staubscheibe, die in drei Ringe unterteilt ist. Das zeigt der Infrarotblick von James Webb. Der äußerste Ring ist bis zu 23 Milliarden Kilometer von Fomalhaut entfernt – das ist der 150-fache Abstand Erde-Sonne. Die Lücken in der Scheibe gehen vermutlich auf die Anziehungskraft bisher nicht entdeckter Planeten zurück.

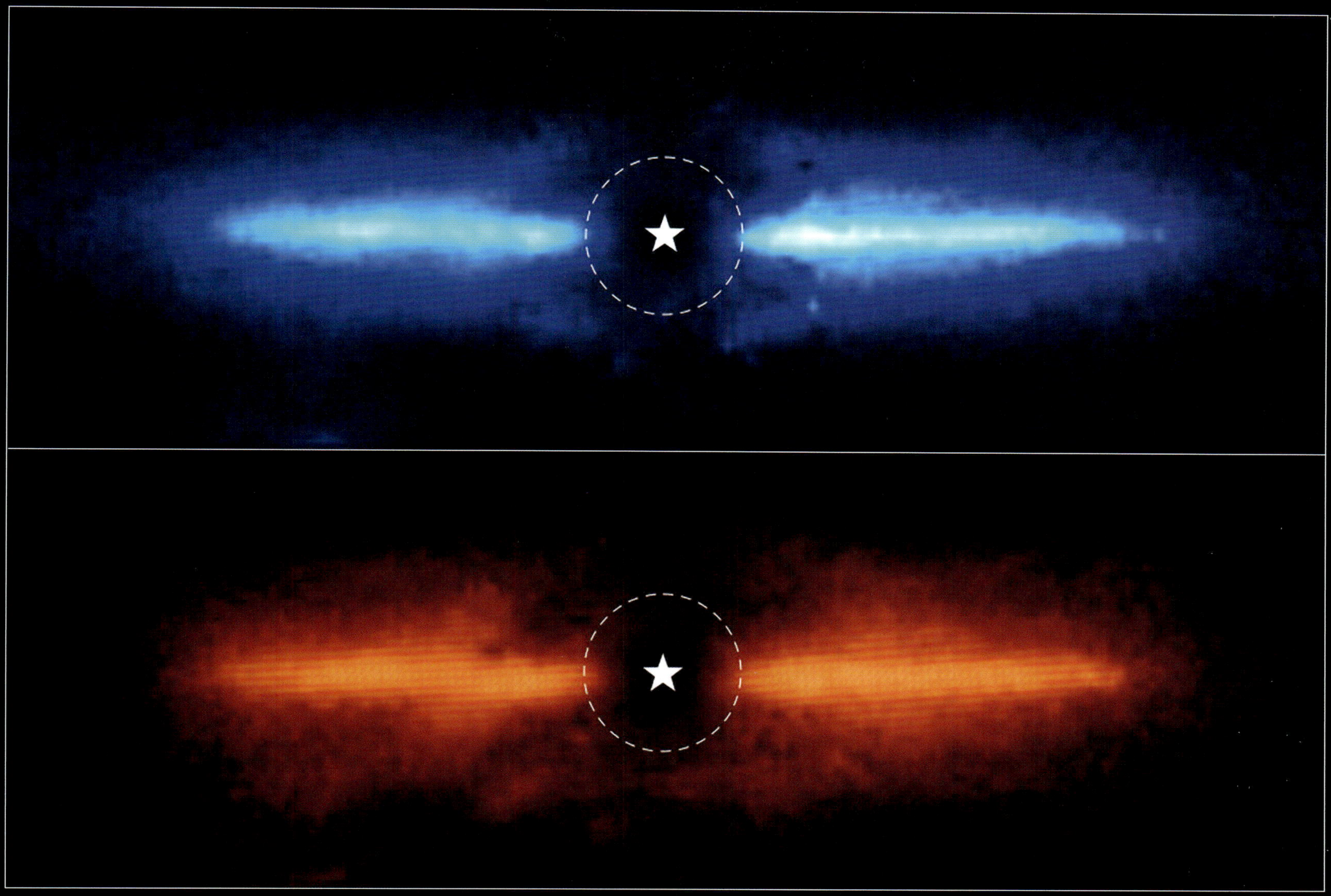

## RÄTSELHAFTES PLANETENWACHSTUM

Dass sich der Staub zu Planeten verklumpt, sagt sich leicht. Tatsächlich sind die genauen Vorgänge noch immer ein Rätsel. Das Verkleben von winzigen Staubpartikeln zu etwas größeren Teilchen lässt sich gut verstehen. Aber zentimetergroße Objekte müssten bei gegenseitigen Kollisionen eher zerfallen als verschmelzen. Erst ab einigen Metern Größe beherrscht die Schwerkraft das Geschehen. Dann sammelt ein Objekt mehr und mehr Material aus seiner Umgebung auf und wächst schnell zu einem Planetesimal, zu einem kilometergroßen Baustein eines künftigen Planeten. Offenbar überwinden entstehende Planeten die „Zentimeter-Lücke" – sonst gäbe es uns alle nicht. Aber wie genau Erde, TWA 7b und Co. das getan haben, ist noch unklar. Die Daten von James Webb werden helfen, dieses Rätsel zu lösen. Geht der Blick bei TWA 7 genau von oben auf die Staubscheibe, so blicken wir bei AU Microscopii genau von der Seite auf die Kante. Die wenig charmant klingenden Sternbildnamen wie Mikroskop, Luftpumpe, Pendeluhr oder Bildhauer gehen auf Astronomen des 18. Jahrhunderts zurück. Damals wollten Europäer, die auf die Südhalbkugel gereist waren, schnell den ihnen kaum bekannten Sternenhimmel kartieren. Einer hat eifrig sehr technische Figuren an den Himmel gesetzt. Leider interessierte man sich nicht für die traditionellen Sternbilder der Menschen vor Ort. Somit befindet sich der Stern AU mit der breiten Staubscheibe im Mikroskop (Bild oben). Beobachtungen bei verschiedenen Infrarotwellenlängen verraten etwas über die Eigenschaften des Materials. Denn feine Staubpartikel leuchten anders als kleine Steinchen. Die Beobachtungen von AU Mic haben die Fachwelt verzückt – sie zeigten erstmals, wie gut James Webb die Umgebung eines Sterns erkunden kann. In den kommenden Jahren dürfte es viele spektakuläre Exoplanetenbeobachtungen geben.

↑ **Staubscheibe im Mikroskop**
Den Stern AU im Sternbild Mikroskop umgibt eine dicke Staubscheibe, bei der wir genau auf die Kante blicken. Diese Infrarotbeobachtungen verschiedener Wellenlängen zeigen, dass die Scheibe viele sehr kleine Staubteilchen enthält, die das Licht des Sterns streuen. Der Stern (Position mit dem weißen Sternsymbol markiert) ist im NIRCam-Instrument durch eine kleine Maske (gestrichelte Linie) abgedeckt. So überstrahlt er nicht das schwache Leuchten der Staubscheibe. Der Staub lässt sich vom 5- bis 60-fachen Abstand Erde–Sonne vom Stern beobachten. Dort dürften gerade einige Planeten entstehen.

## PLANETEN DURCHLEUCHTEN

Haben Exoplaneten einen sehr geringen Abstand zu ihrem Stern und ziehen sie regelmäßig vor der glühenden Sternscheibe entlang, so ist das für die Planetenforschung ein Geschenk des Himmels. Denn wenn der Planet genau vor den Stern läuft, passieren manche Lichtstrahlen des Sterns die äußeren Gasschichten des Planeten. Dabei absorbieren die chemischen Stoffe Teile des Lichts – sie hinterlassen eine Art chemischen Fingerabdruck. Der lässt sich mit Hilfe von Spektren erfassen. Dabei zerlegt ein Teleskop das Licht in seine Wellenlängen, genau wie Wassertropfen Sonnenstrahlen zu einem Regenbogen auffächern. Bilder sind schöner und sprechen mehr unsere Fantasie an – aber Spektren sind wissenschaftlich viel bedeutender. Ein besonders schönes Beispiel ist der „Zuckerwatte"-Planet WASP 107b im Sternbild Jungfrau. Der ist etwa so groß wie Jupiter, hat aber nur ein Zehntel seiner Masse. WASP 107b ist sehr „fluffig" – zur Freude der Astronominnen und Astronomen. Denn so passiert das Sternlicht auch recht tief liegende Schichten der Planetenatmosphäre.

## DER PLANET, AUF DEM ES SAND REGNET

Es ließen sich zahlreiche chemische Stoffe in diesem Exoplaneten ausmachen. In den Gasschichten gibt es Wasser, viele Kohlenstoff- und Schwefelverbindungen und Wolken aus Silikatkörnchen. Salopp gesagt: Auf WASP 107b regnet es Sand. Die Silikate verdampfen in den tieferen heißeren Schichten. In den oberen kühleren Schichten kondensieren sie wieder und bilden Sandwolken, die irgendwann ausregnen – ein Kreislauf ähnlich dem Wasser in der Erdatmosphäre. Dieser Planet hat nur etwa ein Siebtel des Abstands Merkur–Sonne von seinem Stern. Mit heutiger Technik lässt er sich nicht fotografieren – aber dank der Infrarotspektroskopie von James Webb lässt sich sehr viel über seinen Aufbau und die Chemie vor Ort sagen. Ein Spektrum ist optisch nicht so beeindruckend wie ein buntes Foto, aber es erzählt meist eine interessante Geschichte. Eine alte Astronomie-Weisheit lautet: Ein Bild zeigt, wie etwas aussieht – aber ein Spektrum zeigt, wie etwas ist. Bilder sind Silber, Spektren sind Gold. Trotzdem gibt es in diesem Buch vor allem Bilder zu bestaunen und kaum Spektren zu sehen.

**↓ Spektren schöner als Bilder**
Der Planet des Sterns WASP 107 (200 Lichtjahre entfernt in der Jungfrau) zieht alle sechs Tage genau vor seinem Stern entlang. James Webb hat Spektren des Sterns aufgenommen, also sein Licht in die Wellenlängen zerlegt – einmal ohne den Planeten vor dem Stern und einmal mit. Die Differenz beider Spektren zeigt, welche Moleküle in der Planetenatmosphäre Teile des Sternlichts verschlucken – denn alle haben ihren charakteristischen Fingerabdruck im Licht: Wasser, Kohlenmonoxid, Kohlendioxid, Schwefeldioxid, Ammoniak und nur wenig Methan. Violette Messpunkte sind von MIRI, gelbe von NIRSpec, grüne von Hubble.

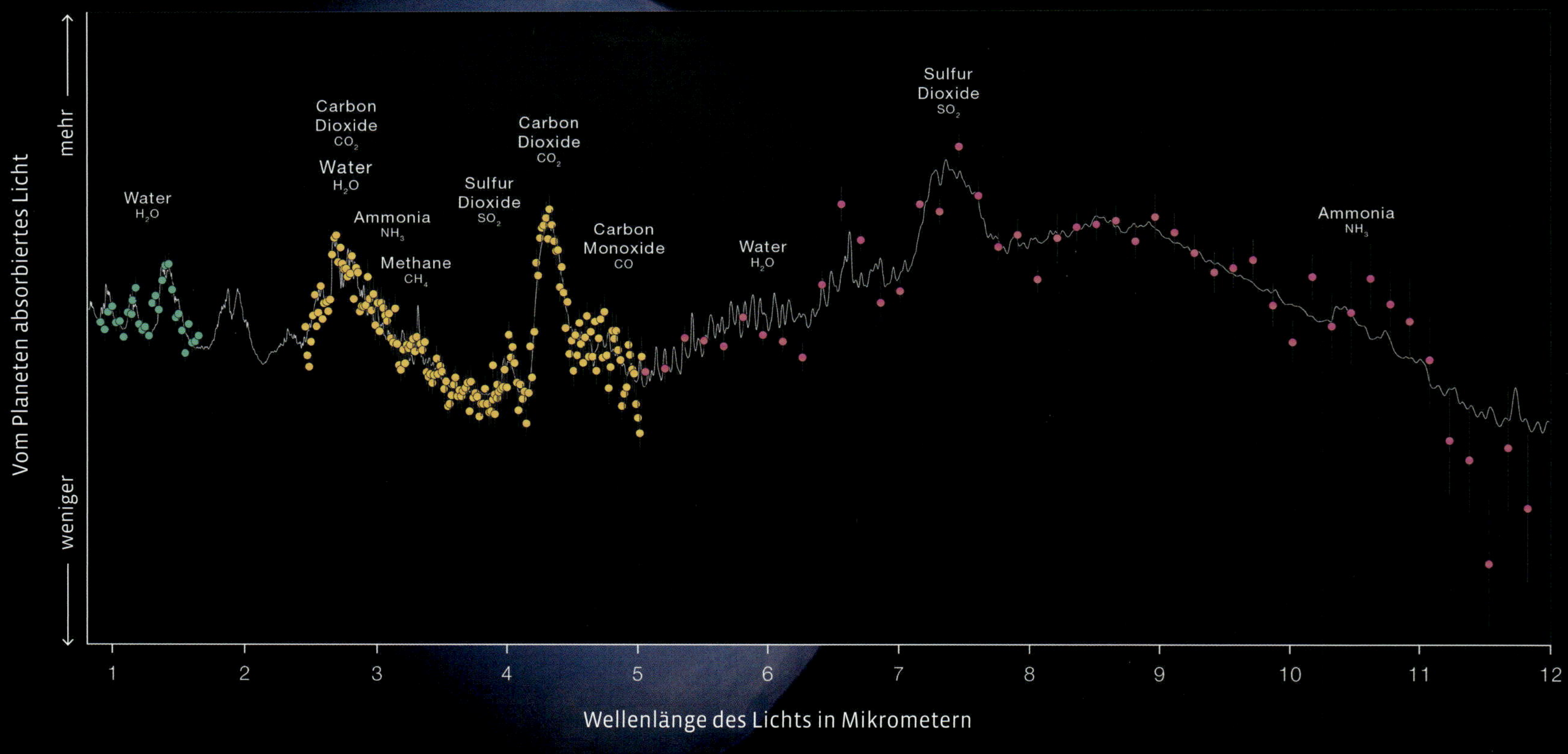

**↑ Gas, Staub und Strahlung**
Die Region um den Stern Eta Carinae (7500 Lichtjahre entfernt im Sternbild Schiffskiel) ist ein einziger Mischmasch aus Gas, Staub, jungen Sternen und viel Strahlung. Dieser Ausschnitt, aufgenommen von Hubble, ist neun Lichtjahre breit. Vor dem glühenden Gas zeichnen sich dunkle Staubwolken ab. Sind sie massiv genug, werden sie sich verdichten und Sterne und Planeten bilden. Sind sie zu dünn, lösen sie sich in der intensiven Strahlung auf. Die große Wolke links oben mit dem „Stinkefinger“ macht klar, dass sie nicht gewillt ist, aufzugeben – dort dürften sich bald Sterne und Planeten bilden.

**← Erst Scheibe, dann Planeten**
In der protoplanetaren Scheibe (links, dreimal größer als unser Planetensystem) im Orionnebel bilden sich gerade Planeten. Um HR 8799 (rechts, 130 Lichtjahre entfernt im Pegasus) ziehen bereits vier. Der fernste (blau) ist der kälteste. Er enthält viel Kohlendioxid und ist zehn Milliarden Kilometer vom Stern (für die Aufnahme abgedeckt, markiert mit weißem Symbol) entfernt. Beide Bilder stammen von Webb.

## WARTEN AUF DEN ZWILLING DER ERDE

Doch selbst bei den Bildern von Exoplaneten gibt es deutliche Fortschritte. So hat James Webb bei HR 8799 gleich vier Planeten ausgemacht (Bild oben). Sie ziehen in weitem Abstand um ihren Stern: Der engste hat eine Bahn ähnlich wie Uranus bei uns. Der fernste ist zweieinhalbmal weiter entfernt als Neptun von der Sonne. Die Planeten haben alle vielfache Jupitermasse. Auch für James Webb ist es aussichtslos, einen echten Zwilling der Erde auszumachen – also einen Planeten mit etwa Erdmasse, der auf einer ähnlichen Bahn wie wir um seinen Stern zieht. So ein Objekt lässt sich nicht fotografieren (weil der Lichterglanz des Sterns es überstrahlt). Auch die Spektroskopie der Atmosphäre ist schwierig, weil es nur einmal pro Jahr zu einer Bedeckung des Sterns kommt – und das auch nur, wenn wir genau auf die Kante der Bahn blicken. Die meisten „Erdzwillinge" laufen für uns ober- oder unterhalb des Sternscheibchens entlang. Exoplanetenforschung braucht Geduld.

Die Jagd nach den Planeten bewegt deshalb so viele Menschen, weil es um die große Frage geht: Sind wir allein? Oder gibt es dort draußen weitere Planeten mit Leben? Ob ein Planet prinzipiell Leben beheimaten kann, legt zuallererst die Entfernung von seinem Stern fest. Ist sie zu gering, ist der Planet kochend heiß – ist die Entfernung zu groß, ist der Planet tiefgefroren. Die „bewohnbare" Zone elektrisiert die Astronominnen und Astronomen – jener Bereich um einen Stern, in dem Wasser auf einem Planeten flüssig wäre (sofern es dort überhaupt Wasser gibt). Aber Achtung: „bewohnbar" heißt nicht automatisch „bewohnt". Manche, die es nicht ganz so seriös nehmen, erwecken beim Begriff „bewohnbar" gerne den Eindruck, sie hätten einen „bewohnten" Planeten entdeckt.

**PLANETEN-PROPAGANDA**

Die Skrupellosigkeit mancher Forscher und Pressestellen ist mittlerweile erschreckend. Eifrig werden fantasievoll erstellte Bilder von Exoplaneten in Umlauf gebracht. Da kursieren „künstlerische Darstellungen" der Oberfläche eines Planeten, die Ozeane mit Eisschollen, Wolken mit Gewitterblitzen und skurril geformte Bergformationen zeigen. So eine Darstellung hat nichts mit den wissenschaftlichen Daten zu tun. Sie ist allein irgendwelchen Hirngespinsten entsprungen – leider wird solcher Unfug manchmal sogar im Fachblatt *Nature* abgedruckt.

Dabei sind solche Bilder nur Propaganda-Material der Astronomen. Von den meisten Exoplaneten ist die Umlaufzeit und der Abstand vom Stern bekannt. Mehr nicht. Manchmal gibt es noch eine Abschätzung der Masse und des Durchmessers. Leider greifen viele Medien das absurde Material der Forscher nur zu gerne auf und fabulieren munter über bewohnte Planeten im All. Es wird zu selten kritisch hingesehen. Manche Laien merken gar nicht, dass die schönen bunten Bilder keine echten Fotos sind, sondern aus einer Mischung von wenig Fakten und viel Fantasie erstellte Illustrationen. Wie sollen sie auch, wenn es nicht deutlich erklärt wird. In diesem Buch gibt es nur echte Fotos von Exoplaneten. Die mögen nicht so spektakulär aussehen wie die verträumten Illustrationen – aber ich zeige meinem Publikum lieber den wahren wissenschaftlichen Fortschritt statt Übertreibungen.

↓ **Chemie für Planeten und Leben**
In dieser eisigen Gas- und Staubwolke im Sternbild Chamäleon gibt es viel Kohlenstoff, Wasserstoff, Sauerstoff, Stickstoff und Schwefel. Aus diesen Elementen bilden sich im All Zuckermoleküle, Alkohole und einfache Aminosäuren. Sie sind der Chemie-Baukasten für Planetenatmosphären und mögliches Leben. Webb konnte diese Stoffe entdecken, weil sie ihren chemischen Fingerabdruck im Licht von Sternen hinterlassen, das durch diese Wolke (630 Lichtjahre entfernt) hindurch läuft. Das Material wird bald Sterne und Planeten bilden und sich aufheizen. Der Bildausschnitt ist 0,9 Lichtjahre breit.

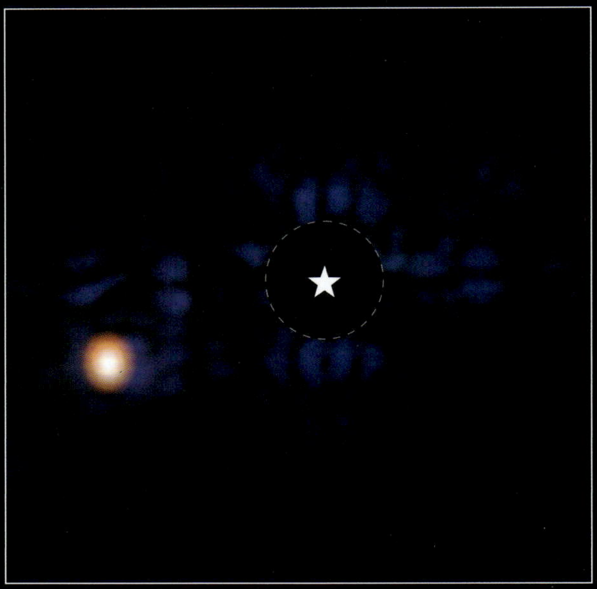

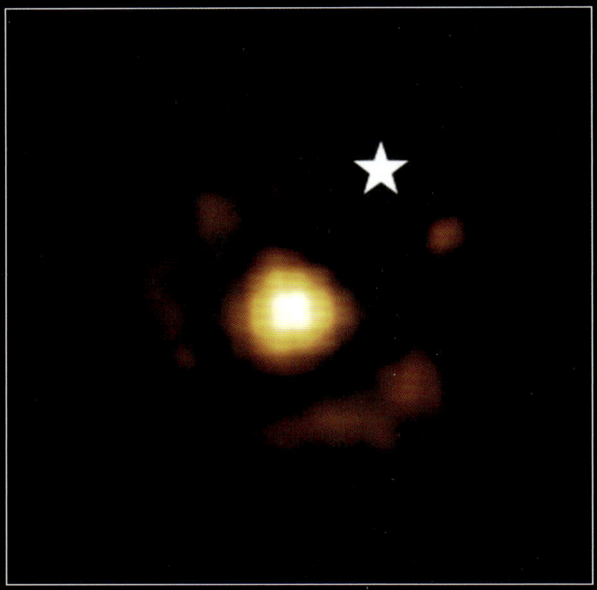

PLANETEN, ÜBERALL EXOPLANETEN!

Nach 30 Jahren Exoplaneten-Forschung ist klar: In unserer Milchstraße sind Planeten etwas ganz Normales – wie es schon Giordano Bruno postuliert hat. Und unsere Milchstraße ist nur eine Galaxie von Myriaden im All. Galaxien, wohin das Auge blickt. Sterne, wohin das Auge blickt. Planeten, wohin das Auge blickt. Leben, wohin das Auge blickt? Wenn es so ist, wäre das die Vollendung des Copernicanischen Prinzips, nach dem wir an einem völlig durchschnittlichen Ort im Kosmos leben. Einst galt die Erde als Zentrum der Welt, dann die Sonne, später die Milchstraße – und nun unser Leben. Vielleicht sind auch wir nur kosmische Dutzendware. Doch bis Astronominnen und Astronomen mögliches Leben im All auch nachweisen können, wird es noch Jahrzehnte dauern. Und wenn es sich in fernen Galaxien versteckt, ist es ohnehin kaum aufzuspüren.

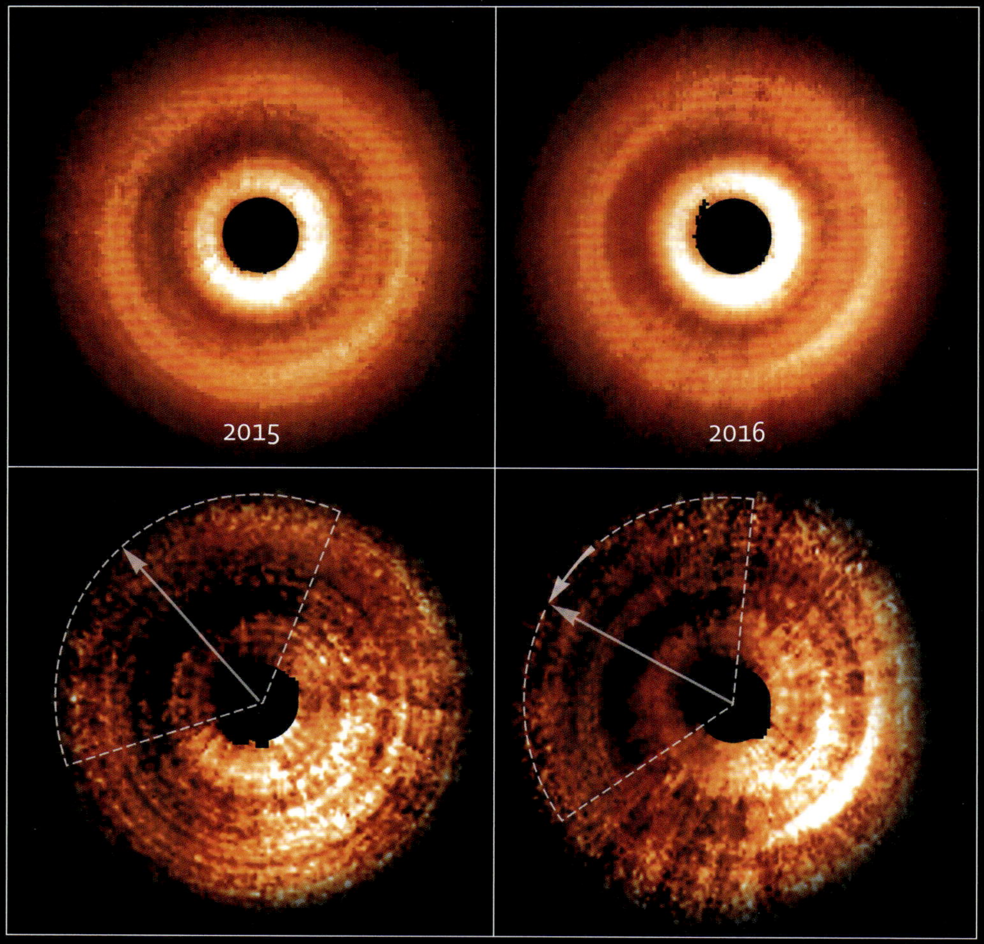


**← Sternfinsternis mit Planet**
Um die lichtschwachen Exoplaneten fotografieren zu können, deckt ein kleines Scheibchen den hellen Stern (Position mit weißem Symbol markiert) ab. Der Planet von Epsilon Indi A (links, 12 Lichtjahre entfernt im Sternbild Indianer) zieht alle 200 Jahre auf stark elliptischer Bahn um seinen Stern. Der von HIP 65426 (rechts, 385 Lichtjahre entfernt im Zentaur) ist 90-mal weiter vom Stern entfernt als die Erde von der Sonne.

**→ Sterngewimmel mit Planeten**
Diese über 50.000 Sterne gehören zur inneren Region des Kugelsternhaufens NGC 6355 im Sternbild Schlangenträger (Hubble-Aufnahme). Der befindet sich rund 30.000 Lichtjahre entfernt in der zentralen Verdickung unserer Milchstraße. Der Bildausschnitt erstreckt sich vor Ort über 25 Lichtjahre. Die meisten Sterne sind mehr als zwölf Milliarden Jahre alt. Zwar gab es bei deren Entstehung erst wenige schwere Elemente im All, dennoch kann es auch in Kugelhaufen einige Exoplaneten geben. Vielleicht beherbergen sie sogar uraltes Leben. In NGC 6355 wurden aber noch keine Planeten gesucht/gefunden.

**← Planetare Schattenspiele**
Beim Stern TW Hydrae (192 Lichtjahre entfernt; Sternbild Wasserschlange; im Bild mit einem schwarzen Kreis abgedeckt) blicken wir senkrecht von oben auf die Staubscheibe (gut 60 Milliarden Kilometer Durchmesser). Hubble-Beobachtungen zeigen einen dunklen Bereich, der in 16 Jahren einmal rund um den Stern zieht (untere Reihe kontrastverstärkt). Mit der viel langsameren Rotation der Scheibe hat das nichts zu tun. Vermutlich hat TW Hydrae einen jupitergroßen Planeten, der so weit von ihm entfernt ist wie die Erde von der Sonne. Die Bahn ist leicht gegen die Scheibe geneigt. Mit seiner Schwerkraft verbiegt der Planet den inneren Teil der Scheibe. Das etwas hoch stehende Material wirft einen Schatten auf die ferneren Bereiche. So verrät sich ein Planet, der wegen des zu geringen Abstands vom Stern nicht direkt zu sehen ist.

# 4
# GALAXIEN, KOSMISCHE WELTENINSELN

Galaxien sind die Geschwister der Milchstraße im Universum: Die größten enthalten hunderte Milliarden Sterne, kleine Galaxien nur wenige Millionen. In den einen wimmelt es von jungen Sternen, andere sind eher kosmische Seniorenheime. Viele zeigen die typischen Spiralarme, andere sind völlig irregulär geformt. Sie alle vereint, dass sie Sternen ein Zuhause geben – und damit auch zahllosen Planeten. Galaxien können wachsen, indem sie mit anderen verschmelzen. Auch unsere Milchstraße ist das Ergebnis von kosmischem Kannibalismus.

→ **Galaxie aus dem Lehrbuch**
NGC 1637 befindet sich 38 Millionen Lichtjahre entfernt im Sternbild Eridanus. Weil wir dieser Spiralgalaxie genau „ins Gesicht" blicken, zeigt diese Hubble-Aufnahme alle Details: Die Spiralarme sind voller Gas und Staub. Dort bilden sich ständig neue Sterne, die bläulich leuchten. Die pinkfarbenen Wolken sind leuchtender Wasserstoff, der von der intensiven Strahlung junger Sterne aufgeheizt wird. Im Zentrum der Galaxien sind die meisten Sterne schon einige Milliarden Jahre alt – sie strahlen eher gelblich. Der Bildausschnitt überdeckt vor Ort etwa 30.000 Lichtjahre.

← **Gas, Staub, Sterne, Galaxie**
Die Spiralgalaxie NGC 2283 erinnert mit dem schwach ausgeprägten Zentrum auf den ersten Blick an ein Spielzeug-Windrad. Sie befindet sich etwa 45 Millionen Lichtjahre entfernt im Sternbild Großer Hund – knapp unterhalb von Sirius, dem hellsten Stern am Himmel der Erde. Diese Webb-Infrarotaufnahme zeigt vor allem die glühenden Gas- und Staubwolken, aufgeheizt von jungen Sternen. Mit einem Durchmesser von nur etwa 40.000 Lichtjahren ist diese Galaxie relativ klein. Die hellsten Sterne mit den auffallenden Beugungsstrahlen sind Sterne unserer Milchstraße im Vordergrund.

Für dieses Bild hat das Webb-Team sechs Aufnahmen bei verschiedenen Filtern kombiniert. Die Belichtungszeit betrug insgesamt gerade einmal 17 Minuten. In großen Beobachtungsprogrammen erforscht James Webb viele – kosmisch gesehen – recht nahe Galaxien (zu denen auch NGC 2283 gehört). Das Ziel ist es, mehr über den Materiekreislauf in diesen Objekten zu erfahren – also wo in den Galaxien Gas und Staub neue Sterne bilden, wo die meisten Sterne vorkommen und wie sie am Ende wieder Rohstoffe für die nächsten Generationen verteilen.

# PRACHTVOLLE SPIRALEN

Sie sehen aus wie ein Strudel oder ein Feuerrad: Spiralgalaxien bestechen mit grandiosen Armen voller Staub, Gas und Sternen. Manchmal formen die Sterne im Zentrum einen bizarren Balken. Gas und Sterne bilden Galaxien – und Galaxien bilden Sterne: ein bezauberndes kosmisches Wechselspiel. Welche Galaxie die schönste im Universum ist? Jede!

Rund 100 Milliarden Sterne, Unmengen an Staub und Gas, ein extrem massereiches Schwarzes Loch: Das sind die Bestandteile einer ganz typischen großen Spiralgalaxie. Das Schwarze Loch steckt im Zentrum – umgeben von vielen Sternen, von denen es hin und wieder einen verschlingt. Um den inneren Bereich aus eher älteren Sternen winden sich die Spiralarme. Dort gibt es viele Gas- und Staubwolken, in denen neue Sterngenerationen entstehen. Daher prägen junge blaue Sterne die ausgedehnten Arme. Wir leben mit unserer Sonne und ihren Planeten (darunter die Erde) am Rand eines solchen Spiralarms einer recht durchschnittlichen Galaxie im Kosmos: der Milchstraße. Galaxie ist das griechische Wort für Milchstraße.

Galaxien prägen den Kosmos auf majestätische Weise. Sie gebieten über Gas und Staub, über Sterne und Planeten, über Werden und Vergehen. Galaxien sind die Bühne, auf der sich im Kosmos fast alles abspielt. Sie ziehen benachbarte Galaxien an und wachsen, in dem sie mit anderen verschmelzen (dazu mehr ab Seite 186). Sie rasen durch das All und folgen dabei der kosmischen Expansion nach dem Urknall: Galaxien machen die großräumige Struktur im Kosmos sichtbar, gleichsam das Skelett, die tragende Struktur (dazu mehr in Kapitel 5). Das ist ihre aktive Seite. Doch zugleich sind sie Getriebene: Dunkle Materie und Dunkle Energie zerren an ihnen – und sie sind den Launen der Sternentstehung ausgesetzt. Sind Gas und Staub verbraucht oder weggedriftet, kommen keine Sterne mehr nach. Dann ist der galaktische Tank leer und das helle Feuer erlöscht. Die bestehenden Sterne leuchten noch lange Zeit weiter – aber das Ende einer zunächst noch prachtvollen Galaxie ist programmiert.

### DIE MILCHSTRASSE: PROTOTYP DER GALAXIEN

Haufen voller junger, heißer Sterne. Glühende Gasnebel. Dunkle Staubschwaden. Grell leuchtende, blauweiße Riesensterne. Viel gelbliches stellares Fußvolk. Rote, alte, fast schon ausgebrannte Sterne. In unserer Milchstraße tobt noch das Sternenleben. Aber wir nehmen diese Phänomene oft isoliert wahr. Sie scheinen nichts miteinander zu tun haben. Doch erst dies alles zusammen verbindet sich zu einem wahren Gesamtkunstwerk – zu einer Galaxie. Wer Galaxien verstehen will, muss wissen, wie sich Gas und Staub verhalten, wie Sterne entstehen und sich entwickeln, wie sie ihr Leben beenden und wieder Rohstoffe für den kosmischen Materiekreislauf liefern.

Unsere Milchstraße nehmen wir jedoch kaum als Galaxie wahr, weil Sonne und Erde selbst dazugehören. Wir sehen unsere Galaxie von innen – und da reicht der Blick wegen der vielen Gas- und Staubwolken nicht weit. Viele Phänomene lassen sich nur mit Mühe untersuchen. Das ist ein wenig so, als wenn man sich in einem Haus irgendwo in einer Stadt aufhält und dann herausfinden will, wie die Stadt aufgebaut ist – also, wie es im Zentrum aussieht, welche anderen Häuser es gibt, wo die Hauptverkehrswege entlanglaufen, wo die Kindergärten und die Altenheime sind etc. Das geht nur sehr unzureichend, wenn man sich nicht kreuz und quer durch die Stadt bewegen kann. Dies alles wäre viel leichter, wenn man mit einer Drohne oder von einem Ballon aus die Stadt von oben beobachten könnte.

### WEBBS INFRAROTER TUNNELBLICK

So ähnlich behelfen sich die Astronominnen und Astronomen bei Galaxien. Natürlich können sie nicht die Milchstraße von oben erkunden. Aber es gibt im Weltraum viele Galaxien, auf die wir genau von oben blicken. NGC 1637 auf Seite 131 ist ein schönes Beispiel für eine ganz „typische" Spiralgalaxie, die viele Details offenbart – aufgenommen vom Hubble-Weltraumteleskop. Doch der Blickwinkel allein reicht nicht, um den Geheimnissen einer Galaxie auf die Spur zu kommen. Man muss ihr gleichsam unter die Haut gehen oder hinter die Kulissen blicken – in einer Galaxie heißt das: Man muss Staub und Gas durchdringen. Genau dafür wurde das James-Webb-Weltraumteleskop gebaut. Es ist – wie mehrfach betont – eben kein Nachfolger von Hubble, sondern ein ganz andersartiges Forschungsinstru-

ment, das Hubble und die Teleskope auf dem Erdboden wunderbar ergänzt. Das Zauberwort lautet: Infrarotstrahlung. James Webb sieht mit seinem Infrarotblick die Galaxien buchstäblich mit ganz anderen Augen. Wie sehr sich seine Sicht auf die Galaxien von dem unterscheidet, was uns Hubble zeigt, belegt das Bild oben auf dieser Seite: Die linke obere Hälfte zeigt die Spiralgalaxie M 74 mit James-Webb-Augen, die rechte untere Hälfte ist die Hubble-Ansicht. Man ahnt, dass es dieselbe Galaxie ist, aber die Bilder unterscheiden sich enorm. Hubble empfängt vor allem die Strahlung im sichtbaren und im Ultraviolettlicht. James Webb dagegen registriert das rote sichtbare Licht und dann vor allem einen weiten Bereich der Infrarot- oder Wärmestrahlung. Hubble sieht Sterne und glühendes Gas. Webb sieht Staubwolken, gerade entstehende Sterne und recht kalte Gasmassen – sie alle geben kein sichtbares Licht ab. Für Hubble bleiben sie verborgen und gehen im Sterngewimmel unter. Für James Webb dominieren sie die galaktischen Strukturen. Ein Unterschied fast wie Tag und Nacht.

## ANDERE WELLENLÄNGEN – ANDERE PHYSIK

Die drei Bilder von NGC 2566 auf der folgenden Doppelseite zeigen, wenn man so will, die unterschiedlichen Schichten einer Galaxie. Das Hubble-Bild ganz links entspricht in etwa dem Anblick, den wir mit bloßem Auge hätten, stünden wir in der Nähe der Galaxie. Mit Infrarotaugen sähe NGC 2566 ganz anders aus: NIRCam (in der Mitte) empfängt vor allem die Strahlung von heißen Gaswolken und den jungen Sternen, die dort entstehen. Diese Gebiete sind rötlich dargestellt. Je heißer sie sind, desto mehr geht die Farbe ins Orange und desto heller sind sie. Ältere Sterne sieht James Webb auch, aber eher schwach. Sie sind blau dargestellt, weil es die kürzesten Wellenlängen sind, die James Webb empfängt.

Die Farbzuordnung geschieht willkürlich: Unser Auge kann Infrarotstrahlung nicht wahrnehmen. Die empfangenen Signale werden nach bestimmten Regeln sichtbar gemacht. Jetzt möge bitte niemand an „Fake News“ denken. Die Astronominnen und Astronomen machen auf diese Weise die von den infrarotempfindlichen Detektoren empfangenen Signale sichtbar. Man kann exakt sagen, wie intensiv die Strahlung bei einer bestimmten Wellenlänge an einem bestimmten Punkt der Galaxien ist. Das wird dann in Rot bis Blau umgesetzt. Ganz ähnlich geht es bei einer Röntgen- oder Ultraschalluntersuchung zu: Da ist für das Auge auch nichts zu sehen, aber die Ergebnisse lassen sich sehr wohl ganz korrekt darstellen. Ob man den glühenden Staub nun orangerot oder hellgrün einfärbt, ist reine Geschmackssache. „Richtig“ wäre beides.

**↑ Halb Webb – halb Hubble**
Die Spiralgalaxie M 74 befindet sich 32 Millionen Lichtjahre entfernt im Sternbild Fische (der Bildausschnitt ist 30.000 Lichtjahre breit). Im Infrarotblick von James Webb (links oben) dominiert das rotbraune Leuchten der Gas- und Staubmassen. Rechts unten ist ein Teil der Hubble-Aufnahme im sichtbaren Licht zu sehen – dort leuchten vor allem Sterne, während sich Staubwolken dunkel vor dem hellen Hintergrund abzeichnen. Salopp formuliert: Hubble zeigt, wie die Galaxie nach außen wirkt – Webb sieht in den Maschinenraum der Galaxie. Getrennt beobachten, vereint entdecken. Die gesamte Pracht der Galaxie M 74 zeigt die Ausklappseite nach Seite 167.

Im rechten Bild von NGC 2566 ist schließlich das Leuchten im mittleren Infrarot abgebildet. Das ist der Bereich mit den längsten Wellenlängen, den James Webb erfassen kann. Dort zeigen sich die dicken Wolken aus interstellarem Staub, die durch die Galaxie wabern. Dieses Material wird durch die Strahlung der umliegenden Sterne etwas erwärmt und leuchtet daher im Infraroten. Im sichtbaren Licht sind solche Wolken nur zu erkennen, wenn sie sich vor Sternen oder leuchtenden Gasmassen im Hintergrund abzeichnen. Fazit: Die Spiralgalaxie ist auf allen drei Bildern klar zu erkennen – doch die Unterschiede sind frappierend. Was bei Hubble dunkel erscheint, ist im Infraroten hell. Umgekehrt sind die für Hubble hellen inneren Bereiche der Galaxie im Infraroten von James Webb eher dunkel. Aufnahmen bei unterschiedlichen Wellenlängen sind kein Luxus oder unnötige „Doppelarbeit". Sie offenbaren ganz unterschiedliche Bestandteile und Prozesse in einer Galaxie. Wieder einmal zeigt sich: Zwei unterschiedliche Teleskope liefern viel mehr als einfach nur mehr Bilder – sie sorgen reihenweise für wissenschaftliche Durchbrüche.

↑ **Kosmisches Auge – Hubble**
Die Spiralgalaxie NGC 2566 (76 Millionen Lichtjahre entfernt, Sternbild Achterdeck, 60.000 Lichtjahre groß) sieht aufgrund des geneigten Blickwinkels ein wenig wie ein Auge aus, das uns aus dem All anstarrt. Dieses Hubble-Bild zeigt vor allem junge Sterne, die im UV- und sichtbaren Licht sehr hell sind – in diesen Wellenlängenbereichen ist Hubble besonders empfindlich. Die Fachleute wollen genauer verstehen, wie sich in so einer Galaxie Sterne bilden. Wolken, in denen gerade Sterne zünden, erscheinen pinkfarben. Gruppen heißer Sterne sind bläulich.

## WEBBS WUNDERBARE GALAXIEN

Eines der ersten großen Beobachtungsprogramme des neuen Weltraumteleskops heißt PHANGS. Das ist die englische Abkürzung für „Physik bei hoher Winkelauflösung in nahegelegenen Galaxien". Der Name ist Programm: 19 Galaxien werden intensiv beobachtet – neunzehnmal wird „von oben" erfasst, was sich in den Galaxien abspielt. Auf der Doppelseite 148/149 sind alle 19 zu sehen. Die ersten Bilder gab es gleich im Sommer 2022, als James Webb den Routinebetrieb aufgenommen hat. Eine, die diesen Aufnahmen besonders entgegengefiebert hat, ist Eva Schinnerer vom Max-Planck-Institut für Astronomie in Heidelberg. Sie ist Gruppenleiterin in der Abteilung Galaxien und Kosmologie und möchte verstehen, wie Sterne entstehen – in nahen Galaxien genauso wie im frühen Universum. Für beides ist das infrarottaugliche Weltraumteleskop unverzichtbar. Als die Daten endlich auf dem Webb-Server bereitstanden, hat sie sie sofort heruntergeladen.

Bei einem Besuch auf dem Königstuhl zeigte sie mir begeistert die PHANGS-Galaxien. „Man sieht die Verteilung des kalten interstellaren Mediums in einer Auflösung, wie man es vorher noch nie gesehen hat: Filamente, Bubbles und vieles mehr." Die gestochen scharfen Aufnahmen waren am Anfang sehr ungewohnt. Ein Bild wie das auf Seite 145 hätte man auf den ersten Blick auch für eine Simulation halten könnten. Aber diese Aufnahmen zeigen nicht das Ergebnis von Modellrechnungen, sondern das wahre Geschehen in Galaxien, die zwischen 20 und 80 Millionen Lichtjahre entfernt sind – in diesem Bereich liegen die 19 PHANGS-Galaxien.

Eva Schinnerer gehört zu den Leiterinnen dieses internationalen Projekts. Das Forschungsteam untersucht genau, wo in den Galaxien Staub und junge Sterne vorkommen – also wo die Rohstoffe sind und wo die „Produkte". „Wir sehen uns an, wie die jungen Sterne und der Staub verteilt sind. Die Frage ist: Passt das alles zu dem, was wir über Sternentstehung zu wissen glauben?" James Webb zeigt, wo große Mengen an Staubteilchen durch die Galaxie wabern und wo Sterne aufleuchten, die noch tief in den Staubmassen stecken. Das Teleskop bringt buchstäblich Licht ins Dunkel der Sternentstehung.

In der Galaxie M 51 (Seite 145) bilden sich entlang der beiden Spiralarme sehr viele Sterne. Das Gas in den Armen leuchtet hell im Infraroten – aufgeheizt von der Strahlung junger Sterne. Doch es gibt auch Stellen, an denen keine Sterne mehr entstehen. „Das Interessante hier ist, dass man in der Mitte ein Loch in der Staubverteilung hat", erklärt die Astronomin. „Dann ist da ein kleiner heller Punkt drin. Das ist der zentrale Sternhaufen." Dort bilden sich seit etwa acht Milliarden Jahren keine Sterne mehr – die vorhandene, alternde Sternpopulation ist auf den Webb-Bildern in Blau dargestellt. So eine zentrale Ansammlung von Sternen gibt es auch in unserer Milchstraße. Allerdings ist nicht ganz klar, warum in diesen Gebieten die Sternentstehung zum Erliegen gekommen ist.

## EXPLOSIONEN PUSTEN DAS GAS WEG

James Webb zeigt, wenn man so will, das Gas- und Staubgerüst der Galaxien. Es ist auch eine Art Blick in den Maschinenraum. „Jetzt die Struktur des neutralen Gases zu sehen, begeistert meine Kollegen und mich besonders", schwärmt Eva Schinnerer. Auf den Infrarotbildern ist deutlich zu erkennen, dass Gas und Staub nicht gleichmäßig verteilt sind und auch nicht exakt den Spiralarmen folgen. Es gibt feine Strukturen in den Wolken und an manchen Stellen gewaltige Löcher (gut zu sehen in M 74, die auf Seite 135 und auf der ersten Panoramaseite ab Seite 176 abgedruckt ist). „Für die Modelle ist das sehr spannend: Kommen die ganzen Löcher von Supernova-Explosionen? Oder ist das die Rückkopplung der Sternentstehung auf das Gas?" Die Forscherinnen und Forscher weltweit werden jahr(zehnt)elang beschäftigt sein, die Abläufe in den Galaxien zu rekonstruieren. Womöglich haben Sternexplosionen in der Vergangenheit die manchmal tausende Lichtjahre großen Löcher in die Gasschwaden gepustet. Oder junge heiße Sterne haben mit ihrer intensiven Strahlung die Umgebung frei gefegt. Die galaktische Spurensicherung kann mit Webb bislang verborgene Phänomene präzise untersuchen. Das Weltraumteleskop in 1,5 Millionen Kilometern Entfernung blickt äußerst scharfsichtig ins All. In den Galaxien sind zum Teil noch Details von etwa 15 Lichtjahren Ausdehnung zu erkennen – damit lassen sich Bereiche erfassen, die etwa die Größe des Orionnebels in unserer Milchstraße haben! Dank dieses einzigartigen Blicks im Infrarotbereich sind mit einem Schlag Einzelheiten zu beobachten und Fragen zu stellen, auf die man vor wenigen Jahren kaum zu hoffen wagte. Natürlich hat das Webb-Team genau gewusst, was das Teleskop im Idealfall liefern kann. Aber es gibt kein Naturgesetz, dass ein Weltrauminstrument wirklich so funktioniert wie geplant. Beim Start und später beim Flug im All kann es Probleme geben. Manchmal hat man vorher irgendeinen störenden Effekt unterschätzt oder manche Komponenten funktionieren nicht so wie geplant. Doch bei James Webb lief alles glatt. Der zeitliche und finanzielle Aufwand hat sich gelohnt. Die Bilder in diesem Buch sind die Belohnung für alle Mühe, alle Entbehrungen und das lange Warten.

**↑ Kosmisches Auge – Webb**
James Webb beobachtet bei verschiedenen Wellenlängen im Infrarotbereich. Auf dem linken Bild (NIRCam-Instrument) sind vor allem Sterne zu sehen – auch jene mitten in dichten Staubwolken. Das rechte Bild (MIRI-Instrument) zeigt den warmen Staub der Galaxie, darunter polyzyklische aromatische Kohlenwasserstoffe – sie stehen am Anfang vieler chemischer Prozesse im All. Das helle Zentrum der Galaxien führt im Infraroten zu Beugungsstrahlen – anders als im sichtbaren Licht (linke Seite). Diese drei Bilder desselben Objekts zeigen alle physikalisch unterschiedliche Dinge.

**↑ Locker, flockig – Hubble**
NGC 2090 (40 Millionen Lichtjahre entfernt im Sternbild Taube, Durchmesser knapp 30.000 Lichtjahre) trägt den Beinamen „flockige Galaxie“. Ihr Aussehen prägen viele Wölkchen aus dunklem Staub, rötlich glühendem Gas und heißen blauen Sternen. Dort entstehen gerade viele Sterne – und damit sicher auch Planeten. Hubble hat diese Galaxie beobachtet, um die Entfernungsbestimmung im All besser zu eichen (siehe Kapitel 5). Nebenbei ging es natürlich auch um das bessere Verständnis der Sternentstehung – gerade in Kombination mit den Infrarotdaten von James Webb (rechte Seite).

## WEBB AND FRIENDS

Das PHANGS-Team stützt sich nicht allein auf die Webb-Daten. Schon vor dem Start von James Webb hat man mit Hubble, dem Very Large Telescope der Europäischen Südsternwarte ESO in Chile und der Teleskop-Anlage ALMA (ebenfalls in Chile) diese Objekte beobachtet. Jetzt sehen die Fachleute, wo die Sterne in den Galaxien sind, wo Staub und Gas vorkommen und wie sich alles bewegt. Die Daten sind da, die großen Fragen auch: Wie genau wird aus Gas und Staub ein Stern? Läuft die Sternentstehung in den unterschiedlichen Galaxien etwas unterschiedlich ab? Was passiert, wenn die chemische Zusammensetzung einer Galaxie etwas anders ist? Welche Rolle spielt es, ob ein Sternhaufen nahe dem Zentrum einer Galaxie steht oder weiter am Rand? Wie beeinflussen junge Sterne ihre Umgebung? Sorgt die „Rückkopplung“ dafür, dass mehr oder weniger Sterne entstehen? Der Fragenkatalog ließe sich fast beliebig fortsetzen. Das mag danach klingen, als ob Galaxien ein einziges Rätsel wären. Das sind sie natürlich nicht. Diese Fragen stellen zu können, ist ein Geschenk! Mit Hilfe von James Webb sind plötzlich die Antworten darauf zum Greifen nah: Man muss die Bilder und Spektren nur ansehen und dann gute Ideen für neue Theorien und Modelle haben. Tatsächlich machen die Infrarotdaten oft den Unterschied: Zwar haben auch Hubble & Co. diese Galaxien beobachtet. Aber die großen Blasen im Staub zum Beispiel sind nur auf den Webb-Bildern zu sehen.

Bemerkenswert sind auch die rosaroten Beugungsstrahlen, die manchmal um den Kern einer Galaxie zu sehen sind (u. a. bei NGC 2566 auf Seite 137). Sie entstehen, wenn Licht von hellen kompakten Objekten in das Teleskop fällt: An der Halterung des Sekundärspiegels und den Kanten der sechseckigen Segmente des Hauptspiegels kommt es zur Beugung – einem unvermeidlichen physikalischen Phänomen. Im Falle einer Galaxie hat es eine sehr deutliche Botschaft. „Das ist ein klares Zeichen für ein aktives extrem massereiches Schwarzes Loch“, erklärt Eva Schinnerer. „Oder die Sternhaufen im Zentrum sind so hell, dass sie diesen Bereich des Detektors gesättigt haben.“

## 19 GALAXIEN – 100.000 STERNHAUFEN

Wie atemberaubend besser der Blick nicht nur auf, sondern in die Galaxien geworden ist, zeigt eine geradezu irrwitzige Zahl. Das PHANGS-Team hat nicht nur die 19 Bilder dieser Galaxien veröffentlicht.

Zeitgleich präsentierte man einen Katalog mit rund 100.000 Sternhaufen. Mit dem Blick von oben hat man in diesen Galaxien im Schnitt jeweils 5000 Sternhaufen entdeckt. Noch einmal: Wir sprechen hier nicht von Nahbeobachtungen in unserer Milchstraße. Hier geht es um Beobachtungen über zigmillionen Lichtjahre. Allein diese Anzahl an Sternhaufen zu untersuchen und dort – wie bei vielen anderen Objekten – gezielte Nachbeobachtungen und die Aufnahme von Spektren durchzuführen, wird Jahr(zehnt)e dauern. James Webb und Hubble liefern uns allen einen Datenschatz, der Generationen beschäftigt. Hubble und Webb werden irgendwann aus rein technischen Gründen Geschichte sein – PHANGS & Co. bleiben viel länger.

Es geht nicht nur um die Galaxien selbst. Die Erkenntnisse dieser Forschung werden wichtiger Bestandteil der großskaligen Simulationen der kosmischen Geschichte. Dabei lässt man im Computer Modelle ablaufen, wie aus dem recht einheitlichen Strahlungs- und Materiebrei kurz nach dem Urknall das heute hoch strukturierte Universum werden konnte. Im Idealfall lassen die Simulationsrechnungen Galaxien entstehen, die genau die Eigenschaften der heute beobachteten haben. Auch da bleibt noch einiges zu tun – mehr dazu im Kapitel 5.

## GROSSES WELTALL, NAHE GALAXIEN

Eva Schinnerer und ihre Kolleginnen und Kollegen weltweit haben Glück, dass es bis zu den nächsten Galaxien nicht sehr weit ist. Diese Aussage mag bei Abständen von 50 Millionen Lichtjahren oder mehr ein wenig erstaunen. Ein einfaches Modell macht aber klar, wie „dicht gepackt" mit Galaxien der Kosmos ist. Vorweg werfen wir einen Blick auf die Sterne in unserer Milchstraße: Verkleinert man die Sonne auf die Größe einer Kirsche, so befände sich in demselben Maßstab der nächste Stern – also die nächste Kirsche – rund 650 Kilometer entfernt. Unsere Erde wäre in diesem Modell ein Staubkorn in knapp 2,5 Metern, Jupiter ein Stecknadelkopf in zwölf Metern Entfernung von der Sonnenkirsche. Voyager 1, die Raumsonde, die bisher am weitesten ins All vorgedrungen ist, hat es in 48 Jahren immerhin schon 420 Meter weit geschafft – von den 650 Kilometern zum nächsten Stern (in dessen Richtung sie – das sei am Rande bemerkt – aber ohnehin nicht fliegt). Denken Sie bitte daran, wenn manchmal von „Reisen durch den Weltraum" die Rede ist. Unsere Raumsonden kreuzen bestenfalls durch den Vorgarten, mehr nicht. Eine Tour zu anderen Sternen würde rund 100.000 Jahre dauern.

**↑ Locker, flockig – Webb**
Anders als für Hubble (linke Seite) erscheinen für James Webb in der Galaxie NGC 2090 die Flocken aus Gas, Staub und Sternen nicht ganz so gleichmäßig verteilt. Im Infraroten sind die Spiralarme mit den vielen orangefarbenen Sternentstehungsgebieten deutlich zu erkennen. Die Strahlung heller Sterne ist bläulich eingefärbt – diese Sterne fallen vor allem im Zentrum der Galaxie auf. Rötlich dargestellt ist die Strahlung von Staubwolken voller Kohlenwasserstoffverbindugen. Dieses Material in der Galaxie ist der Rohstoff für die nächsten Generationen von Sternen und Planeten.

**↓ Balkenspirale – Webb**
Das James Webb-Teleskop hat nicht die gesamte Galaxie M 83 beobachtet, sondern nur deren Zentralregion. Der Infrarotblick zeigt andere Details als die Hubble-Aufnahme im sichtbaren Licht. Ein feines Gespinst aus Gas, Staub und Sternentstehungsgebieten scheint durch die Galaxie geradezu zu ranken. In hellem Gelb sind die Wolken dargestellt, in denen sich viele Sterne bilden – bei Hubble leuchten sie pinkfarben. Rotbraun strahlen die Ansammlungen von Staub und Kohlenwasserstoffen. Bei Hubble zeichnen sich diese Gebiete dunkel vor dem hellen Hintergrund der Sterne ab.

**← Balkenspirale – Hubble**
M 83 (etwa 50.000 Lichtjahre groß; Sternbild Wasserschlange) gehört mit einer Entfernung von nur 15 Millionen Lichtjahren zu unserer kosmischen Nachbarschaft. Bei dieser Galaxie setzen die Spiralarme an einer ausgedehnten Struktur („Balken") im Zentrum an. Wegen ihrer relativen Nähe lassen sich in M 83 viele Details beobachten: Das Hubble-Team hat dort fast 300 Überreste explodierter Sterne ausgemacht (ähnlich dem Objekt auf Seite 105) sowie mehr als 3000 Sternhaufen (ähnlich dem Objekt auf Seite 41). Markiert ist der Kernbereich der Galaxie, den James Webb beobachtet hat.

## DIE LEERE DER MILCHSTRASSE

Sterne gibt es in unterschiedlicher Größe und auch die Abstände sind nicht immer gleich. Legt man in jede Hauptstadt Europas eine Frucht, dann liefert das eine gute Vorstellung davon, wie dicht die Sterne in der Milchstraße stehen. Kirschen nach Berlin und Kopenhagen, Stachelbeeren nach Athen und Stockholm, Apfelsinen nach Paris und Warschau, Johannisbeeren nach Rom, Wien und Oslo und so weiter. Zwischen den Früchten gibt es nur ein paar Planeten, Myriaden von Asteroiden und Kometen sowie etwas Staub. Im Grunde genommen ist unsere Galaxie aber vor allem eines: leer. Verkleinert man nun die ganze Milchstraße auf die Größe einer Kirsche oder auf die Größe einer 1-Euro-Münze, um ein abgeflachtes Objekt zu haben, dann stellt sich die Frage, wo die nächste Münze wäre, also die nächste Galaxie. Hunderte Kilometer weg? Tausende? Gar irgendwo auf dem Mond? Mitnichten: Wenn wir uns die Milchstraße als 1-Euro-Stück vorstellen, dann wäre unsere Nachbargalaxie Andromeda etwas größer als eine 2-Euro-Münze in 50 Zentimetern (!) Entfernung. Der Virgo-Galaxienhaufen, eine gewaltige Ansammlung von Galaxien, zu deren Ausläufern auch wir noch gehören und in der hunderte von Galaxien umeinander fliegen – in unserem Fall also Centstücke, Euros und vielleicht auch mal Untertassen – hat einen Abstand von nur rund 13 Metern. In diesem Modell sind die PHANGS-Galaxien zwischen zehn und 40 Meter entfernt. Der Kosmos ist vor allem eines: voll.

**↑→ Der Sombrero – Hubble & Webb**
Die Galaxie M 104 (30 Millionen Lichtjahre entfernt im Sternbild Jungfrau, an der Grenze zum Raben) besticht mit ihrer „Krempe" (50.000 Lichtjahre Durchmesser) aus Staubmassen. Während Hubble (oben) das sichtbare Licht der Sterne beobachtet, registriert James Webb (unten) die Infrarotstrahlung von Gas- und Staubwolken. Was bei Hubble dunkel erscheint, zeigt sich bei James Webb sehr hell: Ansammlungen von kohlenstoffhaltigem Material, in denen sich allmählich Sterne bilden (pro Jahr kommt etwa ein Stern von der Größe der Sonne hinzu). Zudem offenbart sich im Zentrum der Galaxie eine dünne, hell leuchtende Scheibe, die bei Hubble im Sterngewimmel völlig untergeht. Dort befindet sich ein Schwarzes Loch mit neun Millionen Sonnenmassen, das derzeit nicht viel Materie verschlingt.

←↓ **Der Strudel – Hubble & Webb**
Die Galaxie M 51 (27 Millionen Lichtjahre entfernt im Sternbild Jagdhunde, Durchmesser 80.000 Lichtjahre) gilt vielen Himmelsfans als das Paradebeispiel einer Spiralgalaxie. Wir blicken genau von „oben" auf die Strudelgalaxie, wie sie oft genannt wird. Hubble (linke Seite) zeigt in den beiden Spiralarmen viele dunkle Staubwolken, zahllose eher bläuliche Sterne und hunderte rötlich glühender Flecken. Das sind HII-Regionen: Wolken ionisierten Wasserstoffs – aufgeheizt von den jungen heißen Sternen, die dort erst vor wenigen Millionen Jahren entstanden sind. Unten am Bildrand ist eine Begleitgalaxie zu sehen. Dagegen zeigt der Infrarotblick von James Webb (MIRI-Instrument; links) im Zentralbereich der Galaxie vor allem warmen Staub (Wolken aus Kohlenwasserstoffen und anderen Teilchen), der das Licht der Sterne absorbiert und es im Infraroten wieder abgibt. Webb zeigt das filigrane Muster aus Gaswolken und Lücken: das „Staub-Gerüst" des Strudels.

## DIE PARADE-SPIRALE

Im Weltall drängeln sich die Galaxien also auf vergleichsweise engem Raum, aber in den Galaxien sind die Sterne im Mittel nur sehr dünn verteilt. Doch es ist erstaunlich, was die weit verstreuten Sterne, ob nun junge, heiße blaue Exemplare oder rote, alte, fast schon ausgebrannte und die vielen Gas- und Staubwolken in den Galaxien am Himmel alles zu Stande bringen. Das liegt im Wesentlichen an der Gravitation – der Anziehungskraft der Materie – und der Strahlung der Objekte, also wie viel Energie sie in die Umgebung pusten. Für viele Himmelsfans ist die Spiralgalaxie M 51 auf dieser Doppelseite der Prototyp einer Spiralgalaxie. Tatsächlich gibt es kaum eine andere, die so perfekt aufgebaut zu sein scheint und die sich uns so wunderbar „face-on" präsentiert, wie Fachleute sagen. „Mit dem Gesicht zu uns" bedeutet, dass wir genau „von oben" auf das Objekt blicken. Wer unbedingt möchte, darf gerne auch sagen, dass wir von unten auf den galaktischen Hinterkopf schauen.

M 51, eine der schönsten Spiralen am Himmel, gehört zum Sternbild Jagdhunde und leuchtet in der Nähe des ersten Sterns der Deichsel des Großen Wagens. Sie ist als Whirlpool- oder Strudelgalaxie bekannt, hat einen Durchmesser von gut 80.000 Lichtjahren und verfügt über rund 200 Milliarden Sterne. Damit ist sie von vergleichbarer Größe wie die Milchstraße. Um ihren kompakten Kern, der im etwas gelblichen Licht der älteren Sterne leuchtet, winden sich zwei Spiralarme. In ihnen sind viele dunkle Staubwolken zu erkennen, zahllose eher bläuliche jüngere Sterne und hunderte rötlich glühender Flecken – dort regen gerade entstandene Sterne mit ihrer intensiven Strahlung das Wasserstoffgas der Umgebung zum Leuchten an. Auch auf dem Panoramabild der Andromedagalaxie (hinter Seite 176) fallen die gelblichen Sterne im Zentrum und die bläulichen in den Außenbereichen auf.

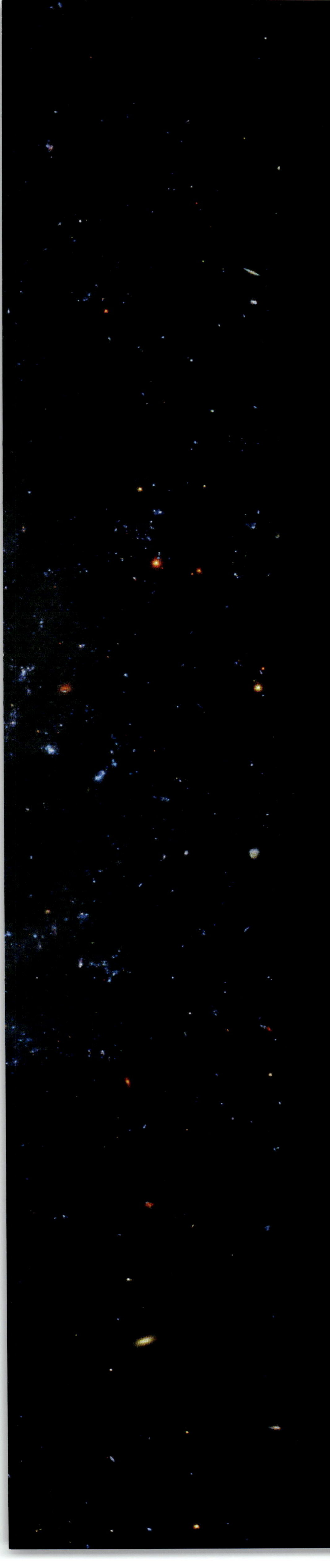

**← 35 Jahre Galaxien-„Wahnsinn“**
Am 24. April 2025 jährte sich der Start des Hubble-Weltraumteleskops zum 35. Mal. Kaum zu glauben: Hubble befindet sich seit 1990 im All – und funktioniert noch immer gut. Das Hubble-Team von NASA und ESA (das Teleskop ist ein gemeinsames Projekt über Kontinente hinweg – Europas Weltraumorganisation hat einen Anteil von 15 Prozent) hat einige besonders schöne Fotos veröffentlicht. Dazu gehört diese Balkenspirale NGC 5335 (ob die 35 in der Katalognummer kein Zufall ist?). Sie befindet sich etwa 225 Millionen Lichtjahre entfernt im Sternbild Jungfrau – liegt somit weit hinter dem Virgo-Galaxienhaufen. Im Balken (knapp 50.000 Lichtjahre lang) in der Mitte strömt Gas in Richtung des Zentrums der Galaxie, wo es weitere Sterne entstehen lässt. Die innersten Spiralarme haben sich fast zu einem Ring geschlossen. NGC 5335 erinnert somit an das große Theta im griechischen Alphabet. Solche Strukturen kommen und gehen im Laufe von rund zwei Milliarden Jahren. Galaxien sind nicht starr, sondern hoch dynamisch. Etwa 30 Prozent aller beobachteten Galaxien haben – zeitweise – einen Balken. Auch unsere Milchstraße ist eine Balkenspirale. Hubble verzaubert Fachleute wie Himmelsfans seit 35 Jahren mit atemberaubenden Bildern von Galaxien, an denen man sich gar nicht satt sehen kann. Im Hintergrund sind Dutzende weiterer Galaxien zu erkennen. Die übrigen drei Jubiläumsaufnahmen zeigen den Planeten Mars (Seite 110), einen Planetarischen Nebel, der wie ein Schmetterling aussieht (Seite 94) und Gas- und Staubwolken im Rosettennebel (Seite 43).

## INNEN ALT, AUSSEN JUNG

Die Bilder von M 51, Andromeda und vielen anderen Galaxien verraten auf den ersten Blick etwas über die Geschichte einer Galaxie. Offenbar sind nicht überall zur gleichen Zeit in etwa die gleichen Sterne entstanden. Sterne haben sich zuerst in der Mitte der Galaxien gebildet, bevor es auch in den Spiralarmen mit der Sternproduktion los ging. Die James-Webb-Bilder im Rahmen von PHANGS werden helfen zu verstehen, welche Prozesse dabei eine Rolle spielen, warum es im Zentrum einer Galaxie kaum noch Gas und Staub gibt etc. Galaxien spielen eine solche Schlüsselrolle für viele astrophysikalische Fragen, dass das PHANGS-Projekt inzwischen erweitert wurde. Nun erfasst James Webb 55 Galaxien im lokalen Universum. Lokal ist für die Astronominnen und Astronomen etwas anderes als für Menschen, die sich nur mit Vorgängen auf der Erde befassen. Lokal heißt im Wesentlichen, dass noch viele Details in den Galaxien zu erkennen sind. Auch in 100 Millionen Lichtjahren Abstand kann man noch zum lokalen Kosmos gehören. Als sich das Licht so eines Objekts auf den Weg gemacht hat, trotteten noch fröhlich die Dinosaurier über die Erde. Erst gut 30 Millionen Jahre später ist ihnen dann ganz lokal ein Asteroid auf den Kopf oder vor die Füße gekracht (siehe Seite 111).

Eine Spiralgalaxie ähnelt einem Diskus: Die Sterne sind in einer riesigen Scheibe angeordnet, deren Mitte etwas dicker ist. Die Spiralarme gehen von der zentralen Verdickung (Fachbegriff „Bulge“) aus – der Kernregion der Galaxie, die typischerweise etwa 6000 Lichtjahre dick ist. Die Scheibe kommt, je nach Messweise, „nur“ auf 2000 Lichtjahre Dicke. Die Spiralstruktur entsteht, weil sich die Galaxien drehen. Im Innern geschieht das schneller als weiter außen. Eine bis heute ungeklärte Frage ist, weshalb sich die Spiralarme nicht komplett aufwickeln. Auch unsere Milchstraße ist eine Spiralgalaxie, allerdings mit einem Balken im Zentrum. Sonne und Erde befinden sich eher am Rand. Sie brauchen 230 Millionen Jahre für eine Runde um das Galaktische Zentrum – im Laufe ihrer Existenz haben die beiden also gut 20 Runden auf der Milchstraße gedreht. Dabei haben sich die Spiralarme offenbar immer wieder neu erfunden – jedenfalls haben sie ihre Form erhalten und sind nicht ins Innere der Galaxie gedriftet.

## AUCH WEBB SIEHT NICHT ALLES

Bei der Bewegung und Entwicklung einer Galaxie spielt eine Komponente eine überragende Rolle, die in keinem Teleskop der Welt zu beobachten ist: die Dunkle Materie. Sie übt Gravitation aus, gibt aber keinerlei Strahlung ab und absorbiert sie auch nicht. Dunkle Materie verrät sich allein durch ihre Anziehungskraft auf sichtbare Objekte. Mitte der 1960er Jahre begann die große Astronomin Vera Rubin (1928–2016) mit dem 5-Meter-Palomar-Teleskop, dem damals größten Instrument der Welt, viele Spiralgalaxien zu beobachten. Sie war übrigens die erste Frau, die das durfte. Bis dahin war Frauen die Benutzung des legendären Teleskops in Südkalifornien verwehrt – offiziell, weil es keine Damen-Toilette gab

NGC 4303

NGC 1566

NGC 1512

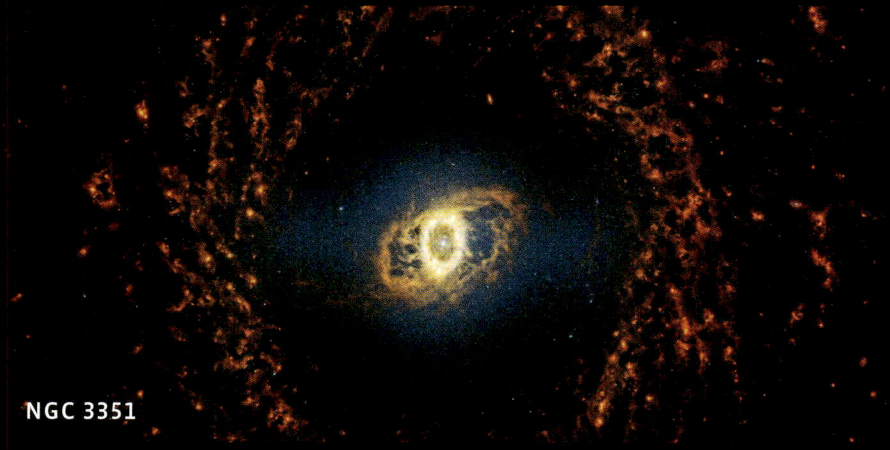
NGC 3351

IC 5332

NGC 628

NGC 2835

NGC 1300

NGC 7496

NGC 5068

NGC 3627

NGC 1385

NGC 1087

NGC 1672

NGC 1433

NGC 1365

NGC 4254

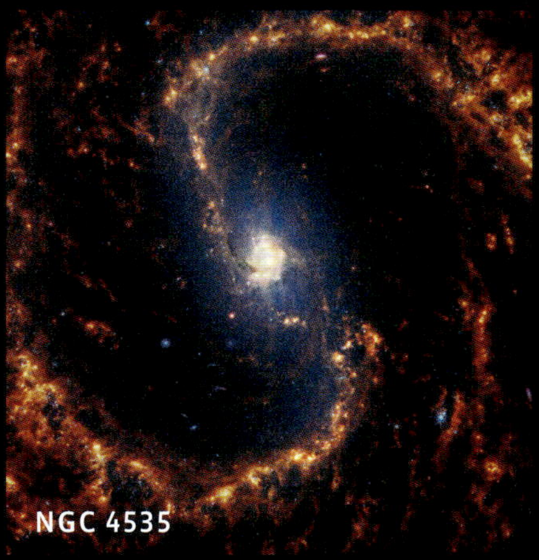
NGC 4535

NGC 4321

**↑ 19 wichtige Webb-Galaxien** „Physics at High Angular resolution in Nearby GalaxieS“ (PHANGS) – auf Deutsch: Die Physik bei hoher Winkelauflösung in nahen Galaxien. So lautet der Titel eines der wichtigsten Webb-Projekte bisher. Diese Objekte verraten, welche Prozesse im Innern einer Galaxie ablaufen, wie sich Gas- und Staubwolken verhalten und wie Sterne entstehen. Der Infrarotblick von James Webb zeigt in diesen wunderbaren 19 Galaxien (zwischen 20 und 80 Millionen Lichtjahre entfernt) Details, die sonst oft nur in unserer Milchstraße zu sehen sind. Mehr zu PHANGS steht im Fließtext ab Seite 136.

Vera Rubin ließ sich davon nicht ausbremsen. Sie bemerkte, dass sich Galaxien überraschend schnell drehen – deutlich schneller als allein von der Anziehungskraft der beobachteten Materie (Sterne und Gas) zu erwarten wäre. Offenbar gibt es dort viel Dunkle Materie, die mit ihrer Gravitation die Sterne auf Schwung bringt.

Dass im Kosmos nicht alles zu sehen ist, mutmaßte erstmals 1933 der Schweizer Kosmologe Fritz Zwicky (1898–1974) – allerdings bei der Beobachtung von Galaxienhaufen (Kapitel 5), deren Bewegung er nur mit viel unsichtbarer und zugleich anziehender Materie erklären konnte. Vera Rubin war nicht allein: Zeitgleich erkannten auch ihre Kollegen William Ford (1931–2023) und Morton Roberts (1926–2024), dass es wohl eine unsichtbare Komponente im All geben musste. Das seit langem populärste kosmologische Weltmodell mit der Dunklen Materie wurde 2019 mit dem Nobelpreis geehrt. Für ihre Beobachtungen konnte man Vera Rubin nicht mehr auszeichnen – sie war drei Jahre zuvor im Alter von 88 Jahren gestorben. Ihre Pionierleistung zu Lebzeiten zu würdigen, hielt das Nobelkomitee offenbar nicht für erforderlich. Ihre beiden Kollegen lebten noch, aber bei Nobels wollte man wohl nicht entscheiden müssen, wer nun die führende Persönlichkeit mit der bahnbrechenden Idee gewesen ist. Erbärmlich.

Galaxien befinden sich – so die Vorstellung – zumeist in einem großen Halo aus Dunkler Materie. Damit lässt sich die Bewegung der Sterne in den Spiralarmen erklären. Doch einen direkten Nachweis dieser geheimnisvollen Substanz gibt es nicht – Dunkle Materie ist nicht zu sehen und die postulierten exotischen Elementarteilchen wurden bisher nicht gefunden. Sollte die Dunkle Materie doch ein Phantom sein, dann müsste die Gravitation anders funktionieren als gedacht. Doch diese Idee verwerfen die meisten Fachleute bisher. In Kapitel 5 wird die Dunkle Materie eine noch größere Rolle spielen. Sie ist bisher unverzichtbar, um die Abläufe in Galaxien zu erklären. Dies gilt noch mehr für die Strukturbildung im Kosmos insgesamt. Ohne die „Schattenwelt" der Dunklen Materie müsste das Universum ganz anders aussehen.

## ANDROMEDA, RIESE VON NEBENAN

Zurück zum Lokalen: Diese Charakterisierung passt bestens zur Andromedagalaxie (M 31). Natürlich sind 2,5 Millionen Lichtjahre für uns Menschen sehr weit. Aber: Als sich das Licht auf den Weg gemacht hat, das wir heute von Andromeda empfangen, liefen bereits die allerersten Vorfahren des Homo Sapiens über die Erde. Ob die damals den schwachen Nebelfleck am Himmel bemerkt haben? Grundsätzlich ist Andromeda mit bloßem Auge auszumachen – sofern es perfekt klar und der Himmel dunkel genug ist. Diese Galaxie erscheint als diffuses ovales Leuchten, etwa von der Ausdehnung des Vollmonds. Sie ist tatsächlich sehr groß: Mit gut 200.000 Lichtjahren Durchmesser überragt sie unsere heimische Milchstraße fast um das Doppelte. Leider geht der Blick nicht direkt ins Gesicht der Galaxie. Wir sehen Andromeda unter einem sehr flachen Blickwinkel von nur 13 Grad – immerhin ist sie keine richtige Kantengalaxie (ähnlich der auf Seite 155). Doch auch so spielt sich Vieles in den Spiralarmen „hintereinander" ab. Sternhaufen, Wolken und Nebel im Vordergrund verdecken, was hinter ihnen passiert. Man kann nur ahnen, wie prachtvoll Andromeda aussähe, wenn wir die gleiche Perspektive wie bei M 51 hätten.

Diese Galaxie ist allein aufgrund ihrer Nähe so bedeutend, dass Hubble sich ihr besonders intensiv gewidmet hat. Ein Foto dieser Galaxie aufzunehmen, ist für das Weltraumteleskop mit seinem winzigen Blickfeld eine echte Herkulesaufgabe. Bei fernen Galaxien in den Tiefen des Kosmos – und von denen hat Hubble inzwischen mehr als eine Milliarde erfasst! – spielt das kleine Blickfeld keine Rolle: Die passen immer auf das Bild. Für die Panoramaaufnahme der Andromedagalaxie hat Hubble mehr als 600 verschiedene Stellen angepeilt. Da unterschiedliche Filter zum Einsatz kamen, hat das Teleskop in der Erdumlaufbahn über 10.000 Andromeda-Belichtungen durchgeführt. Diese Aufnahmen – eine Art Mehrfarben-Scan unserer Nachbargalaxie – entstanden im Laufe von mehr als zehn Jahren bei über 1000 Hubble-Erdumkreisungen. Als alles im Kasten war, hat das NASA-Team schließlich das gigantische Motiv mit mehr als 2,5 Milliarden Pixeln zusammengesetzt.

**→ Die Röntgen-Balkenspirale**
NGC 5643 ist eine prachtvolle Spiralgalaxie im Sternbild Wolf (40 Millionen Lichtjahre entfernt; der Bildausschnitt ist etwa 35.000 Lichtjahre breit). Auf dieser Hubble-Aufnahme dominieren im inneren Bereich und im Balken eher gelbe ältere Sterne. In den Spiralarmen gibt es viele blaue junge Sterne und eine Vielzahl pinkfarbener Wolken. Dort regt die intensive Strahlung heißer Sterne das Wasserstoffgas zum Leuchten an. Zudem sind viele dunkle Filamente zu sehen – das sind Gas- und Staubmassen, die erst in Zukunft Sterne bilden werden. Im Zentrum der Galaxie befindet sich ein extrem massereiches Schwarzes Loch, das große Mengen an Gas verschlingt. Dieses Material heizt sich dabei auf hunderttausende Grad Celsius auf und strahlt intensiv im Röntgenlicht (beobachtet vom ESA-Satelliten XMM-Newton). Im sichtbaren Licht ist davon nichts zu erkennen.

### HUBBLES GRÖSSTES FOTO

Nie zuvor hat Hubble so viel Beobachtungszeit für ein einzelnes Objekt genutzt. Andromeda bekam von Hubble eine Art Ritterschlag. Auch in diesem Buch werden Andromeda und Hubble gewürdigt: Das epochale Bild ist auf der mittleren Panoramaseite nach Seite 175 abgebildet. Ein Meter Andromedagalaxie zum Bestaunen – unser Nachbar so schön wie nie! Aber ist es ein einzelnes Objekt? Diese Formulierung ist streng genommen falsch. Diese wunderbare Aufnahme zeigt rund 200 Millionen Sterne! Das ist in etwa so, als wenn man ein Bild vom Strandurlaub macht, auf dem auch noch die einzelnen Körner im Sand zu sehen sind. Die Galaxie bleibt bei Hubble kein leicht diffuses Objekt – das Weltraumteleskop zeigt Andromeda kristallklar. Ein Mammutprojekt mit grandiosem Ergebnis: Die Details an Sternhaufen, Staubwolken, Sternentstehungsgebieten, alten und jungen Sternen, Nebeln etc. sind atemberaubend. Noch vor einem halben Jahrhundert wäre man zum Teil über ähnliche Details auf Fotos aus unserer Milchstraße froh gewesen. Die Panoramaaufnahme ist in doppelter Hinsicht extragalaktisch!

Hubble zeigt in Andromeda „alle" Sterne, die mindestens so hell wie die Sonne sind. Die sehr schwachen Sterne – und von denen gibt es dort womöglich rund 800 Milliarden (!) – bleiben selbst dem Teleskop in der Erdumlaufbahn verborgen. Sie sind zu schwach und stehen zu eng. Für sie reicht Hubbles Empfindlichkeit und Sehschärfe nicht aus. Sie verschwimmen zu einem diffusen Glimmen.

Die Astronominnen und Astronomen untersuchen mit diesen Daten u.a. die Sternhaufen in M 31. Eine wichtige und bis heute nicht komplett gelöste Frage ist die nach der Massenverteilung junger Sterne – also wie viele große helle Sterne es in den Sternhaufen der Andromedagalaxie gibt, wie viele mittlerer Masse und wie viele schwache und massearme. Die „Anfängliche Massenfunktion" – so der Fachbegriff – verrät viel über die Prozesse bei der Sternentstehung im Allgemeinen und über das Geschehen in den Staub- und Gasmassen einer Galaxie im Besonderen. Leider ist sie sehr schwer zu bestimmen, weil die massereichsten Sterne schnell als Supernova explodieren und die schwächeren, aber vermutlich sehr zahlreichen Sterne meist kaum zu beobachten sind. So ist noch immer unklar, wie viel Gas und Staub einer großen Molekülwolke tatsächlich später zu Sternen werden. Um die anfängliche Massenfunktion geht es auch in Kapitel 2 beim Orionnebel. Wieder einmal zeigt sich: Phänomene, die man lange nur in unserer Milchstraße genauer erforschen konnte, sind dank Hubble, Webb und mancher Großteleskope auf der Erde nun auch in anderen Galaxien zu beobachten.

### ANDROMEDA, EIN SCHÖNES WRACK

Dank weiterer Hubble-Daten, etwa Spektren ausgewählter Objekte, lässt sich viel über das Alter, die chemische Zusammensetzung, die Bewegung und die Masse der beobachteten Sterne sagen. In der Gesamtschau offenbart sich eine sehr bewegte Geschichte unseres Nachbarn: Andromeda und die Milchstraße dürften zwar vor mehr als zehn Milliarden Jahren etwa gleichzeitig entstanden sein und auch die meiste Zeit in derselben Gegend im Kosmos verbracht haben. Doch beide unterscheiden sich sehr: In Andromeda gibt es viel mehr jüngere Sterne als bei uns. Zudem finden die Fachleute dort viele Sternströme: Ketten von Sternen, die mit einer besonderen Bewegung auffallen.

Dies alles spricht für folgendes Szenario: Andromeda ist mit anderen Galaxien kollidiert und dürfte etliche von ihnen geschluckt haben. Die Sternströme sind die Überreste kleiner Galaxien, die in Andromeda aufgegangen sind. Noch sind die Sterne nicht perfekt durchmischt.

**↓ Riesen-Spinne in der Giraffe**
Ihre recht losen Spiralarme geben NGC 2336 (100 Millionen Lichtjahre entfernt; Sternbild Giraffe; 200.000 Lichtjahre groß) auf dieser Hubble-Aufnahme ein tierisches Aussehen. Sie wurde 1876 vom aus Niedercunnersdorf stammenden Astronomen Ernst Wilhelm Leberecht Tempel (1821–1889) entdeckt – bekannt für den Kometen Tempel-Tuttle, Ursprung der Leoniden-Sternschnuppen.

Heißer Kandidat für eine enge Begegnung oder einen Durchflug (siehe Seite 192/193) ist der kleine Begleiter M 32 – auf dem Panoramabild ist er links oben zu erkennen. M 32 erscheint als etwas diffuses, rundes, strukturloses Objekt. Es ähnelt dem Kern einer kleinen Spiralgalaxie, der man die Arme weggenommen hat. Deren Sterne könnten jetzt als Sternströme durch Andromeda driften.

Etwas überspitzt sprechen manche aus dem Hubble-Team davon, dass die Andromedagalaxie das Wrack eines Verkehrsunfalls sei. Durch die Kollision haben sich plötzlich viele Sterne gebildet – doch diese Episode ist bereits zu Ende gegangen. Die zentrale Verdickung in der Andromedascheibe (Bulge) enthält mehr alte Sterne und die Sternentstehungsgebiete in der Scheibe sind weniger aktiv als für ein Objekt dieser Größe zu erwarten wäre. Die „angeschlagene" Galaxie, meinen manche, sei gerade in der Übergangsphase von einer Spiralgalaxie zu einer elliptischen (siehe Seite 162/163). Das NASA-Team hofft, dass in spätestens zwei Jahren das Nancy-Grace-Roman-Teleskop starten wird. Dessen Spiegel ist baugleich zu dem von Hubble (2,4 Meter Durchmesser). Doch Roman ist ganz anders: Es ist eine Art Weitwinkelversion von Hubble. Mit einer Belichtung kann es eine Region am Himmel aufnehmen, für die Hubble hundert Bilder machen muss. Untersuchungen wie die bei der Andromedagalaxie bedeuten dann viel weniger Aufwand als bisher.

**DOCH KEINE KOLLISION?**

Seit Jahrzehnten galt es als ausgemacht, dass Andromeda und die Milchstraße in einigen Milliarden Jahren kollidieren und zu einer Riesengalaxie verschmelzen werden. Im Scherz sprachen viele von „Milkomeda", einer Mischung der Worte Milky Way und Andromeda. Doch diese Hubble-Daten kombiniert mit den Messungen des ESA-Astrometriesatelliten Gaia lassen Zweifel aufkommen. Gaia hat keine schönen Bilder aufgenommen, dafür aber einen einzigartigen Datensatz über die Position und Bewegung von Milliarden Sternen am

Himmel erstellt. Wie sich zeigt, könnte die Große Magellansche Wolke – eine Begleitgalaxie der Milchstraße – die Kollision verhindern. Ihre Bewegung verläuft rechtwinklig zum Crash-Kurs. Mit ihrer Anziehungskraft lässt sie Andromeda und die Milchstraße wohl nur eng aneinander vorbeiziehen und sozusagen mit einem blauen Auge davonkommen. Nach Simulationsrechnungen eines internationalen Teams um den aus Bremerhaven stammenden und in Helsinki tätigen Astronomen Till Sawala liegt die Kollisionswahrscheinlichkeit innerhalb der nächsten zehn Milliarden Jahre nur bei etwa 50 Prozent. Schwein gehabt!?

Ob mit oder ohne Kollision: In einigen Milliarden Jahren wird ein fantastisches Feuerrad am Firmament stehen. Andromeda leuchtet dann so hell, dass diese Galaxie dem Band der Milchstraße Konkurrenz machen wird. Unsere Nachbargalaxie wird uns in jedem Fall besuchen – aber auf der Erde dürfte niemand mehr da sein, der sie herzlich begrüßt.

**↑ Galaxie mit Feedback**
NGC 4941 (Durchmesser 60.000 Lichtjahre) befindet sich 67 Millionen Lichtjahre entfernt im Sternbild Jungfrau. Mit dieser Hubble-Aufnahme haben Fachleute das „Feedback" erforscht, also wie junge Sterne ihre Umgebung beeinflussen. Mit ihrer intensiven Strahlung heizen gerade entstandene Sterne Gas und Staub in der Nähe auf. Das kann dazu führen, dass sich weitere Sterne bilden. Manchmal allerdings verdampft das Material geradezu und die Sternentstehung kommt zum Erliegen. Explodieren massereiche Sterne nach wenigen Millionen Jahren als Supernova, mischen sie einen Teil der Galaxie regelrecht auf. Bei dieser recht nahen Galaxie lassen sich viele dieser Phänomene bestens beobachten.

## EDWIN HUBBLE UND ANDROMEDA

Der Namenspatron des Hubble-Weltraumteleskops ist Edwin Powell Hubble (1889–1953). Der war zweifellos einer der ganz großen Astronomen der ersten Hälfte des 20. Jahrhunderts. In einem ESA-Text wird er kurz und bündig als „Der Mann, der den Kosmos entdeckte" bezeichnet. Tatsächlich hat er vor erst gut 100 Jahren die Andromedagalaxie zur Galaxie gemacht. 1923 und 1924 beobachtete Hubble mit dem Hooker-Teleskop auf dem Mount Wilson intensiv den Andromedanebel, wie M 31 damals noch genannt wurde. Das Hooker-Teleskop ist mit 2,54 Metern Durchmesser nur unwesentlich größer als das Hubble Space Telescope, steht aber eben nicht im All, sondern auf dem Gipfel einer Bergkette vor den Toren von Los Angeles und Pasadena in Kalifornien. Mit dem damals größten Teleskop der Welt entdeckte Edwin Hubble einige veränderliche Sterne vom Typ der Cepheiden im Andromedanebel. Dank der Cepheiden ließ sich die Entfernung zu diesem Objekt bestimmen. Damit war klar, dass sich der vermeintliche Nebel weit außerhalb der Milchstraße befindet – und selbst eine Galaxie ist, ebenso wie all die anderen Spiralnebel am Himmel.

Durch diese Beobachtung Hubbles erschien der Kosmos schlagartig gigantisch groß. Unsere Milchstraße war nicht mehr ein einzelnes, ganz besonderes Objekt, sondern nur noch eine von schier unzähligen Galaxien. Einige Jahre später entdeckte er mithilfe einiger anderer Galaxien noch die Ausdehnung des Kosmos – der erste Befund, der für eine Art Urknall spricht. Zwei epochale Entdeckungen, die beide den Nobelpreis verdient hätten. Das sah Edwin Hubble, der wohl nicht frei von Eitelkeit war, auch so. Er beklagte mehrfach, dass es keinen Nobelpreis für Astronomie gebe. Damals spielte die Astrophysik bei der Auswahl der Physik-Preisträger keine Rolle. Das änderte sich erst fast ein halbes Jahrhundert später.

## FRAU LEAVITT UND DER RIESIGE KOSMOS

Wenn Edwin Hubble den Nobelpreis verdient gehabt hätte, dann gilt das ebenso für die kongeniale Henrietta Leavitt (1868–1921). Sie hat 1912 den fundamentalen Zusammenhang zwischen Periode und Leuchtkraft der Cepheiden-Sterne entdeckt. Leavitt war am Harvard-College-Observatorium im US-Bundesstaat Massachusetts tätig – und zwar als „Computer". So wurden damals die Mitarbeiterinnen genannt, die Fotoplatten und Sternspektren auswerteten oder Berechnungen anstellten. Der damalige Direktor Edward Pickering unterhielt, so wurde schal gewitzelt, einen ganzen Harem an Computern. Pickering profitierte enorm vom Einsatz der vielen weiblichen Mitarbeiter. Denn der berühmte Direktor schmückte sich gerne mit den Leistungen seiner Mitarbeiterinnen und veröffentlichte viele ihrer Entdeckungen einfach unter seinem Namen – nicht selten ohne den Anteil der Frauen zu würdigen. Wer dagegen rebellierte, wurde oft gezwungen, das Institut verlassen. Vielleicht verfügte Herr Pickering über wissenschaftliche Redlichkeit, aber er konnte sie nicht so gut zeigen.

1912 untersuchte Henrietta Leavitt veränderliche Sterne in der Kleinen Magellanschen Wolke, einer Begleitgalaxie der Milchstraße. Der Astronomin fiel auf, dass die Periode des Lichtwechsels von der maximalen Helligkeit abhängt. Je heller ein Stern ist, desto länger dauert sein Pulsieren. Ist dieser Zusammenhang einmal an möglichst nahen Objekten geeicht,

**↑ Galaxie mit klarer Kante**
UGC 10043 ist eine Spiralgalaxie, bei der wir nicht ins Gesicht („face-on", etwa M 51 auf Seite 145), sondern genau auf die Kante blicken („edge-on"). Aus dieser Perspektive sorgen die vielen Gas- und Staubwolken in den Spiralarmen für einen dunklen Bereich genau in der galaktischen Ebene. Aufgrund der Anziehungskraft einer Galaxie in der Nähe (nicht im Bild) ist diese Ebene an den Enden etwas verbogen. UGC 10043 (aufgenommen von Hubble; 150 Millionen Lichtjahre entfernt im Kopf der Schlange; Durchmesser 130.000 Lichtjahre) zeigt eine sehr markante zentrale Anhäufung von Sternen. So einen „Bulge" haben alle Spiralgalaxien, aber er fällt nur beim Kantenblick auf.

← **Galaxie wie Sommermilchstraße**
Bei der Spiralgalaxie NGC 891 (etwa 30 Millionen Lichtjahre entfernt; Sternbild Andromeda) blicken wir genau auf die Kante. Die Galaxie ist so groß, dass nur ein Teil ins Blickfeld von Hubble passte. Der sichtbare Ausschnitt ist etwa 35.000 Lichtjahre lang – die zentrale Verdickung („Bulge") befindet sich links unten knapp außerhalb des Bildes. Die dunklen Staubwolken der Spiralarme führen zu einem breiten dunklen Streifen – genauso entsteht an unserem Himmel das dunkle Band in der sommerlichen Milchstraße. Aus der Ebene der Galaxie steigen viele Filamente in den galaktischen Halo auf: Dies sind Gas- und Staubmassen, die von Supernova-Explosionen oder der intensiven Strahlung junger Sterne angetrieben werden. Die hellen Sterne mit dem kreuzförmigen Beugungsmuster gehören zu unserer Milchstraße – weit im Hintergrund sind einige weitere Galaxien zu erkennen.

so lässt sich damit der Abstand zu fernen Objekten bestimmen. Die Dauer des Lichtwechsels verrät die wahre Leuchtkraft des Sterns – und der Vergleich mit seiner Helligkeit an unserem Himmel ergibt die Entfernung: Je schwächer er erscheint, desto weiter ist er entfernt. Diese Periode-Leuchtkraft-Beziehung ist bis heute eines der wichtigsten Hilfsmittel bei der Vermessung des Weltalls, wie in Kapitel 5 zu lesen ist.

Henrietta Leavitt hat diese überragende Entdeckung beruflich leider nicht viel genützt. Denn Harvard verwehrte Frauen damals bedeutende akademische Positionen. Erst 1921 wurde Miss Leavitt immerhin Leiterin der Stellarphotometrie. Wenige Monate später ist sie im Alter von nur 53 Jahren gestorben. Ihr zu Ehren heißt die Periode-Leuchtkraft-Beziehung heute „Leavitt-Gesetz", ohne das Edwin Hubble nicht die große Entfernung zum Andromedanebel hätte bestimmen können. Leavitt – Cepheiden – Hubble – Nebel – Galaxie: Henrietta Leavitt hat leider nicht mehr erlebt, wie mit dem von ihr entdeckten Cepheiden-Zusammenhang aus dem überschaubaren Himmelsidyll ein schier unendliches Weltall wurde.

## HARTE KANTE BEI GALAXIEN

Wäre die Andromedagalaxie noch 13 Grad mehr von uns weggekippt, so blickten wir genau von der Seite auf die Galaxienscheibe. „Edge-on" nennen Fachleute das – der Blick genau auf die Kante. UGC 10043 auf Seite 155 und NGC 891 auf Seite 156 sind perfekte Beispiele dafür. Diese Galaxien sind wunderbare Spiralgalaxien, auch wenn wir die Arme nicht zu sehen bekommen. Zur Sicherheit dieser Hinweis: Hubble und James Webb haben exakt denselben Blickwinkel auf ferne Galaxien. Das eine Weltraumteleskop ist gut 500 Kilometer über der Erde, das andere hingegen 1,5 Millionen Kilometer entfernt. Beim Blick auf Objekte, die Millionen Lichtjahre entfernt sind, spielt dieser Versatz absolut keine Rolle.

Bei diesen Galaxien, auf deren Kante wir blicken, fallen die dicken Staubwolken auf, die sich entlang der Hauptebene verteilen. Das sind die Staubmassen, die wir bei M 51 und ähnlichen „Face-On-Galaxien" in den Spiralarmen sehen. Beim Kantenblick liegen sie alle in einer Ebene neben- und hintereinander. Sie verschlucken das Licht der dahinter leuchtenden Sterne. Das Bild von UGC 10043 macht deutlich, wie dick der Bulge ist – die zentrale Verdickung, die alle Spiralgalaxien haben. Auch dort erscheinen die Sterne in der Mitte der Galaxie etwas gelb-rötlicher als die eher blauen Exemplare an den Rändern. Das passt zur Grundidee über Spiralgalaxien: Im Innern sind die Sterne eher alt, am Rand eher jung. Auch hier sind die jungen heißen blauen Sterne in den Spiralarmen, wo viele Gas vorhanden ist. Im Zentrum dagegen sehen die Sterne deutlich gealtert und damit gelber oder rötlicher aus.

## GALAXIE WIE DAS BAND DER MILCHSTRASSE

So einen Anblick einer Galaxie von der Kante haben alle schon einmal erlebt, die in dunkler Nacht das Band unserer Milchstraße am Firmament erspäht haben. Gerade in Sommernächten fallen dann die dunklen Regionen auf, die im Bereich der Sternbilder Schwan, Adler, Schlange und Schild am besten zu sehen sind und das glimmende Band zu teilen scheinen. Da sich Erde und Sonne inmitten der Milchstraße befinden, geht unser Blick in viele Richtungen genau in die Scheibe voller Sterne. Dort sehen wir das Band der Milchstraße, in dem die Staubwolken eingebettet sind – entlang der galaktischen Ebene. In Richtung der Sternbilder Großer Bär und Haar der Berenike geht der Blick senkrecht aus der Milchstraßenebene heraus. Die zentrale Verdickung unserer Galaxie ist aus europäischen Breiten leider nur schlecht zu sehen. Denn das Zentrum der Milchstraße befindet sich im Sternbild Schütze, das bei uns nur geringe Höhe am Himmel erreicht. Anfang Dezember steht die Sonne in dieser Gegend – und läuft dann nur sehr tief über den Winterhimmel. So ergeht es bei uns also auch dem galaktischen Zentrum.

Südlich des Äquators ist das deutlich anders. Nahe dem südlichen Wendekreis geht die Mitte der Milchstraße durch den Zenit. Das war ein Grund für die Auswahl des Standorts der Europäischen Südsternwarte La Silla in Chile und des US-amerikanischen Tololo-Observatoriums. Der aus Hamburg stammende Astro-Pionier Jürgen Stock (1923–2004) hatte Ende der 1950er-Jahre bei jahrelangen Exkursionen mit Pferden, Maultieren und Testteleskopen quasi im Alleingang entdeckt, dass Chile für die Astronomie der Himmel auf Erden ist. Stock ist nahezu unbekannt, hat die Astronomie aber stärker beeinflusst als mancher Nobelpreisträger. Er hatte schon damals erkannt, dass die Sichtbedingungen ein ganzes Stück weiter im Norden des Landes noch besser sind. Aber Observatorien mitten in einer Wüste waren damals logistisch kaum zu betreiben. Zudem wollte man wegen der interessantesten Gebiete der Milchstraße und der Magellanschen Wolken auch nicht zu weit nach Norden. Das ist ein wichtiger Unterschied zwischen Weltraum- und bodengebundener Astronomie: Vom Weltraum aus sind im Laufe eines Jahres alle Bereiche des Kosmos gut zu beobachten – vom Boden aus bleiben große Gebiete immer unsichtbar, weil sie nicht über den Horizont klettern.

Ich hatte einmal das überwältigende Erlebnis, bei einem nächtlichen Busstop in Bolivien in rund 4000 Metern Höhe auf das galaktische Zentrum zu blicken, während es fast im Zenit stand. Nach links und rechts glühte das Band der Milchstraße – darin die vielen Staubwolken, die das Licht blockieren. Beim Blick an den Himmel wurde mir schlagartig klar: Wir leben am Rand einer Edge-On-Galaxie, denn genau so erscheint unsere Milchstraße für uns – etwa wie UGC 10043.

## MILCH- UND WASSERSTRASSE

Interessant ist die mythologische Bedeutung der Milchstraße für viele Kulturen: Nach der griechischen Mythologie legte Zeus seiner schlafenden Gattin Hera den unehelich gezeugten Sohn Herkules an die Brust. Hera erwachte, schleuderte das Kind von sich, und dabei spritzte Milch über den Himmel: Die Milchstraße war entstanden. Für die Inka in Südamerika hatte die Milchstraße eine überragende Bedeutung. Anders als im System der Griechen und Römer, spielen die Sternbilder des Tierkreises, durch die Sonne, Mond und Planeten laufen, kaum eine Rolle. Die Milchstraße ist das wichtigste Band am Himmel – dies ist bis heute in den Bereichen Südamerikas so, in denen sich Teile der Inka-Kultur erhalten haben. In diesem Band sind die Dunkelwolken eigene Figuren, die viel wichtiger sind als die Sternbilder. Da gibt es ein Lama mit einem Jungtier, einen Fuchs, oder auch Schlange, Kröte und Wachtel. Die Wachtel ist bei uns als Kohlensack im Kreuz des Südens bekannt. Die dunklen Staubwolken, die irgendwann Sterne, Planeten und Leben werden können, symbolisieren Tiere. Man könnte fast meinen, die Inka hätten etwas geahnt.

In der Gegend von Cusco in Peru teilt man das Firmament in vier Bereiche. Die Grenzen gehen auf die Milchstraße zurück, die zweimal am Tag durch den Zenit zieht. Einmal läuft sie in etwa von Südwest nach Nordost, einmal von Südost nach Nordwest. Diese beiden Achsen legen die Himmelsbereiche fest. Die Erde hält man für eine Kugel, die im kosmischen Ozean schwimmt, und die Milchstraße ist der Himmelsfluss, der sein Wasser aus dem Ozean unter dem Horizont bezieht. Das Wasser läuft im Fluss bergan und regnet dann auf die Erde nieder. Die griechische Milchstraße ist bei den Inka also eine Wasserstraße.

→ **Galaxie mit Schwarzem Loch**
Die Balkenspirale NGC 3783 befindet sich 130 Millionen Lichtjahre entfernt im Sternbild Zentaur. Mit einem Durchmesser von 100.000 Lichtjahren ist sie etwa so groß wie unsere Milchstraße. In ihrem aktiven Kern verschlingt ein Schwarzes Loch viel Material. Dieser Bereich ist so hell, dass auf dieser Hubble-Aufnahme Beugungslinien zu erkennen sind. Für eine Galaxie ist das sehr ungewöhnlich, denn das Beugungsmuster ist meist nur bei intensiv leuchtenden Punktquellen zu sehen, also Sternen. Die Gegend um das Schwarze Loch dieser Galaxie ist sehr hell und sehr klein. Bei einer aktiven Galaxie mit sichtbarem Kern sprechen Fachleute von einer Seyfert-1-Galaxie. Der sehr helle Stern mit den auffallenden Beugungslinien rechts unterhalb von NGC 3783 ist nur scheinbar ein Nachbar. Tatsächlich gehört er zu unserer Milchstraße und ist nur 1530 Lichtjahre entfernt – er ist uns 85.000-mal näher. Im Hintergrund sind Dutzende anderer Galaxien zu sehen. Besonders auffällig ist die schöne Spirale rechts unterhalb des Vordergrundsterns.

## BALKEN IM AUGE DER GALAXIE

Ob Milch oder Wasser: Unsere Galaxie verfügt in jedem Fall über Spiralarme, was am besten Beobachtungen im Radiobereich zeigen. Vermutlich setzen sie aber nicht direkt im Zentrum der Milchstraße an. Vielmehr scheint es dort einen mehrere tausend Lichtjahre langen Balken aus Sternen zu geben. Erst an dessen beiden Enden beginnen die Spiralarme. Fachleute sprechen von einer Balkenspiralgalaxie. Besonders schöne Exemplare sind NGC 5643 auf Seite 150 und NGC 7329 (unten). Auch hier sind die Farben unübersehbar: Im Zentrum und im Balken sind die Sterne eher gelb und rötlich. In den Armen dagegen sind vor allem blaue heiße Sterne zu erkennen, zudem einige leuchtende Gaswolken, in denen sich gerade weitere Sterne bilden. Ganz skurril wird es, wenn sich die Spiralarme um den Balken schließen und eine Struktur entsteht, die dem griechischen Großbuchstaben Theta ähnelt (NGC 5335, Seite 146). Wie genau sich ein Balken bildet, ist bis heute unverstanden. Er könnte das Zeichen einer gewissen Reife von Galaxien sein – oder die Balken kommen und gehen im Laufe eines galaktischen Lebens. Uns erscheinen alle Galaxien starr. Tatsächlich aber sehen wir nur auf Standbilder höchst dynamischer Objekte. Die in diesem Buch abgebildeten Balkenspiralen rotieren alle typischerweise in rund 200 Millionen Jahren. Trotz zahlreicher Umdrehungen sind die Spiralarme noch da. Sie sind weder abgerissen noch aufgewickelt. Tatsächlich sind die Arme keine starren Gebilde, die sich genau in dieser Struktur mit der Galaxie mitdrehen. Sie verändern sich laufend. Vermutlich laufen Dichtewellen um die Galaxie herum. Sie drücken die Gaswolken zusammen, in denen sich dann Sterne bilden. Die jungen Sterne bleiben im Laufe der Zeit hinter den Spiralarmen zurück, die andere Sterne einholen. Tatsächlich unterscheidet sich das Aussehen der Spiralarme je nachdem, ob man die Verteilung des Gases, der jungen oder der alten Sterne betrachtet – auch das ist dank der neuen Beobachtungen von James Webb deutlicher als je zuvor, weil im Infraroten die einzelnen Komponenten zu erkennen sind.

**→ Der Tintenfisch im Wal**
Weil sich die bunten Spiralarme wie Tentakel um das Zentrum wickeln, sprechen manche bei M 77 von der Tintenfisch-Galaxie. Passenderweise befindet sie sich im Sternbild Walfisch. Der Wal ist kein Fisch, sondern ein Säugetier – aber das Sternbild Cetus, der Mythologie nach ein Seeungeheuer, heißt offiziell Walfisch. M 77 ist 45 Millionen Lichtjahre entfernt und hat einen Durchmesser von 90.000 Lichtjahren; die Hubble-Aufnahme zeigt den zentralen Teil von 30.000 Lichtjahren Durchmesser. In den Tentakeln sind ausgedehnte Gruppen blauer heißer Sterne zu sehen. Die vermeintliche dunkle Tinte sind die Gas- und Staubwolken, in denen erst noch Sterne entstehen.

**← ↑ Eine Galaxie? Nein, über 30!**
NGC 7329 befindet sich 150 Millionen Lichtjahre entfernt im Sternbild Tukan und hat einen Durchmesser von 150.000 Lichtjahren. Sie gehört zu den Galaxien, in denen Supernovae vom Typ Ia und Cepheiden beobachtet wurden – damit spielt sie eine wichtige Rolle für die Vermessung des Weltalls (siehe Kapitel 5). Mit diesem Bild lässt sich gut auf den „Beifang" hinweisen: Galaxien weit im Hintergrund, die durch Zufall mit im Blickfeld liegen. Tatsächlich zeigt dieses Foto nicht nur NGC 7329, sondern mehr als 30 Galaxien, von denen eine sogar durch den Zentralbereich hindurch schimmert. Auf dem kleinen Bild sind einige Feldgalaxien markiert. Solche Galaxien finden Sie auf sehr vielen Seiten dieses Buches – viel Spaß beim Entdecken der kosmischen Weiten!

## ALLES FLIESST! AUCH IN GALAXIEN

Bei all den Prozessen in den Galaxien können sich die Sterne mal zu einem Balken gruppieren, der sich womöglich nach einiger Zeit wieder auflöst. Was leider weder Hubble noch Webb noch irgendein anderes Teleskop dieser Welt schafft: einen Zeitraffer-Ablauf über Milliarden Jahre aufzunehmen. So ein Film wäre grandios: Die Galaxien rotieren als rasende Feuerräder. In den Spiralarmen blitzen Sternentstehungsregionen auf wie Feuerwerk, Supernovae explodieren und verglühen und die Sterne werden von den sich stets verändernden Armen durchgereicht. Doch diesen Film kann man nur simulieren – denn ganz so lange werden Teleskope nicht im Einsatz sein.

Manche im Hubble-Team sehen unseren Nachbarn Andromeda im Übergang von einer sehr aktiven Galaxie zu einer, in der nicht mehr viel passiert. Der Gipfel der Passivität – man könnte fast sagen: Langeweile – ist in elliptischen Galaxien erreicht. Sie zeigen keinerlei Spiralstruktur, verfügen aber manchmal noch über etwas Staub in der Ebene. Elliptische Galaxien bestehen fast ausschließlich aus gelben und rötlichen Sternen. Sie sind am Ende ihrer Entwicklung und bilden kaum noch neue Objekte. Dafür gehören die größten und massereichsten Galaxien im All zu den elliptischen – sie haben jede Menge anderer Galaxien verschlungen. Um kosmische Kollisionen und das galaktische Fressen und gefressen werden geht es ab Seite 186.

**→ Galaktisches Altenheim**
Spiralarme? Nicht vorhanden. Junge blaue Sterne? Fehlanzeige. Gas und Staub? Hier nicht. „Trotzdem“ ist NGC 1132 (320 Millionen Lichtjahre entfernt im Sternbild Eridanus) eine Galaxie – und was für eine! Diese elliptische Galaxie ist mit einem Durchmesser von rund 250.000 Lichtjahren mehr als doppelt so groß wie unsere Milchstraße. Sie ist das Ergebnis von kosmischem Kannibalismus. Vor einigen Milliarden Jahren dürften einige große Galaxien, vielleicht ähnlich der Milchstraße, verschmolzen sein. Zurück blieb diese riesige und nun weitgehend inaktive Galaxie: Bei den Kollisionen haben Gas und Staub viele Sterne gebildet – nun ist nichts mehr da. Die Sterne sind gealtert, Nachwuchs bleibt aus. Die vielen blassen Punkte, die um die Galaxie schwirren, sind über tausend Kugelsternhaufen (ähnlich dem Objekt auf Seite 65), die einst zu den Vorgängergalaxien gehörten.

**← Sternklops mit Staubmäusen**
Die elliptische Galaxie NGC 1316 befindet sich 75 Millionen Lichtjahre entfernt im Sternbild Chemischer Ofen, lateinisch Fornax. Markant sind die Staubschleier, die in einer NASA-Pressemitteilung als Staubmäuse bezeichnet werden, die man in Ecken unter dem Bett findet. Diese Wolken sind die Überreste einer staubreichen Galaxie, die vor wenigen Milliarden Jahren von NGC 1316 geschluckt wurde. Die Sterne „rütteln“ sich gerade noch zurecht und bilden nun eine weitgehend konturlose elliptische Galaxie, die etwa doppelt so groß wie unsere Milchstraße ist (hier ist allerdings nur der innerste Bereich zu sehen).

**GALAXIEN MIT SCHWARZEN LÖCHERN**

Im Zentrum von fast allen Galaxien befindet sich ein extrem massereiches Schwarzes Loch. Das in der Mitte der Milchstraße hat gut vier Millionen Mal so viel Masse wie unsere Sonne. Es gibt große elliptische Galaxien mit Schwarzen Löchern von einigen Milliarden Sonnenmassen – damit sind sie schwerer als manche kleine Galaxie. Schwarze Löcher sind keine Löcher, ganz im Gegenteil: Es sind extrem kompakte Objekte. Ihre Anziehungskraft ist so stark, dass nichts entkommen kann – nicht einmal Licht. Paradoxerweise sind sie dennoch oft extrem hell. Genauer: Ihre Umgebung ist extrem hell. Verschlingt ein Schwarzes Loch Materie, so sammelt sie sich zunächst in einer Scheibe, die sich rasend schnell um das massereiche Objekt dreht. Dabei heizt sich die Materie stark auf und glüht manchmal sogar im Röntgenlicht, bevor sie ins Schwarze Loch stürzt. Der Todesschrei oder das Todesleuchten der Materie macht Schwarze Löcher so hell. Auch auf manchen Webb- und Hubble-Aufnahmen ist sofort ein Hinweis für ein Schwarzes Loch in den Galaxien zu sehen. So hat NGC 3783 auf Seite 158 einen extrem hellen punktförmigen Kern, der Beugungslinien zeigt. Weil dieses Phänomen nur bei hellen Punktquellen auffällt, ist das ein gutes Indiz für ein Schwarzes Loch. Auch manche Webb-Aufnahmen zeigen Hinweise auf Schwarze Löcher im Zentrum – ebenfalls über die Beugungsmuster eines zentralen Objekts. Direkte Bilder eines Schwarzen Lochs können James Webb und Hubble nicht aufnehmen. Das liegt auch daran, dass so ein Objekt extrem klein ist.

## SCHWARZE LÖCHER LÄCHERLICH KLEIN

Das Schwarze Loch im Zentrum der Milchstraße hat zwar gut vier Millionen Sonnenmassen, aber es kommt nur auf 24 Millionen Kilometer Durchmesser. An der Position der Sonne würde es nicht einmal bis zur Bahn Merkurs reichen. Es ist zudem gut 26.000 Lichtjahre von uns entfernt – das ist als Sicherheitsabstand mehr als genug. Gemessen an unserer Milchstraße mit mehr als 100.000 Lichtjahren Durchmesser ist das Schwarze Loch in der Mitte ein Winzling. Stellt man sich die Milchstraße so groß wie Deutschland vor, hätte das Schwarze Loch gerade mal die Ausdehnung eines feinen Sandkorns.

Verblüffenderweise scheint so ein Nichts eine große Rolle für die Entwicklung der ganzen Galaxie zu spielen. Welche genau, ist bis heute eines der großen Rätsel des Universums. Die Astronominnen und Astronomen haben es ein wenig mit einem kosmischen Henne-Ei-Problem zu tun: Waren die Schwarzen Löcher die Keime, um die sich dann die Galaxien mit ihren Sternen angesammelt haben? Oder sind erst die Galaxien entstanden, die dann die zentralen Schwarzen Löcher gebildet haben? Auch das lässt sich nur verstehen, wenn die Abläufe in den Galaxien präzise erforscht sind. Genau das werden Webb und Hubble weiter versuchen.

**← Sternfabrik im Dreieck**
Dieser gewaltige Sternentstehungskomplex ist keine Galaxie, sondern Teil der Spiralgalaxie M 33 im Sternbild Dreieck. Sie gehört mit 2,7 Millionen Lichtjahren Abstand zu den engsten Nachbarn der Milchstraße. Außer diesem riesigen Nebel ist auf dem Bild nichts von der Galaxie zu sehen. In den Gas- und Staubmassen sind schon mehr als 200 der heißesten und massereichsten Sterne entstanden. Manche haben über 100-fache Sonnenmasse. Mit ihrer intensiven Strahlung pusten sie gewaltige Hohlräume in den Wolkenkomplex, wie auf dieser Webb-Aufnahme gut zu sehen ist. Manche Sterne dürften schon als Supernova explodiert sein. Die Sternfabrik läuft auf Hochtouren und produziert auch tausende masseärmerer Sterne.
Gelblich-weiß ist ionisierter Wasserstoff dargestellt – aufgeheizt von den jungen Sternen. Orangerötlich erscheinen Wolken, die viele Kohlenwasserstoffverbindungen enthalten. Diese Stoffe spielen bei der Entstehung von Sternen und Planeten eine große Rolle – aber ihre Herkunft ist noch immer ein Rätsel. Dunkelrot erscheint molekularer Wasserstoff, der wichtigste Rohstoff künftiger Sterne. Dank der Infrarotbeobachtungen von James Webb lassen sich die Abläufe in diesem Nebel so präzise erforschen wie nie zuvor.
NGC 604 ist etwa 3,5 Millionen Jahre alt. Das gesamte Gebilde hat eine Größe von rund 1200 Lichtjahren. Zum Vergleich: Der Orionnebel (Seite 49), auf den wir in der Milchstraße so „stolz" sind, bringt es nicht einmal auf 30 Lichtjahre und hätte bequem in einer der leeren Blasen Platz. Der helle Stern mit den markanten Beugungsstrahlen befindet sich weit im Vordergrund und gehört zu unserer Milchstraße.

## GALAXIEN KURZ NACH DEM URKNALL

Der Infrarotblick von James Webb ist nicht nur für das Vordringen in die staubigen Regionen von Galaxien unverzichtbar. Ohne diese Fähigkeit ließen sich auch nicht die ersten Galaxien-Bausteine erfassen, die sich innerhalb von einigen hundert Millionen Jahren nach dem Urknall gebildet haben. Wegen der Ausdehnung des Universums leuchten sie nur im Infraroten. Diese frühesten Galaxien im Kosmos aufzuspüren, ist eine der Kernaufgaben von James Webb – selbst Hubble kann die gar nicht sehen. Dabei geht es (siehe Kapitel 5) vor allem um die Kosmologie, also darum, wie sich das Universum nach dem Urknall entwickelt hat. Aber die Beobachtung von Galaxien, deren Licht rund 13 Milliarden Jahre lang durch das All gereist ist, ist auch wichtig, um zu verstehen, wie Milchstraße, Andromeda & Co. entstanden sind. In der Astronomie greifen viele Phänomene ineinander. Der Werdegang der Galaxien lässt sich nicht ohne Kenntnisse vom Urknall und dem Kosmos insgesamt verstehen – umgekehrt muss man viel über Galaxien wissen, um den Werdegang des Universums zu enträtseln. Gleiches gilt für den Lebensweg der Sterne. Der Kosmos ist so facettenreich – alles gehört irgendwie zusammen.

Die letzte Galaxie in diesem Abschnitt ist NGC 1559 (rechts). Diese galaktische Schatzkammer lenkt noch einmal den Blick auf ein anderes Phänomen, das für uns überragend wichtig ist: Planeten und Leben. James Webb zeigt, dass es in dieser Galaxie – wie in fast allen – die Grundstoffe für Planeten gibt: Schwerere Elemente, Staub, Kohlenwasserstoffverbindungen. Die meisten Sterne, die in den Galaxien zu sehen sind, werden Planeten haben. Da erscheint es mir reichlich absurd, anzunehmen, wir seien die einzigen im Kosmos. An vielen Stellen werden aus chemischen Prozessen irgendwann biologische geworden sein. Myriaden von Galaxien, Myriaden von Sternen, Myriaden von Planeten. Der Kosmos ist voll – sicher auch von Leben.

→ **Galaktische Schatzkammer** NGC 1559 (Durchmesser gut 25.000 Lichtjahre) befindet sich 35 Millionen Lichtjahre entfernt im Sternbild Netz (lateinisch Reticulum). Gas, Staub und Sterne sind dort recht locker verteilt. Um das nicht sehr ausgeprägte Zentrum winden sich recht luftig die Spiralarme. Diese Galaxie gehört nicht zum PHANGS-Programm (Seite 149), aber das PHANGS-Team hat auch sie genauer untersucht. NGC 1559 ist eine der 55 Galaxien, die Astronominnen und Astronomen mit der Teleskopanlage ALMA in den chilenischen Anden im langwelligen Strahlungsbereich beobachtet haben. Gemeinsam mit den Infrarotdaten von James Webb lässt sich gut verfolgen, wie Sterne entstehen, leben und sterben. Webb zeigt, wo derzeit in dichten Staubwolken Sterne entstehen und wo es welche Mengen von Gas und Staub für künftige Generationen von Sternen und Planeten gibt. Um möglichst schnell mehr über den Lebensweg von Sternen zu lernen, sind die Beobachtungsdaten dieses Programms sofort für alle Menschen verfügbar, die sich dafür interessieren und Zugang zum Internet haben. James Webb ist zwar ein Instrument von NASA, ESA und der kanadischen Weltraumagentur CSA – aber es ist de facto für die ganze Menschheit da, genau wie Hubble.

# IM REICH DER ZWERGE

**Galaxien gibt es als Riesen und Zwerge. Die kleinsten sehen meist aus wie bessere Sternhaufen. Doch Zwerggalaxien spielen eine große Rolle im All. Unser nächster Nachbar ist ein Zwerg. Die Milchstraße ist erst durch das Verschlingen vieler Zwerge zur heutigen Größe gewachsen – denn die Winzlinge waren einst die Bausteine künftiger Riesengalaxien.**

Prachtvolle Spiralgalaxien sind die Angeber im Universum. Wunderschön, groß, hell. Sie ziehen die Blicke auf sich. Doch zahlenmäßig sind sie hoffnungslos in der Minderheit. Im All gibt es viel mehr Zwerggalaxien. Das macht schon die Umgebung unserer Milchstraße klar: Im Umkreis von anderthalb Millionen Lichtjahren (das ist nur gut die Hälfte der Strecke zur Andromedagalaxie) gibt es mehr als 50 Zwerggalaxien. Viele ziehen als Satelliten um die Milchstraße herum, andere begleiten uns eine Zeit lang und driften dann weiter. Immer wieder werden neue Zwerggalaxien entdeckt. Denn das galaktische „Fußvolk" ist schwierig aufzuspüren. Die sehr kleinen Galaxien sehen oft nur aus wie bessere Sternhaufen und sind meist unregelmäßig geformt (daher spricht man auch von „irregulären" Galaxien). In der Regel enthalten sie maximal einige Milliarden Sterne – nicht hunderte Milliarden wie große Galaxien. Oftmals bilden sie kaum noch Sterne, bestehen also vor allem aus älteren etwas schwächeren Sternen. Stehen dann noch viele andere Sterne in derselben Richtung am Himmel, dann gehen die Zwerge schnell unter. Beobachtet das James-Webb-Weltraumteleskop eine irreguläre Galaxie, so wird sie doch zu einem Star. Auf dieser Doppelseite ist unten NGC 6822 zu sehen, eine

**↓ Die Zwerggalaxie von nebenan**
NGC 6822 (Barnards Galaxie) befindet sich nur 1,5 Millionen Lichtjahre entfernt im Sternbild Schütze. Ihre etwa zehn Millionen Sterne enthalten kaum schwere Elemente wie Sauerstoff oder Eisen. Offenbar hat sich diese Zwerggalaxie seit ihrer Entstehung in der Frühzeit des Kosmos nur wenig entwickelt. Auf dieser Infrarotaufnahme von Webb sind Gas- und Staubwolken gelb-grünlich eingefärbt – in den hellsten Bereichen entstehen gerade Sterne. Rötlich sind die weit entfernten Hintergrundgalaxien dargestellt. Der Bildausschnitt erstreckt sich vor Ort über gut 2000 Lichtjahre; die gesamte Zwerggalaxie durchmisst 7500 Lichtjahre.

← **Euclids Blick auf NGC 6822**
Während Webb einen kleinen Teil der Galaxie sehr detailliert aufgenommen hat (unten; hier weiß markiert), liefert das ESA-Teleskop Euclid den Überblick – seine Kamera hat ein großes Blickfeld. Auf dieser rund eine Stunde lang belichteten Aufnahme hat das Euclid-Team auch viele Kugelhaufen der Zwerggalaxie entdeckt.

kleine Galaxie am Rand des Sternbilds Schütze. Der Blick zu ihr geht durch das Sterngewimmel in der Ebene unserer Milchstraße. Die Sterne dieser kleinen Galaxie enthalten viel weniger schwere Elemente wie Kohlenstoff oder Eisen als unsere Sonne. Die Sterne von NGC 6822 sind offenbar aus sehr ursprünglichem Material entstanden – aus Wolken, die fast nur Wasserstoff und Helium enthalten, aber wenig „Asche" vorheriger Sterngenerationen. Diese Galaxie hat es geschafft, mehr als zehn Milliarden Jahre lang recht isoliert durch das All zu ziehen und dabei nicht einer großen Galaxie zu nah zu kommen – dann wäre sie wohl mit dieser verschmolzen.

## DIE DINO-GALAXIE VOR DER HAUSTÜR

Für James Webb ist diese nahe Galaxie das perfekte Ziel, um die Vorgänge in einer Zwerggalaxie zu erforschen. Die Aufnahme zeigt viele Sterne und Gaswolken (gelb-grünlich eingefärbt). Bei NGC 6822 lässt sich bestens untersuchen, wie sich Sterne in einer „metallarmen" Umgebung bilden, wie die Astronominnen und Astronomen sagen. Wenn die Ausgangsmateralien andere sind, dann läuft auch die Sternentstehung etwas anders ab. Die Unterschiede sind nicht dramatisch, aber nutzt man manche Sterntypen zum Beispiel für kosmologische Untersuchungen, dann muss man sehr genau wissen, wie sich ein Stern mit vielen oder wenigen „Metallen" verhält – sonst ist plötzlich die Messung der Ausdehnung des Kosmos falsch! Es ist ein Glücksfall, dass wir eine so alte und kaum veränderte Galaxie direkt vor der Haustür haben. NGC 6822 ist ein galaktischer Botschafter aus längst vergangenen Zeiten. Solche Objekte lassen sich mit viel Beobachtungsaufwand immer noch in acht oder zehn Milliarden Lichtjahren Entfernung aufspüren – viel besser ist es, so eine Dino-Galaxie aus der Nähe zu inspizieren. Um diese Galaxie zu entdecken, wurde kein Spitzenteleskop gebraucht: Der US-Astronom Edward Emerson Barnard spürte sie 1884 auf. Lange Zeit herrschte etwas Verwirrung, um was für ein Objekt es sich handelt und wie groß es ist. In den 1920er-Jahren widmete sich ein gewisser Edwin Hubble dieser kleinen Galaxie. Nach seinen eigenen Worten ist sie das erste Objekt, von dem er überzeugt war, dass es sich außerhalb unserer Milchstraße befindet. Damit hat die Extragalaktik – also der Teil der Astronomie, der sich mit den Objekten außerhalb der Milchstraße (der Galaxis) befindet – mit NGC 6822 begonnen. Das war aber kein so dramatischer Durchbruch wie er später mit der Entdeckung der großen Entfernung zu Andromeda gelang. Diese große Galaxie – damals vermeintlich noch ein Nebel – stand für viele andere Nebel, die man am Himmel beobachtete. Als klar war, dass Andromeda Millionen Lichtjahre entfernt ist, brachen alle Dämme: All die anderen Spiralnebel mussten dann auch in weiter Ferne liegen. Das kleine Universum war mit einem Schlag riesengroß. Dagegen konnte man bei NGC 6822 noch von einem „verrutschten" Sternhaufen ausgehen.

## DIE GALAXIE UND DIE DOKTORANDIN

Erst etwa 40 Jahre nach Hubble ging die Erforschung dieser Galaxie weiter. Damals holte sich die Studentin Susan Kayser die alten Fotoplatten Edwin Hubbles aus dem Archiv. Für ihre Doktorarbeit erforschte sie, welche Art von Sternen dort vorkommen. Ihr ging es nicht um die Entfernung dieser Zwerggalaxie, sondern um ihren Aufbau. Susan Kayser war die erste Astrophysik-Doktorin der renommierten Universität Caltech in Pasadena. Das brachte ihr die Aufmerksamkeit einiger Zeitungen ein, die gerne Klischees pflegten. Unter der Überschrift „Astrophysiker werden hübscher" schrieb eine Journalistin der Associated Press, dass Susan Kayser eine junge, attraktive Hausfrau und eigentlich ganz bodenständig sei – im Geiste aber eine Million Lichtjahre entfernt. Dann brillierte die Reporterin mit der Erkenntnis, dass die Astronomin gar nicht wie eine Frau aussehe, die sich für die physikalischen und chemischen Vorgänge im Kosmos interessiere, aber wie eine solche denke. Was genau diese Journalistin beim Schreiben gedacht hat, will man gar nicht wissen. Nach ihrer Doktorarbeit arbeitete Susan Kayser ebenso bodenständig wie himmelstürmend etliche Jahre für verschiedene NASA-Projekte und das Gemini-Observatorium.

## KLEIN, ABER WICHTIG

Zwerggalaxien mögen unscheinbar aussehen – im Weltraum sind sie alles andere als unwichtig. Sie sind nicht drollige Zugaben der Milchstraße (die bekanntesten Zwerge sind die beiden Magellanschen Wolken am Südhimmel, Begleiter unserer Galaxie) oder anderer Galaxien im Kosmos. Zwerggalaxien sind nach heutiger Theorie von größter Bedeutung für den Aufbau des Kosmos. Viele dürften in den ersten hunderten Millionen Jahren nach dem Urknall entstanden sein, spätestens einige Milliarden Jahre nach dem Anfang der Welt. In der „Kindheit" des Universums standen die zahllosen Galaxien noch viel dichter beieinander. Immer wieder verschmolzen Zwerggalaxien miteinander. So wuchsen allmählich große Exemplare wie die Milchstraße oder die Andromedagalaxie heran.

Bis heute findet auch unter den kleinen irregulären Galaxien das gegenseitige Fressen statt. Das Hubble-Teleskop hat NGC 5238 (Seite 172/173) erforscht – einen Zwerg, der offenbar erst vor rund einer Milliarde Jahre eine andere kleine Galaxie geschluckt hat. So hat NGC 5238 wieder Gas und Staub abbekommen und für eine gewisse Zeit wieder Sterne bilden können. Die kleine Galaxie in den Jagdhunden konnte sich mal groß fühlen. Bei den Zwergen laufen viele Prozesse, die das Dasein von Galaxien prägen, wie in Zeitlupe ab. Wäre es anders, wären sie keine Zwerggalaxien mehr.

Diese Objekte sind Zeugen der turbulenten Anfangszeit des Kosmos und ziehen weitestgehend ungestört durch das Weltall. Manchmal sind sie viele Milliarden Jahre völlig inaktiv, bis sie durch die Begegnung mit einer anderen Galaxie wieder Sterne bilden. Große Galaxien sind sich oft selbst genug – dort ist genug „Action", weil Gas und Staub in rauen Mengen vorhanden sind und sich immer wieder viele Sterne bilden. Die Zwerggalaxien haben diese kritische Masse nicht. Ein Hinweis für lange Isolation und Passivität ist immer der chemische Fingerabdruck. Die Spektren der Sterne in Zwerggalaxien verraten, dass diese Objekte kaum „Metalle" enthalten – Materie, die in früheren Generationen von Sternen entstanden sind. Das zeichnet auch die Magellanschen Wolken aus: Sie sind der Milchstraße räumlich sehr nah, chemisch aber ganz anders. Wenn man die Kleingalaxien in der Nähe der Milchstraße erforscht, liefert das Hinweise darauf, wie die Cousinen beschaffen sein könnten, die das James-Webb-Weltraumteleskop im ganz jungen Kosmos aufspürt. In mehr als zehn Milliarden Lichtjahren Entfernung bleiben die Galaxien-Bausteine meist kleine rote Punkte, von denen kaum Details zu erkennen sind.

**→ Der Zwerg und die 20 Riesen**
Die blauen Sterne rechts unten im Bild sind Teile der Zwerggalaxie Leo P (Sternbild Löwe; nur fünf Millionen Lichtjahre entfernt). Das Webb-Team hat 15.000 Sterne genauer untersucht und so die interessante Geschichte dieses Objekts aufgedeckt. Nach einer ersten intensiven Phase der Sternentstehung machte Leo P einige Milliarden Jahre lang Pause. Derzeit läuft die zweite Phase, in der sich viele Sterne bilden. Die blaue Blase unten in der Mitte ist ionisierter Wasserstoff, der einen jungen heißen Stern umgibt. Im Hintergrund sind über 20 „riesige" Galaxien zu sehen.

**→→ Alter Galaxienbaustein**
NGC 5238 (15 Millionen Lichtjahre entfernt; Sternbild Jagdhunde) sieht wie ein Sternhaufen aus, ist aber eine 12.500 Lichtjahre große Zwerggalaxie. Einige junge Sterne regen Wasserstoffwolken zum roten Leuchten an. Vermutlich hat diese Galaxie vor etwa einer Milliarde Jahre ein noch kleineres Objekt verschlungen. Mithilfe dieser Hubble-Aufnahme wird untersucht, ob die Bewegung der Sterne auf unterschiedliche Herkunft hinweist. Rund um die Galaxie sind einige Kugelsternhaufen zu sehen – runde und etwas diffuse Objekte. Im Hintergrund leuchten etliche große Galaxien.

## VIELE ZWERGE = EINE SPIRALE

Dass die Milchstraße Dutzende dieser Zwerge „verschlungen" haben muss, ist nicht bloße Theorie. Die Spuren des „kosmischen Kannibalismus" sind Milliarden Jahre lang zu sehen – sofern man die Milchstraße genau genug beobachtet. Denn die Sterne der eingefangenen Galaxien laufen noch lange auf charakteristischen Bahnen durch die Milchstraße. Sie bilden Sternströme, die auf die spezielle Vergangenheit hinweisen. Erst im Laufe der Zeit vermischen sie sich mit den übrigen Sternen. Dieses Phänomen ist bei vielen Galaxien zu beobachten, so auch in der Andromedagalaxie. Zwerggalaxien sind schön, um mit Hilfe der Objekte vor unserer Haustür indirekt in die Frühphase des Universums zu blicken. Doch sie machen Kosmologinnen und Kosmologen nicht nur Freude. Viele verfluchen sie regelrecht. Denn die Zwerge bereiten riesige Sorgen: Das gängige Weltmodell beschreibt recht gut, wie aus dem fast einförmigen Materiebrei kurz nach dem Urknall das heute hoch strukturierte Universum wurde. Aber das Modell sagt voraus, dass unsere Milchstraße oder Andromeda tausende kleiner Begleiter haben müssten. Bisher sind nicht einmal hundert bekannt – diese Diskrepanz ist heutzutage eines der großen Kosmologie-Probleme.

## STÜRZEN DIE ZWERGE DAS WELTMODELL?

Gibt es diese Zwerggalaxien in der Umgebung der Milchstraße nicht, so wäre das Modell wohl falsch – und die Fachwelt müsste neu über den Aufbau und die Entwicklung des Kosmos nachdenken. Wenn ausgerechnet die unscheinbaren Zwerggalaxien das beliebte Weltmodell zum Einsturz bringen, hätte das feine Ironie. Allerdings gäbe es dazu eine kuriose historische Parallele: Das alte Newtonsche Weltbild brach zusammen, weil es die Bewegung des kleinsten Planeten Merkur nicht exakt erklären konnte. Abhilfe schaffte erst die Allgemeine Relativitätstheorie von Albert Einstein – ein radikal neuer Ansatz, eine echte Revolution der Physik. So schlimm muss es beim aktuellen Weltmodell nicht kommen: Womöglich – und das ist die Hoffnung vieler Fachleute – sind die Zwerge zu lichtschwach und wurden daher bisher einfach übersehen. Tatsächlich werden alle paar Jahre bis dahin unbekannte Zwerggalaxien in der Nähe der Milchstraße entdeckt. Sollten neue Himmelsdurchmusterungen einige Zwerge mehr aufspüren, wäre das für die Kosmologie eine gute Nachricht – oder ein schlechte, wenn man lieber auf eine Revolution setzt.

← **Aktion wachsamer Hubble!** Die Zwerggalaxie UGCA 307 (26 Millionen Lichtjahre entfernt; Sternbild Rabe) erscheint eher als eine lose Sternenwolke, die sich über gut 10.000 Lichtjahre erstreckt. Auf dieser Hubble-Aufnahme sind außer den hellsten Sternen einige rötlich leuchtende Sternentstehungsgebiete zu erkennen. Im Hintergrund zeigen sich ein paar „richtige" Galaxien. Diese Beobachtung erfolgte im Rahmen eines Programms, um die gesamte Nachbarschaft der Milchstraße zu erfassen. Die Fachleute wollen mehr über die Sterne in den kleinen Galaxien lernen, die recht isoliert ihr kosmisches Dasein fristen.

**← Galaxien-Traum**
Dieses Foto der Galaxie M 74 (32 Millionen Lichtjahre entfernt, Sternbild Fische, Bildausschnitt 50.000 Lichtjahre breit) ist eine Kombination von Hubble- und Webb-Aufnahmen. Zu erkennen sind die älteren, hier etwas grünlich eingefärbten Sterne im Zentrum und die vielen jungen blauen Sterne in den Spiralarmen. In den zahlreichen rot leuchtenden Wasserstoffwolken entstehen gerade viele Sterne. Der Infrarotblick von James Webb macht Gas und Staub (rot-braun eingefärbt) in den Spiralarmen sichtbar.

**↑ Andromeda total**
Mehr als 600 unterschiedliche Hubble-Aufnahmen wurden für dieses Fotomosaik zusammengefügt. Das größte Bild, das Hubble je erstellt hat, zeigt unsere Nachbargalaxie Andromeda, auch als M 31 bekannt. Sie ist etwa 2,5 Millionen Lichtjahre entfernt und enthält mehr als 200 Milliarden Sterne. Mit etwa 200.000 Lichtjahren Durchmesser ist sie fast doppelt so groß wie unsere Milchstraße. Die Andromedagalaxie ist in dunkler Nacht mit bloßem Auge als schwacher Nebelfleck am Himmel zu erkennen. Es dauerte mehr als zehn Jahre, um dieses atemberaubende Panorama aufzunehmen. Ob in den Spiralarmen, vor Staubwolken oder gar im Sterngewimmel im Zentrum: Stets sind einzelne Sterne zu erkennen. So lässt sich die Geschichte der großen Galaxie erforschen. Andromeda hat etliche kleinere Satellitengalaxien verschluckt – die Sternspuren davon gibt es noch heute. Brillant ist auch der große etwas diffuse Fleck links oben: Dies ist M 32, ein kleiner Begleiter der großen Andromedagalaxie.

**← Doppelter Galaxienhaufen**
Der Bullet Cluster („Geschoss-Haufen"; 3,8 Milliarden Lichtjahre entfernt; Sternbild Schiffskiel) besteht aus zwei Teilen. Der kleinere (rechts) ist vor rund 150 Millionen Jahren durch den größeren (links) hindurch geflogen. Mithilfe dieser Webb-Aufnahme lässt sich berechnen, dass viel mehr Dunkle als sichtbare Materie im Haufen steckt. Die länglichen roten Gebilde sind vom Gravitationslinseneffekt verformte Bilder von Galaxien, die etwa doppelt so weit entfernt sind. Das Bild erstreckt sich vor Ort über sechs Millionen Lichtjahre.

# GALAKTISCHE KOLLISIONEN

In den kosmischen Weiten wimmelt es von Galaxien. Enge Begegnungen und Kollisonen sind daher All-Tag. Beim Verschmelzen, das oft hunderte Millionen Jahre dauert, geht nichts kaputt. Im Gegenteil: Meist entstehen explosionsartig viele Sterne. Die galaktischen Zusammenstöße erscheinen oft geradezu als kosmische Kunstwerke – gemalt von der Gravitation.

Sterne sind im Wesentlichen allein. Bis zum nächsten Nachbar beträgt die Strecke in einer Galaxie wie der Milchstraße etliche Lichtjahre. Die Sonne bekommt in ihrem Leben von rund zehn Milliarden Jahren vermutlich nie einen anderen Stern aus der Nähe zu sehen. Bei Galaxien ist das ganz anders: Der nächste Nachbar unserer Milchstraße ist die Andromedagalaxie in etwa 2,5 Millionen Lichtjahren Entfernung – das ist nur das 25-Fache des Milchstraßendurchmessers. Stünden Sterne auch so dicht, so wäre der Nachbarstern unserer Sonne nicht vier Lichtjahre entfernt, sondern nur 35 Millionen Kilometer. Selbst Merkur, der innerste Planet, ist weiter entfernt.

Während Sonne & Co. zwar im riesigen Schwarm von zigmilliarden Sternen um das Zentrum der Milchstraße ziehen und dabei trotzdem irgendwie allein sind, sind Galaxien zunächst einmal Einzelgänger. Doch immer wieder begegnen sie einer anderen Galaxie. Das kann ihren Lebensweg dramatisch ändern. Auch das ist anders als bei Sternen: Bei denen ist im Moment der Entstehung das weitere Dasein klar vorgezeichnet – große Überraschungen gibt es nicht. Galaxien dagegen wissen nie genau, was die Zukunft bringt.

Wie Galaxien sich beeinflussen, zeigt die James-Webb-Aufnahme auf der rechten Seite. Fünf Galaxien stehen am Himmel dicht beieinander – sie bilden das berühmte Stephans Quintett, das eigentlich nur ein Quartett ist. Die sehr symmetrisch aufgebaute Spiralgalaxie ganz links ist nur rein optisch ein Teil der Gruppe – sie ist uns viel näher als die übrigen vier. Diese gehören tatsächlich physisch zusammen, was schon auf den ersten Blick zu sehen ist. Die Galaxien sehen nicht so schön klar strukturiert aus wie die meisten, die in diesem Buch zu sehen sind. Die oberste der vier Galaxien hat links einen weit aufgebogenen Spiralarm. Zudem scheint sie in eine Art weißen Nebel eingebettet zu sein: Das sind Wolken von Sternen in der Umgebung dieser Galaxie. Salopp formuliert macht eine Galaxie so etwas nicht freiwillig. Die enge Begegnung mit der Galaxie darunter dürfte die einst makellose Spiralgalaxie heftig ramponiert haben.

## REMPELN UND ZERREN

Zwischen beiden Galaxien sind rote Materiebrücken zu erkennen: Gas- und Staubmassen, die bei der engen Begegnung herausgerissen wurden und nun Sterne bilden. Kosmische Sturzgeburten. Die untere Galaxie ist ihrerseits im „Kampf" mit einer weiteren Galaxie. Von dieser reichen wiederum weiße Sternschwaden (rechts im Bild) bis zur Galaxie ganz oben. Zudem strahlen dort pinkfarben ausgedehnte Staub- und Gaswolken. Dort entstehen gerade massenhaft neue Sterne, die das Gas zum Leuchten anregen. Wo diese Sterne einmal landen werden, ist noch nicht ausgemacht. Derzeit driften sie durch das „Nirgendwo" zwischen den Galaxien. Dort wirkt das Spiel der Anziehungskräfte von drei Galaxien. Die vierte Galaxie ganz unten gehört zu dieser Gruppe, hat aber derzeit etwas Sicherheitsabstand – sie greift in einigen hundert Millionen Jahren ins Geschehen ein. Langfristig könnten die vier zu einer großen elliptischen Galaxie verschmelzen (siehe Seite 163). Dann haben alle irgendwie verloren und gewonnen. Die Sterne sind noch da – es gibt sogar etliche mehr als vor den Kollisionen. Aus vier dynamischen Galaxien mit viel Action wird eine riesige, wenn auch etwas langweilige Galaxie.

## FRONTALZUSAMMENSTOSS: MEHR STERNE!

Wenn Galaxien einander anziehen, sich begegnen oder sogar verschmelzen, dann werden als Erstes die Wolken aus Gas und Staub aufgemischt. Sie geraten kräftig in Bewegung, strömen von einer Galaxie zur anderen und beginnen in jedem Fall, Sterne zu bilden. Manchmal kommt es fast zu einer explosionsartigen Entstehung neuer Sterne. Das gegenseitige Stören oder sogar Verschmelzen von Galaxien führt zu einem wahren Boom von Sternentstehung. Fusionen sind – zumindest im Kosmos – sehr produktiv. Doch das Kollisionsstrohfeuer hält nicht lange an.

**→ Webb und die galaktischen Fünf**
Diese fünf Galaxien im Pegasus gehören zu den schönsten Galaxiengruppen am Himmel. Vier von ihnen sind rund 290 Millionen Lichtjahre entfernt und deutlich von der gegenseitigen Anziehung verformt – gewaltige Bögen aus Gas, Staub und jungen Sternen erstrecken sich in der Umgebung dieser Galaxien. Die Spiralgalaxie links ist nur 40 Millionen Lichtjahre entfernt. Der französische Astronom Édouard Jean-Marie Stephan, Direktor der Sternwarte von Marseille und ein fleißiger Beobachter, hat diese Galaxiengruppe 1877 entdeckt. Das Infrarotbild von „Stephans Quintett" gehört zu den ersten fünf Aufnahmen, die das James-Webb-Team im Juli 2022 veröffentlicht hat.

Ohnehin ist der Begriff „Kollision" bei Galaxien unpassend. Das klingt immer nach Frontalzusammenstoß auf der kosmischen Landstraße: Galaxien kollidiert, beide tot. Tatsächlich ist eine Begegnung etwas unerhört Sanftes. Die Sterne in den Galaxien sind, wie gesagt, äußerst dünn verteilt. Sterne müssten sich besonders blöd anstellen, wenn sie tatsächlich in einen anderen krachen. Zusammenstöße von Sternen kommen so gut wie nie vor. Bei einer Kollision von Galaxien knallen die Sterne nicht wie Billardkugeln durcheinander. Vielmehr verschmelzen die Galaxien und lenken mit ihrer gemeinsamen Schwerkraft alle Objekte auf neue Bahnen.

Das alles geschieht wie in Super-Zeitlupe. Gehen wir davon aus, dass zwei Galaxien mit jeweils 1000 Kilometern pro Sekunde aufeinander zu rasen, so würde das komplette aneinander Vorbeiziehen oder Durchdringen immer noch rund 20 Millionen Jahre dauern. Galaktische Kollisionen sind ein Tanz von unglaublicher Erhabenheit. Webb, Hubble & Co. können nur verschiedene Phasen beobachten – die Astronominnen und Astronomen erschließen dann das Szenario. Die Tanzpartner sind klar: Gas, Staub und Sterne – den Takt gibt die Gravitation vor.

## KOLLISION IN SUPER-ZEITLUPE

Beim Objekt Arp 122 (rechte Seite) hat gerade so ein extrem langsames Durchdringen begonnen. Die Spiralgalaxie oben, auf die wir unter einem recht flachen Winkel blicken, signalisiert schon ihre Not: Ihre Galaxienebene ist deutlich verbogen. Dunkle Staubschwaden sind bereits herausgerissen und scheinen geradezu auf die große Face-On-Galaxie (der wir genau ins Gesicht blicken) zu regnen. Völlig skurril ist der obere Bereich der „aufgesaugten" Galaxie: Dort recken sich die Gasmassen, als wollten sie vor etwas fliehen. Es sieht fast so aus, als sei die innere Scheibe der Galaxie „herausgebrochen" und sinke nun in Richtung des größeren Partners.

Dass enorme Kräfte am Werk sind, machen die vielen hellen blauen Flecken klar. Dort sind Gas- und Staubwolken bereits kollabiert und haben Sterne gebildet. Wenn Galaxien kollidieren, entstehen Sterne. Der US-Astronom Halton Arp (1927–2013) hat in seinem legendären „Atlas der ungewöhnlichen Galaxien" diesem Galaxienpaar die Nummer 122 gegeben. Arp war einer der umstrittensten Astronomen des 20. Jahrhunderts. Er traute sich, immer wieder der Mehrheitsmeinung im Forschungsbetrieb zu widersprechen. Seine Leidenschaft waren Galaxien – und hier vor allem die ungewöhnlichen Exemplare, die heute mit seinem Namen verbunden sind. Halton Arp beobachtete am berühmten Palomar-Observatorium in Kalifornien. Mit dem 5-Meter-Teleskop (nur wenig kleiner als James Webb mit seinen 6,5 Metern Spiegeldurchmesser!) maß er die Entfernung von Galaxien. Er bezweifelte, dass sich der Kosmos ausdehnt und mit dem Urknall begonnen hat. Die Rotverschiebung, die nach gängiger Theorie durch die Ausdehnung des Kosmos entsteht, ging für Halton Arp auf physikalische Prozesse im Innern der Galaxien zurück.

Als er in den USA wegen seiner Ansichten völlig isoliert war und keinen Zugang zu Teleskopen mehr hatte, holte ihn Rudolf Kippenhahn (1926–2020) ans Max-Planck-Institut für Astrophysik in Garching. Kippenhahn stimmte vielen Thesen Arps nicht zu. Aber er betonte, man brauche Leute wie ihn, da sonst die Gefahr bestehe, dass sich in der Wissenschaft Cliquen bilden, die keine Kritik von außen zulassen. Denn so schön heutige Theorien vom Urknall und dem Aufbau des Universums auch sein mögen: Vieles ist noch völlig rätselhaft – und wird neuen Ideen weichen. Das ist der normale Gang der Wissenschaft. Auch viele provokante Ansichten Halton Arps dürften sich als falsch erweisen. Künftige Beobachtungen werden klären, ob er lediglich ein guter Querulant war – oder vielleicht doch ein brillanter Visionär. Ich gönne ihm, dass mal etwas Ungewöhnliches entdeckt wird und wir alle sagen: „Ach guck, der Arp!"

## ERST CRASHEN, DANN FRESSEN

Der Astronom für die kosmischen Kollisionen hat auch das Objekt auf der Doppelseite 190/191 in seinen Katalog aufgenommen. Arp 107 zeigt eine (ehemalige) Spiralgalaxie (rechts), durch die eine kleinere elliptische Galaxie (links) glatt hindurch geflogen ist. Der weiße Schleier aus Sternen, der beide verbindet, belegt dieses Szenario. In der rechten Galaxie ist sogar die „Schusswunde" zu sehen. Das große leere Gebiet oberhalb des Galaxienzentrums ist das Loch, das die durchziehende Galaxie hinterlassen hat. Bei der Passage zogen Schockwellen durch die Galaxie und haben Gas- und Staubmassen nach außen getrieben und Sterne entstehen lassen. Der stark strukturierte pinkfarbene Ring lässt erahnen, was dort gerade vor sich geht: Gas und Staub kollabieren und beginnen Sterne und Planeten zu bilden. Das Material hat durch die Kollision den entscheidenden Schubs bekommen. Die pinkfarbenen Gas- und Staubmassen, aufgenommen vom MIRI-Instrument von James Webb, enthalten viele polyzyklische aromatische Kohlenwasserstoffe. Diese rußähnlichen Partikel sind die Grundlage vieler chemischer Prozesse im All.

Die kleine Galaxie hat sich zwar wieder ein Stück von der Spiralgalaxie wegbewegt, doch ihr Schicksal ist besiegelt. Sie wird zurück in die Spirale stürzen. Nach einem weiteren Versuch zu „entkommen" werden die beiden dann miteinander verschmelzen. In einigen hundert Millionen Jahren wird Arp 107 nur noch ein Objekt sein. Die große Spiralgalaxie hat ein extrem massereiches Schwarzes Loch im Zentrum, das Materie verschlingt und daher intensiv strahlt. Ob die kleine elliptische Galaxie (links) über ein Schwarzes Loch verfügt, ist unklar.

**→ Eins und Eins ergibt Eins**
Fast scheint es, als sauge die eine Spiralgalaxie die andere auf. Das Galaxienpaar Arp 122 (570 Millionen Kilometer entfernt; Sternbild Herkules) befindet sich mitten im Verschmelzungsprozess. Diese Hubble-Aufnahme zeigt, dass die obere Galaxie bereits Teile ihrer Außenbereiche verliert und dicke Gas- und Staubschwaden Sterne bilden (bläuliche Haufen). Die beiden Galaxien erstrecken sich über rund 350.000 Lichtjahre. Am Ende werden sie eine große elliptische Galaxie bilden. Die komplexen Spiralarme gehen beim „Durchmischen" verloren. Wer es nicht glaubt, kann nachsehen – in rund einer Milliarde Jahren.

**→→ Galaxie mit Einschussloch**
Die kleine Galaxie links ist vor einigen hundert Millionen Jahren durch die große hindurch geflogen (Abstand derzeit 200.000 Lichtjahre). Webbs Infrarotblick zeigt die älteren Sterne in den Galaxien und in der sie verbindenden Materiebrücke in Weiß. Rot sind die Gas- und Staubwolken dargestellt, in denen sich gerade Sterne bilden – als Folge der Kollision, die Schockwellen ausgelöst und geradezu ein Loch oberhalb des Galaxienzentrums hinterlassen hat. Arp 107, wie dieses Objekt heißt, befindet sich 465 Millionen Lichtjahre entfernt im Sternbild Kleiner Löwe.

← **Ab durch die Mitte 1**
LEDA 1313424 (550 Millionen Lichtjahre entfernt; Sternbild Fische) wurde vor 50 Millionen Jahren regelrecht „durchschossen". Seitdem laufen Wellen nach außen und lassen viele Sterne entstehen (Flecken blauer Sterne). Acht Ringe (Durchmesser bis zu 250.000 Lichtjahre) sind auf diesem Hubble-Bild zu erkennen. „Übeltäter" ist die kleine blaue Galaxie knapp links, die durch eine dünne Materiebrücke mit der großen verbunden ist. Auch dort entstehen als Folge der Begegnung viele Sterne. Die ockerfarbenen Galaxien oberhalb sorgen wohl bald für die nächsten Kollisionen.

→ **Ab durch die Mitte 2**
Vor etwa 440 Millionen Jahren ist die kleine rötliche Galaxie mitten durch die große gerast. Dies führte zu Schockwellen (Durchmesser 150.000 Lichtjahre), die nach außen laufen – wie Wellen im Dorfteich, in den man einen Stein wirft. Die einstigen Spiralarme bilden nun die Speichen der „Wagenrad-Galaxie" (500 Millionen Lichtjahre entfernt; Sternbild Bildhauer). Auf diesem Webb-Infrarotbild sind Wolken aus Kohlenwasserstoffen pink eingefärbt. In den hellsten Bereichen entstehen gerade viele Sterne. Die weiße Galaxie links ist ein unbeteiligter Zuschauer im Hintergrund.

## SCHWARZE LÖCHER UND GRAVITATIONSWELLEN

Sollten beide Kollisionspartner ein Schwarzes Loch in der Mitte haben, so werden auch sie sich im Laufe der Kollision zusammentun. Beim Galaxienpaar IC 2183/NGC 2207 auf den Seiten 18/19 der Bilderstrecke am Beginn dieses Buches dürfte es in einigen hundert Millionen Jahren zu einer Kollision der beiden Schwarzen Löcher kommen. Vorher sind die beiden prachtvollen Spiralen längst zu einem System verschmolzen. Dann kreisen die Schwarzen Löcher zunächst umeinander, bevor sie schließlich zu einem noch größeren Exemplar werden. Wenn sie sich berühren, dauert das Verschmelzen nur einen Bruchteil einer Sekunde. Dabei strahlen sie etwas ab, was weder Hubble noch Webb jemals werden beobachten können: Gravitationswellen – minimale Erschütterungen von Raum und Zeit, die sich lichtschnell ausbreiten.

In klassischen Teleskopen ist so etwas nicht zu bemerken. Seit rund zehn Jahren gibt es Gravitationswellendetektoren, aberwitzig genaue Beobachtungsinstrumente mit kilometerlangen Messarmen, die registrieren, wenn die Erschütterungen solcher Kollisionen von Schwarzen Löchern durch unsere Erde laufen. Bisher gehen dabei Schwarze Löcher mit etwa 50 bis 100 Sonnenmassen ins Netz – und nicht Millionen oder Milliarden. Heutige Detektoren beobachten das Verschmelzen der recht kleinen Schwarzen Löcher, die Sterne hinterlassen. Ab Ende der 2030er-Jahre soll die ESA-Mission LISA im All positioniert sein und die Signale registrieren, die vom Verschmelzen extrem massereicher Schwarzer Löcher von Galaxien stammen. Die gerade entstehende Gravitationswellenastronomie ist eine wunderbare Ergänzung der klassischen Astronomie, bei der man mit Teleskopen Infrarot- oder sichtbares Licht oder andere elektromagnetische Strahlung empfängt.

Auf dieser Seite oben sind zwei Galaxien zu sehen, die eine Art Volltreffer abbekommen haben. Links ist eine kleine Galaxie mitten durch eine große Galaxie gerauscht, die den Beinamen „Bullseye" trägt – nach dem Mittelpunkt einer Darts-Scheibe. Diese Galaxie hat keine richtigen Spiralarme mehr, sondern ist von etlichen Ringen aus Gas und Staub umgeben. Zwei äußere Ringe haben viele blaue „Flecken". Das sind Wolken junger heißer Sterne – sie sind entstanden, weil die kleine Galaxie durch die große hindurch geflogen ist und dabei viele Gas- und Staubscheiben zum Kollaps gebracht hat. Die Folge ist ein buntes Sternfeuerwerk. Das Bullseye scheint bei kleinen Galaxien beliebt zu sein: Oben im Bild haben offenbar schon die nächsten beiden Zwerge den Kollisionskurs eingeschlagen.

**← Der Pinguin und sein Ei**
Bei Arp 142 (330 Millionen Lichtjahre entfernt; Sternbild Fische) scheint ein Pinguin sein Ei zu bewachen (Abstand voneinander 100.000 Lichtjahre). Die elliptische Galaxie (das Ei) hat eine Spirale so verbogen, dass sie wie ein Pinguin aussieht. Auf diesem Webb-Bild sind Gas- und Staubwolken, die noch zu Sternen werden können, pink eingefärbt.

**↘ Drei Galaxien tun sich zusammen**
Auf den ersten Blick besteht das Objekt Arp-Madore 2339-661 (500 Millionen Lichtjahre entfernt; Sternbild Tukan) aus zwei Galaxien, die sich über eine dünne Materiebrücke bereits die Hand reichen. Die gegenseitige Anziehung sorgt für zahlreiche blaue Flecken – Gebiete, in denen viele Sterne entstehen. Diese Hubble-Aufnahme zeigt, dass noch eine dritte Galaxie beteiligt ist: der staubreiche, beigefarbene Fleck mitten im linken Spiralarm der Galaxie rechts. Das Trio erstreckt sich über 300.000 Lichtjahre.

## KOLLISIONEN TROTZ URKNALL-EXPANSION

Das „Wagenrad" auf Seite 193 ist eine himmlische Ikone. Auch dieser Beiname bedarf keiner großen Erklärung. James Webb zeigt erstmals alle Details der Gas- und Staubwolken, die aus dem Zentrum der durchschossenen Galaxie nach außen strömen – Rohmaterial für die nächste Sterngeneration, die sich in den dichtesten Wolken bereits bildet. Wie bei Stephans Quintett drängt sich auch hier eine Galaxie ins Bild, die unbeteiligter Zuschauer ist. Die sehr symmetrisch erscheinende weiße Spirale links ist rund zehn Millionen Lichtjahre vom Geschehen entfernt.

Das Universum dehnt sich aus – als Folge des Urknalls und der immer dominierender werdenden Dunklen Energie (mehr dazu im folgenden Kapitel). Oft heißt es, die Galaxien entfernen sich voneinander wie Rosinen im aufgehenden Hefeteig. Das bedeutet aber nicht – wie in diesem Kapitel zu sehen ist –, dass der Abstand zwischen allen Galaxien immer größer wird. Die Andromedagalaxie kommt auf uns zu, aber das widerspricht nicht der Ausdehnung des Universums. Auf großen Skalen – viele hundert Millionen bis eine Milliarde Lichtjahre – entfernt sich alles von allem. Aber auf etwas kleinerem Maßstab überwiegt manchmal die Anziehungskraft von Galaxien und Galaxienhaufen. Die Milchstraße und Andromeda ziehen sich aufgrund ihrer großen Masse stark an. Daher bewegen sie sich aufeinander zu. Zugleich sind sie aber in den sich ausdehnenden Kosmos eingebettet. Während alle Galaxien an der Expansion des Alls teilnehmen, sorgt die Schwerkraft hier und da lokal für einen etwas anderen Kurs. Galaxien ergeht es wie Menschen in einem gut besetzten Zug. In den Gängen gibt es enge Begegnungen, manche sammeln sich in einem Abteil oder im Bordrestaurant – aber trotzdem sind alle im Zug unterwegs und bewegen sich voran.

## PINGUIN UND KOSMISCHE AUGEN

Zum Ende dieses Kapitels gibt es eine weitere Ikone zu bestaunen: Arp 142. Dort sind sich eine elliptische Galaxie (links) und eine Spirale vor etwa 50 Millionen Jahren begegnet. Als Folge zerbröselt förmlich eine Seite der Spiralgalaxie: Webbs Infrarotblick zeigt, dass dort massenhaft Sterne entstehen – etwa 100 bis 200 pro Jahr. Zum Vergleich: In unserer Milchstraße, die derzeit keine enge Begegnung mit einer anderen großen Galaxie hat, bilden sich nur etwa sechs bis sieben Sterne pro Jahr. Das wird sich bei der engen Begegnung mit Andromeda in einigen Milliarden Jahren deutlich ändern. Die vermeintlich kleine elliptische Galaxie (das „Ei") hat etwa die gleiche Masse wie der glühende Pinguin. Aber sie enthält kaum Gas und Staub – daher gibt es keine Materiebrücken zwischen den beiden. Die Galaxie rechts ist uns zwar viel näher als Arp 142 – doch weil sie so gut wie keinen Staub enthält, erscheint sie Webb sehr schwach. Im Blickfeld leuchten viele weitere Galaxien, darunter sehr schöne Spiralen direkt unterhalb des Pinguins. Klare Botschaft: Der Kosmos ist voller Galaxien – auch künftig werden Kollisionen All-Tag sein.

# 5
# LICHT VOM RAND DER WELT

Der Blick hinaus in den Weltraum ist immer ein Blick zurück in der Zeit. Hubble und Webb beobachten Galaxien, deren Licht mehr als 13 Milliarden Jahre lang unterwegs war. Es hat sich auf den Weg gemacht, als der Kosmos erst einige hundert Millionen Jahre alt war. Die Weltraumteleskope sind Zeitmaschinen, die uns zeigen, wie das Universum kurz nach dem Urknall aussah. Webbs Entdeckungen sorgen für Aufsehen: Wie konnten so schnell nach dem Anfang der Welt so viele Galaxien entstehen? Welche Rolle spielen die Dunkle Materie und die Dunkle Energie – die mysteriösen Supermächte im All?

→ **Rätselhafte Galaxienpracht**
Das Hubble-Teleskop hat 15 Stunden lang die Galaxie NGC 7038 im Sternbild Indus (Indianer) beobachtet. Sie ist 220 Millionen Lichtjahre entfernt (der Bildausschnitt entspricht dort 170.000 Lichtjahren) und ebenso schön wie bedeutend. Mit ihr lassen sich Methoden zur kosmischen Entfernungsbestimmung eichen: In dieser Galaxie gibt es Cepheiden-Veränderliche – zudem wurde dort eine Supernova vom Typ Ia beobachtet. Solche Messungen sind nötig, um das Rätsel der Hubble-Konstante zu lösen. Sie gibt an, wie schnell sich das Universum ausdehnt. Die aktuelle „Hubble-Krise“ ist eines der großen Probleme der Astronomie.

# DEEP FIELDS: SO WEIT DIE PHOTONEN TRAGEN

Immer wieder starren Hubble und Webb wochenlang auf dieselbe Stelle im All und sammeln so viele Lichtteilchen wie möglich. Diese tiefen Felder – Deep Fields – sind Bohrkerne durch Raum und Zeit und zeigen Unmengen an Galaxien: große und kleine, alte und junge, nahe und ferne. Sie sind der Schlüssel, um die Entwicklung des Universums zu verstehen.

Sie gleichen kosmischen Wimmelbildern: Ein Meer aus großen und kleinen Lichtflecken – oval, länglich, fast punktförmig. Einige eher weiß, andere blau, orange-rötlich oder in tiefem Rot. Nur ganz wenige Sterne der Milchstraße leuchten im Vordergrund – zu erkennen an den hellen Beugungsstrahlen. Der Rest: Galaxien, so weit das Teleskop-Auge reicht. Galaxien in allen Größen, Farben und Formen – jedes Alters und jeder Entfernung. So sieht ein typisches „Deep Field" aus (folgende Doppelseite), ein tiefes Feld – die lang belichtete Aufnahme einer auf den ersten Blick leeren Himmelsgegend. Nach tage- oder gar wochenlanger Beobachtung zeigen Teleskope wie Hubble und Webb: „Leer" gibt es nicht im Kosmos. Es wimmelt überall von Galaxien. Die Bilder gehen buchstäblich in die Tiefe: Es sind noch sehr schwache Objekte zu erkennen – und der Blick reicht weit zurück in die kosmische Vergangenheit. Tiefe Felder sind immer auch Licht vom Rand der Welt. Zugleich bringen sie Licht in unser Verständnis vom Aufbau des Kosmos.

Selbst das technisch ausgeklügelste Teleskop wie Webb ist letztlich nichts anderes als eine Tonne zum Sammeln von Licht. Bei Beobachtungen des Kosmos geht es nicht in erster Linie um die Vergrößerung der Himmelskörper. Es geht darum, dass das Teleskop möglichst viele Photonen – Lichtteilchen – einsammelt, um noch sehr leuchtschwache Objekte zu erfassen. Je größer der Durchmesser eines Teleskops ist, desto mehr Licht kann es empfangen. Da ergeht es Hubble und Webb nicht anders als einer Regentonne – je größer deren Durchmesser ist und je länger sie im Regen steht, desto mehr Tropfen gelangen in sie hinein. Auf die Astronomie übertragen heißt das: Je größer der Durchmesser ist (bei Hubble 2,4 Meter, bei Webb 6,5 Meter) und je länger das Teleskop belichtet, desto schwächere Objekte sind zu beobachten.

### MEHR LICHT!

Der Durchmesser legt fest, wie scharfsichtig das Instrument bestenfalls sein kann. Um lichtschwache Sterne oder Galaxien zu erfassen, muss das Teleskop einfach sehr lange auf dieselbe Stelle am Himmel starren. Ein Deep Field ist ein optischer „Bohrkern" durch Raum und Zeit. Man braucht eine Weile, um die zweidimensionale Aufnahme räumlich und zeitlich zu entwirren. Was ist weit entfernt? Was liegt uns recht nahe? In großer Entfernung sieht man die Objekte in jungen Jahren, dagegen sind die Galaxien in unserer Nachbarschaft schon recht weit entwickelt. Bleibt man beim Bild vom Bohrkern, dann ist das Problem, dass er völlig zusammengerutscht ist – „Fossilien" jedes Alters liegen nebeneinander auf dem Labortisch.

Doch sie lassen sich gut sortieren. Auf den ersten Blick ist klar, dass die groß und sehr detailreich erscheinenden Galaxien uns in der Regel näher sind als die kleinen Lichtkleckse. Spektroskopische Beobachtungen, bei denen das Licht der Galaxien in seine Farben zerlegt wird, ermöglichen es, die Entfernung genau zu bestimmen. Einen ersten Hinweis gibt bereits die Farbe. Meist gilt die Faustregel: Je röter, desto weiter weg. Das liegt an der Rotverschiebung in Folge der Ausdehnung des Universums. Während sich der Kosmos immer weiter aufbläht, wird die Wellenlänge der Lichtstrahlen, die durch das All laufen, gedehnt. So wird aus dem ursprünglich blauen Licht, das sich vor zwölf Milliarden Jahren in einer jungen Galaxie auf den Weg gemacht hat, rotes Licht, bis es endlich bei uns kommt. Die „Rotverschiebung" des Lichts ist für die Astronominnen und Astronomen ein direktes Maß für die Entfernung eines Objekts im All.

### WEBB SIEHT VIEL MEHR ALS HUBBLE

Allerdings könnte ein sehr rotes Objekt uns auch deutlich näher, dafür aber sehr staubreich sein. James Webb ist mit seinem Infrarotblick bestens dafür geeignet, nahe Galaxien voller Staub von den wirklich fernen zu unterscheiden. Zudem blickt es noch viel tiefer ins All als Hubble. Die Anfänge des Kosmos – die Vorgänge etwa in der ersten Milliarde Jahre nach dem Urknall – spielen sich für uns komplett im Infraroten ab. Hubble ist da fast blind, Webb aber genau dort am empfindlichsten. Daher blickt Webb noch weiter zurück zum Urknall.

**→ Sternhaufen kurz nach dem Urknall**
Die gelblichen Galaxien gehören zum Haufen SPT-CL J0615-5746 (fast acht Milliarden Lichtjahre entfernt; Sternbild Bildhauer). Sie verursachen einen grandiosen Gravitationslinseneffekt. Es ist, als wenn die Natur die Superlupe hinhält: Auf diese Weise ist eine Galaxie sichtbar, die genau hinter dem Haufen steht und deren Licht sich 460 Millionen Jahre nach dem Urknall auf den Weg gemacht hat. In dieser Galaxie haben Fachleute fünf Lichtpunkte entdeckt: junge Kugelsternhaufen. Mit Webb lässt sich erstmals untersuchen, welche Eigenschaften diese Sterne im frühen Kosmos haben.

**←← Wenn Galaxien Licht verbiegen**
Die Galaxien des Haufens Abell S1063 (4,5 Milliarden Lichtjahre entfernt, Sternbild Kranich) erscheinen weißlich. Der Haufen hat 100 Billionen Sonnenmassen. Mit seiner Schwerkraft verformt und verstärkt er das Licht junger Galaxien, die mehr als doppelt so weit entfernt genau hinter ihm stehen. Sie zeigen sich als dünne, rötliche Bögen. In manchen sind helle Punkte zu erkennen: Sternhaufen in den Galaxien! Ohne den Gravitationslinseneffekt, der wie ein Teleobjektiv wirkt, wären selbst für Webb solche Details nicht zu sehen. Dieses Bild wurde 120 Stunden lang belichtet.

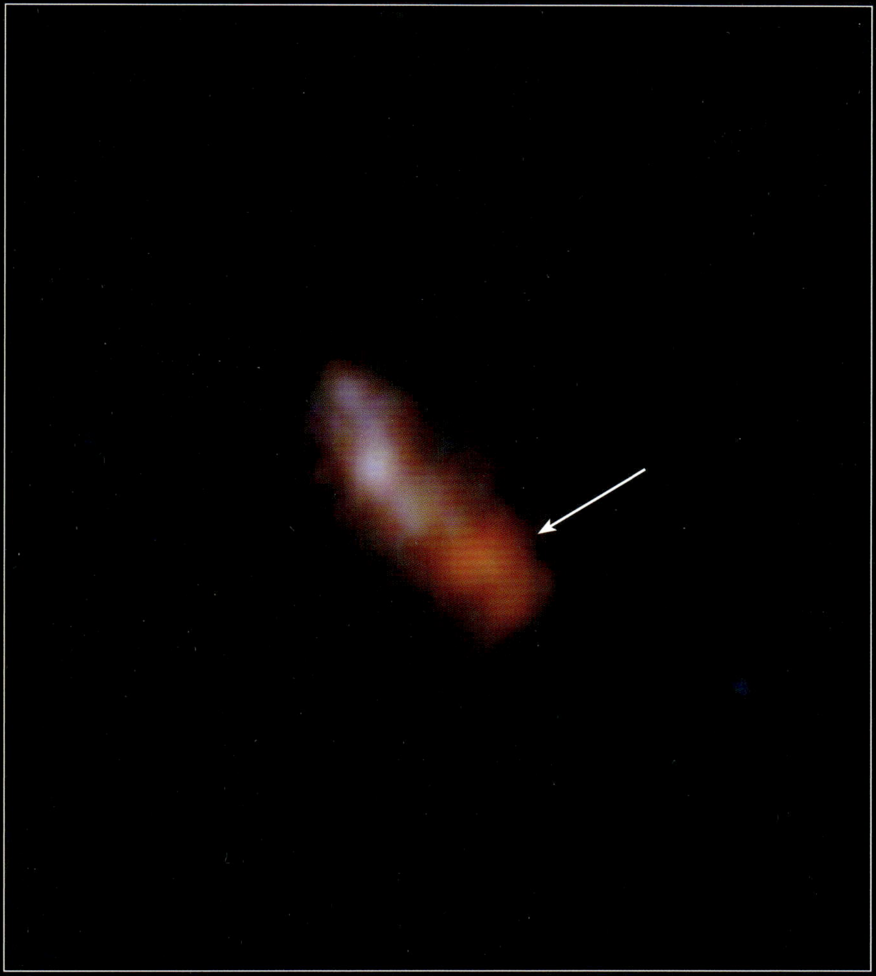

Webb hat gezeigt, dass manche der roten Flecken Galaxien sind, deren Licht fast 13,5 Milliarden Jahre lang unterwegs war. Es hat sich auf den Weg gemacht, lange bevor unsere Milchstraße, die Sonne und unsere Erde entstanden sind. Jetzt endlich erreicht es uns und erzählt von Galaxien, die bereits 300 Millionen Jahre nach dem Urknall existierten. Genau das zu beobachten, ist eines der Hauptziele von Webb. Was muss das eine Freude für die Photonen sein: Mehr als 13 Milliarden Jahre unterwegs – und dann der Volltreffer auf dem Spiegel von Webb! Mission accomplished. Mission erfüllt.

Welchen Unterschied der Infrarotblick macht, verdeutlicht das Hubble Ultra Deep Field auf den Seiten 204/205. Schon Hubble zeigt enorm viele Galaxien – bei mehr als elf Tagen Belichtungszeit. Webb hat nur etwa ein Drittel dieser Zeit gebraucht, um noch viel mehr schwache Objekte zu entdecken. Es lohnt sich, die beiden Bilder Objekt für Objekt zu vergleichen – hier ist direkt zu sehen, wie wichtig Webb für die Astronomie ist.

## NATÜRLICHE TELEOBJEKTIVE

Selbst Webb stößt irgendwann an seine Grenzen. Zu kleine und zu schwache Objekte entgehen auch dem neuen Weltraumteleskop. Doch manchmal hilft die Natur – in Form von Gravitationslinsen (mehr dazu ab Seite 208). Massereiche Objekte wie Galaxienhaufen lenken das Licht dahinter liegender Objekte ab. Das führt dazu, dass diese Objekte am Himmel stark vergrößert, verstärkt und gekrümmt erscheinen. Auf Seite 198/199 sind die vielen verbogenen Bilder eine einzige Augenweide – das ist angewandte Relativitätstheorie! Mit einem solchen natürlichen Teleobjektiv – man kann auch sagen: einer Superlupe – sieht Webb noch Sternhaufen in Galaxien, die zehn Milliarden Lichtjahre und mehr entfernt sind. Das wäre bei direkter Beobachtung ohne Gravitationslinse unmöglich.

Mittlerweile sind Deep Fields Standard. Fast alle Teleskope blicken auf einige bestimmte Stellen am Himmel. So liegen für diese Gebiete Beobachtungen bei vielen verschiedenen Wellenlängen vor – damit lässt sich noch besser verstehen, was dort vor sich geht. Der Vorreiter war das Hubble Deep Field. Heute werden oft „transformative" Prozesse beschworen – Dinge, die große Veränderungen mit sich bringen. Alles soll „disruptiv" sein. Das Hubble Deep Field hat die Astronomie grundlegend verändert – erstaunlicherweise geht es nicht auf Wissenschaftlerinnen und Wissenschaftler zurück, sondern auf einen Politiker.

**← ↖ Webbs fernste Galaxien**
Mehr als vier Wochen Beobachtungszeit hat Webb für JADES (JWST Advanced Extragalactic Survey) genutzt, eine besonders tief gehende Beobachtung zweier Felder am Nord- und Südhimmel. In diesem Galaxiengewimmel im Sternbild Chemischer Ofen verstecken sich zwei rötliche Flecken. Diese Galaxien sind sehr schnell nach dem Urknall entstanden, wie ihre Spektren verraten: Die untere sehen wir 330 Millionen Jahre, die obere sogar nur 290 Millionen Jahre nach der Entstehung der Welt. Wie sich diese Objekte so schnell bilden konnten, ist ein Rätsel. Waren Schwarze Löcher, die direkt beim Urknall entstanden sind, ihre Keimzellen?

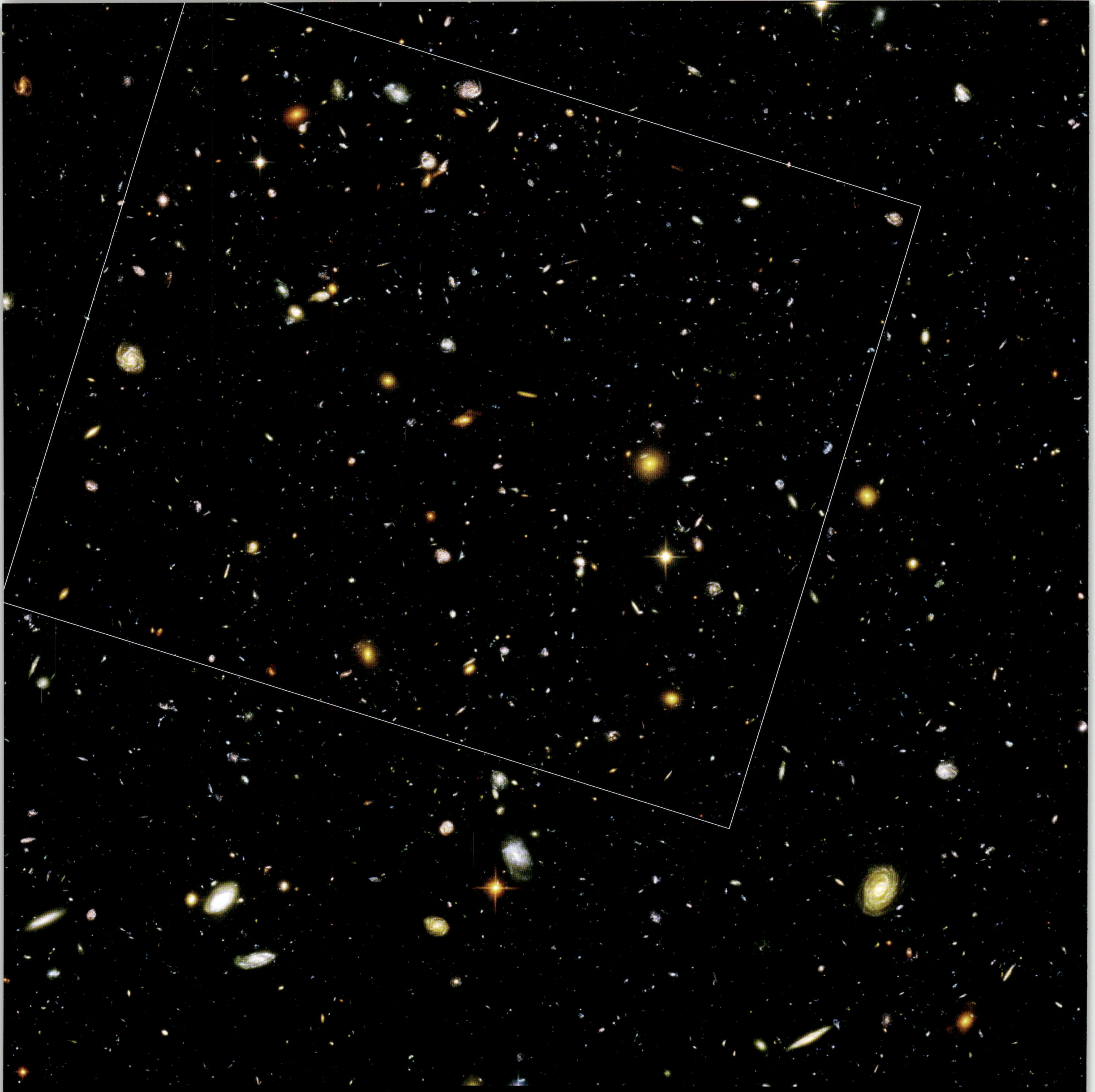

**↑ ↗ Ultratiefer Blick durch Raum und Zeit**
Für das Hubble Ultra Deep Field (oben; Sternbild Chemischer Ofen) hat das Weltraumteleskop Ende 2003 ganze 270 Stunden lang belichtet – mehr als elf Tage! Die Vielfalt der Galaxien, was Größe, Form und Farbe angeht, ist überwältigend. Nur die wenigen Objekte mit Beugungsstrahlen sind Sterne der Milchstraße im Vordergrund – alle anderen Flecken sind Galaxien! Etwa 100 besonders rote gehörten zum Zeitpunkt der Aufnahme zu den fernsten bekannten Galaxien. Wir sehen sie, wie sie etwa 800 Millionen Jahre nach dem Urknall aussahen – ihr Licht war fast 13 Milliarden Jahre lang zu uns unterwegs. Die größeren und helleren Objekte (Spiral- und elliptische Galaxien) sind dagegen nur etwa eine Milliarde Lichtjahre entfernt. Wir sehen sie in einem Zustand, als der Kosmos knapp 13 Milliarden Jahre alt war. So ein Bild ist wie ein Bohrkern durch Raum und Zeit. Webb (rechte Seite) bohrt mit seinem Infrarotblick noch tiefer: Der von ihm beobachtete identische Himmelsbereich („nur" gut vier Tage belichtet) zeigt viel mehr Galaxien als die Hubble-Aufnahme!

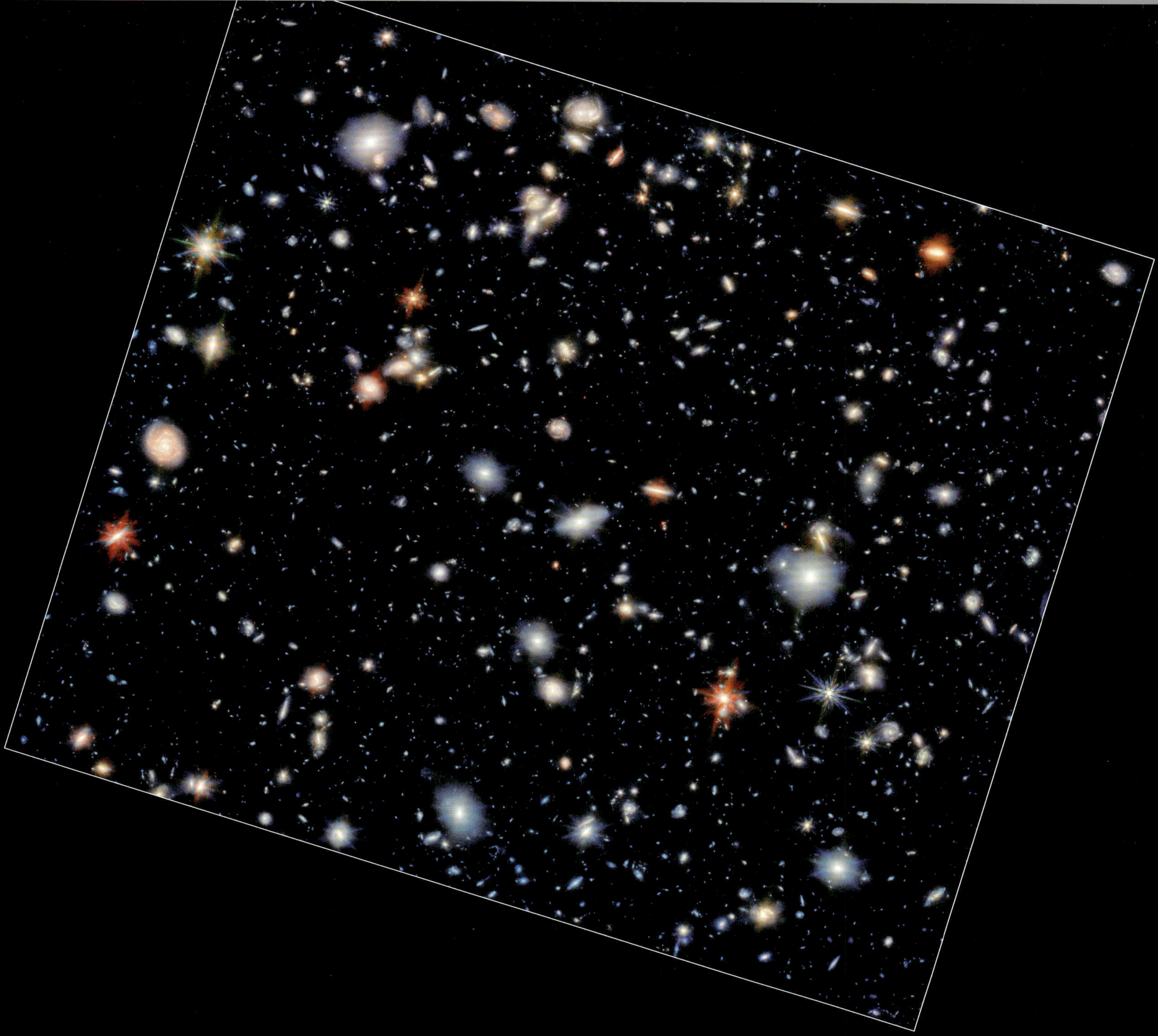

## DAS GORE-DEEP-FIELD

US-Vizepräsident Al Gore kümmerte sich intensiv um die NASA-Aktivitäten. Anfang der 1990er-Jahre galt die NASA wegen des Spiegelfehlers bei Hubble als Krisenfall. Nach der Reparaturmission im Dezember 1993 nervte Gore ständig mit der Frage, was Hubble denn nun wirklich Neues entdecken werde. Einfach etwas bessere Aufnahmen der Saturnringe oder des Krebsnebels waren ihm nicht genug. Schließlich war den Verantwortlichen klar, dass sie dem Vizepräsidenten etwas bieten mussten. Zugleich hatten die Astronomen bemerkt, dass auf den Bildern des reparierten Teleskops – meist im Hintergrund der angepeilten Objekte – viele schwache Galaxien zu erkennen waren, die zum Teil ganz anders aussahen als die bis dahin bekannten. Das ist etwas, was auch mich immer wieder fasziniert. Daher weise ich – wann immer möglich – auf den „Beifang" vieler Bilder hin. Rund um Weihnachten 1995 wurde Hubble zehn Tage lang auf eine Stelle im Sternbild Großer Bär gerichtet. Heraus kam das Hubble Deep Field. Der anvisierte Himmelsbereich schien zuvor völlig leer – doch das Hubble Deep Field zeigte an dieser Stelle plötzlich mehr als 3000 Galaxien!

## DATEN SOFORT FÜR ALLE

Üblicherweise sind Daten, die Hubble aufgenommen hat, für ein Jahr den Fachleuten vorbehalten, die die Teleskopzeit beantragt hatten. Erst danach kommen sie ins öffentlich zugängliche Archiv. Doch das Hubble Deep Field wurde sofort „public" – alle Interessierten weltweit konnten sofort damit arbeiten. An jenem 15. Januar 1996 hat sich die Kosmologie radikal verändert. Bei der Präsentation des Bildes schwärmte das spürbar überwältigte Hubble-Team, das Bild sei mit Neil Armstrongs ersten Schritten auf dem Mond zu vergleichen – ein winziger Blick an den Himmel, ein gigantischer Schritt zurück in der Zeit. Manche jubelten über die unglaubliche Schönheit des Kosmos, andere verstiegen sich zu der Einschätzung, man habe ins Antlitz Gottes gesehen. Das Bild ist in der Tat epochal: Plötzlich war die Entwicklung von Galaxien für jeden sichtbar.

Ein Deep Field zeigt alle Stadien im Lebensweg einer Galaxie. Die kleinen Bausteine kurz nach dem Urknall. Das Verschmelzen zu etwas größeren Einheiten einige Milliarden Jahre später – und schließlich das Auftauchen riesiger Galaxien wie Andromeda. Natürlich lässt sich nicht beobachten, was genau aus einem kleinen Galaxienbaustein eine Milliarde Jahre nach dem Urknall wird bzw. inzwischen geworden ist. Aber es sind alle Etappen zu sehen: Galaktische Kleinkinder, Teenies, junge Erwachsene und Galaxien im besten Alter. Wie genau die Schritte von einer Phase zur nächsten sind, ist aber noch immer ein Rätsel. Offenbar spielt die Dunkle Materie (siehe ab Seite 208) eine große Rolle.

## SCHWARZE LÖCHER AUS DEM URKNALL?

Noch Anfang der 1990er-Jahre ging man davon aus, dass der Kosmos in den ersten etwa drei Milliarden Jahren im Wesentlichen dunkel war. Das heiße Gas, das nach dem Urknall durch das Universum waberte, musste erst einmal abkühlen. Es brauchte viel Zeit, um die ersten Sterne und Galaxien zu bilden, die wieder Licht machten. So dachte man. Mittlerweile ist klar: Dieses dunkle Zeitalter hat es nie gegeben. Es war nur eine sehr kurze Phase, einige Millionen Jahre lang. Sonst könnte Webb nicht so viele weit entfernte Galaxien finden. Wer Theorien zur Entwicklung des Kosmos macht, blickt erstaunt auf Webb-Aufnahmen wie die auf Seite 202. Es ist ein völliges Rätsel, wie schon 300 Millionen Jahre nach dem Urknall so gut ausgeprägte Galaxien existieren konnten. Mit den heutigen Modellen zur Sternentwicklung lässt sich das nicht erklären.

Eine Idee sind primordiale Schwarze Löcher. Sie sind nicht das Ende massereicher Sterne, die nach einer Supernova-Explosion zum Schwarzen Loch werden. Nach manchen Theorien könnte in den ersten Sekundenbruchteilen des Kosmos Materie direkt zu Schwarzen Löcher zusammengestürzt sein – ohne den „Umweg" über große Sterne. Vielleicht waren diese Schwarzen Löcher die Keimzellen, die in den ersten Millionen Jahren nach dem Urknall Gas angesammelt und so zur Bildung von Galaxien beigetragen haben. Sollte Webb noch viel mehr sehr frühe Galaxien finden, so wären diese Schwarzen Löcher direkt aus dem Urknall die bisher überzeugendste Erklärung. Diese Objekte könnten womöglich auch für die Dunkle Materie verantwortlich sein. Webb und uns allen stehen aufregende Jahre bevor – es könnte wieder „disruptiv" werden.

**↓ Webbs Galaxienvielfalt**
Diese sechs Galaxien gehören zum CEERS-Survey (Cosmic Evolution Early Release Science). Gleich zu Beginn seiner Mission hat Webb ein Gebiet oberhalb der Deichsel des Großen Wagens beobachtet, das auch Hubble schon erkundet hatte. Die Daten waren sofort weltweit frei verfügbar. Mit ihnen lässt sich die Entwicklung von Galaxien erforschen. Viele erscheinen wie lange Linien (oben), andere wie dünne Scheiben (unten links und Mitte) oder fast kugelförmig (unten rechts). Diese Galaxien sehen wir zu einer Zeit, als der Kosmos zwischen 600 Millionen und sechs Milliarden Jahre alt war.

**NORD UND SÜD: ÜBERALL GLEICH!**

Die hier gezeigten Deep Fields stammen aus Sternbildern wie Großer Bär, Chemischer Ofen, Kranich etc. Manche weit am Nordhimmel, andere tief im Süden. Sie wurden in viele verschiedene Richtungen des Kosmos aufgenommen. Auf den ersten Blick ist kein Unterschied zu erkennen. Natürlich sind jeweils andere Galaxien zu sehen – aber deren Form, Aussehen und Häufigkeit sind sehr ähnlich. Das zeigt, dass das Weltall in alle Richtungen in etwa gleich aussieht – eine fundamentale kosmologische Beobachtung! Es passt perfekt zur Theorie eines sehr gleichmäßig aufgebauten und seit dem Urknall sich ausdehnenden Universums. Bei Hubble und Webb ist das direkt zu sehen. Das Webb-Team ist dem guten Beispiel Hubbles gefolgt: Gleich zu Beginn der Mission gab es sehr tiefe Felder für alle ohne die übliche Wartezeit. CEERS steht für Cosmic Evolution Early Release Science – es geht um die Erforschung der kosmischen Entwicklung mit der frühen Freigabe von Daten. Als diese Beobachtungen 2022 zugänglich wurden, gab es – genau wie beim Hubble Deep Field 1996 – einen Massenansturm von Forscherinnen und Forschern aus aller Welt. Nur Tage später wurden die ersten Fachveröffentlichungen eingereicht (mancher Schnellschuss – verfasst mit erheblichem Schlafmangel – erwies sich später als Unfug, aber das ist der Lauf der Welt). Solche Daten setzen die Kreativität vieler Menschen frei. Die Bilder bis an den Rand des Kosmos berühren alle – und spornen zu Entdeckungen an. Webb und Hubble sind Dienstleister der Neugier. Sie liefern die Bilder und Spektren – die Entdeckungen gelingen dann den Forschungsteams, die sie nutzen.

↓ **Kleiner Kern einer Riesengalaxie** Dieser rötliche Lichtfleck ist der Galaxienkern GOODS-N-774 (elf Milliarden Lichtjahre entfernt) im Sternbild Großer Bär. Auf dieser Hubble-Aufnahme ist das Objekt zu einer Zeit zu sehen, als der Kosmos erst drei Milliarden Jahre alt war. Es enthält doppelt so viele Sterne wie unsere Milchstraße, ist aber nur 6000 Lichtjahre groß. Vermutlich sorgt die Anziehungskraft großer Mengen Dunkler Materie dafür, dass dort auf so engem Raum so viele Sterne entstehen. Dieser Kern dürfte im Laufe der kosmischen Geschichte zu einer riesigen elliptischen Galaxie anwachsen.

# DUNKLE MATERIE ODER DUNKLES GESPINST?

Das Weltall ist voll von Galaxien, Sternen und leuchtenden Nebeln. Doch nach dem kosmologischen Standardmodell ist das meiste im Universum nicht zu sehen. Die Dunkle Materie besteht aus unbekannten Teilchen und verrät sich nur über ihre Anziehungskraft auf leuchtende Objekte. Gibt es sie wirklich? Oder funktioniert die Schwerkraft anders als gedacht?

Eine Spiralgalaxie reitet förmlich auf einer Galaxie wie auf einem fliegenden Teppich. Als wäre das nicht schon kurios genug, ist dieses himmlische Doppel gleich fünfmal zu sehen. Doch das Klonen ist rein virtuell. Die verstärkten und verbogenen Mehrfachbilder gehen auf die Schwerkraft einer gewaltigen Galaxie im Vordergrund zurück. Sie wirkt als Gravitationslinse und verschmiert die doppelte Galaxie im Hintergrund so, dass ein gigantisches Fragezeichen am Himmel leuchtet (rechte Seite). Treffender hätte es der Kosmos nicht darstellen können. Die großen Fragen lauten: Wie ist das möglich? Woraus besteht die Galaxie? Und woraus der gesamte Kosmos?

Wenn man allein die Masse berücksichtigt, die in der weißlichen Vordergrundgalaxie leuchtet, dann reicht deren Anziehungskraft niemals aus, um die Mehrfachbilder zu erzeugen. Offenbar steckt dort viel mehr Materie als wir sehen: Materie, die nicht leuchtet und auch keine Strahlung verschluckt. Materie, die sich allein durch ihre Anziehung auf sichtbare Objekte verrät. Materie, die aus anderen Teilchen besteht als alles, was wir in unserem Alltag sehen und anfassen. Gleiches gilt für das „Spiegelei" auf dieser Seite: Allein die leuchtende Materie der Galaxie in der Mitte kann nicht dafür sorgen, dass sich das ferne Objekt im Hintergrund so kunstvoll um sie herum windet. Dort muss viel mehr sein, als Hubble, Webb & Co. zu sehen bekommen. Gravitationslinsen sind eines der schönsten und wichtigsten Phänomene im Kosmos. Die Schwerkraft einer Galaxie lenkt die Lichtstrahlen, die dicht an ihr vorbeiziehen, ab. Wenn die Perspektive stimmt, kann man auf diese Weise mehrere Bilder desselben Objekts sehen – wie in einem kosmischen Kaleidoskop. Was irgendwie nach einem himmlischen Taschenspielertrick klingt, ist angewandte Relativitätstheorie. Deren Effekte sind nirgendwo sonst so ästhetisch wie bei Gravitationslinsen.

### RELATIVITÄTSTHEORIE, EINFACH SCHÖN!

Für Laien ist es manchmal schwer verständlich, warum durch das Ablenken mehrere Bilder entstehen. Wir nehmen nicht wahr, dass die Lichtstrahlen um die Kurve laufen. Für uns ist ein Objekt am Himmel genau an der Stelle, aus der der Lichtstrahl zu kommen scheint, wenn er in unser Auge trifft. Ob der in einigen Milliarden Lichtjahren Entfernung einen Bogen gemacht hat, sehen wir nicht. Man stelle sich eine zweispurige Straße vor, in der die Autos auf beiden Spuren in dieselbe Richtung fahren. Mitten auf der Straße ist ein Hindernis (eine Art Kreisel) und die Fahrspuren verlaufen darum herum. Stehen wir hinter dem Hindernis, scheinen die Autos etwas von links und rechts zu kommen – dass sie ursprünglich parallel gefahren sind, sehen wir nicht. Genau so ist es am Himmel: Wir sehen nicht, was mit dem Licht der Galaxie auf dem fliegenden Teppich auf den ersten Milliarden Lichtjahren seines Weges passiert ist – wir sehen nur, dass jetzt das Licht aus verschiedenen Richtungen kommt. Somit sehen wir verschiedene Bilder desselben Objekts. Diese Bilder sind verstärkt, verformt, gespiegelt. Das alles lässt sich gut erklären, wenn dort viel mehr Materie vorhanden ist, als wir leuchten sehen. Gravitationslinsen sind eine Art Waage für Galaxien und ganze Galaxienhaufen. Die gelinsten Bilder verraten, welche Kräfte dort wirken – und damit, wie viel Materie in diesen Objekten vorkommt.

**→ Galaxien, Linse, Fragezeichen**
Die weiße Vordergrundgalaxie (4,5 Milliarden Lichtjahre Abstand; Sternbild Eridanus) lässt am Himmel fünf Bilder des Paares aus einer Spiral- und Kantengalaxie entstehen – verschmiert zu einem Fragezeichen. Den Punkt bildet eine andere Galaxie, die dreimal zu sehen ist. Im Bild sind Hubble- und Webbdaten kombiniert.

**↓ Spiegelei? Nein, Einstein!**
Was auf den ersten Blick an ein Spiegelei oder das alte ARD-Logo erinnert, ist der Einstein-Ring einer Spiralgalaxie, die sich weit entfernt exakt hinter der elliptischen Galaxie (4,5 Milliarden Lichtjahre entfernt; Sternbild Kleine Wasserschlange) befindet. Webb zeigt in der gelinsten Galaxie viele Sternhaufen und Nebel.

## DER „VERRÜCKTE" UND DIE FRAU

Die Idee, dass es im All viel mehr gibt, als wir beobachten, kam erstmals 1933 auf. Da berichtete Fritz Zwicky (1898–1974), ein Schweizer Astronom ungarischer Abstammung, über Beobachtungen im Coma-Galaxienhaufen. Damals lag die Entdeckung, dass die vermeintlichen Nebelflecken am Himmel – auch die im Sternbild Haar der Berenike (Coma Berenices) – tatsächlich ferne Galaxien sind, noch keine zehn Jahre zurück. Deren Bewegung lässt sich aus dem Spektrum des Galaxienlichts ableiten. Die daraus ermittelten Geschwindigkeiten passten nicht zur Menge der leuchtenden Materie. Fritz Zwicky meinte, es müsste 400-mal mehr dunkle als leuchtende Materie vorhanden sein – was auch daran liegt, dass die Teleskope damals viel schlechter waren als heute.

Der in Kalifornien tätige Forscher hatte mit dem 2,5-Meter-Teleskop auf dem Mount Wilson, mit dem auch Edwin Hubble 1923 die Galaxiennatur des Andromedanebels entdeckt hatte (siehe Kapitel 4), ausgiebig die Bewegung dieser Galaxien untersucht. Zwicky war etwas verschroben und nur sehr bedingt teamfähig. Mit den meisten Kollegen war er in herzlicher Abneigung verbunden – aber er war der mit Abstand kreativste Astrophysiker seiner Zeit. Der Vorschlag Fritz Zwickys lag damals irgendwo zwischen kühn und tollkühn. Der Forscher traute sich, gedanklich die ausgetretenen Pfade zu verlassen und auch Ideen zu äußern, die allen anderen als völlig abstrus galten. So wurde Fritz Zwickys Vorschlag weitestgehend ignoriert oder offen zurückgewiesen.

Allerdings bemerkte in den 1960er-Jahren auch die US-Astronomin Vera Rubin (1928–2016), dass mit der Bewegung der Galaxien etwas nicht stimmt. Sie wurde später die große Dame der Galaxienentwicklung. Mit dem legendären 5-Meter-Teleskop auf dem Palomar Mountain (jahrzehntelang das größte der Welt – das „Helden-Teleskop" meiner Kindheit, dessen Spiegelzelle ich später sogar einmal anfassen durfte) beobachtete sie intensiv die Andromedagalaxie und andere Galaxien. Mithilfe der Spektroskopie, dem Zerlegen des Lichts in seine Wellenlängen, lässt sich untersuchen, wie sich die Sterne in den Galaxien bewegen. Wie sich zeigte, laufen die Sterne in Andromeda weit außen praktisch genauso schnell wie die weit innen. Würde allein die in den Teleskopen sichtbare Materie vorhanden sein, so müssten die Sterne innen viel schneller unterwegs sein als die am Rand. Auch dies sprach für unsichtbare Materie. Offenbar sind Galaxien oft in einen großen Halo aus Dunkler Materie eingebettet. Allerdings nahm es der größte Teil der Astronomen kaum zur Kenntnis. Was konnte schon an einer Idee dran sein, die von einem ungarisch-schweizerischen Sonderling und einer Frau geäußert wurde?

## NUR FÜNF PROZENT „NORMALE" MATERIE

Erst Ende der 1970er-Jahre – leider nach Fritz Zwickys Tod – gewann die Idee an Popularität. Zu offensichtlich war es, dass die Bewegung von Sternen und Galaxien nicht allein mit der Anziehungskraft der sichtbaren Materie zu erklären ist. Entweder gibt es im All große Mengen an Dunkler Materie oder die Anziehungskraft, die Gravitation, funktioniert anders als in Einsteins Allgemeiner Relativitätstheorie formuliert. Da an der kaum jemand rütteln will, „einigte" man sich darauf, dass es einen ominösen Stoff geben muss, der nicht leuchtet und auch kein Licht absorbiert. Diese Dunkle Materie ist prinzipiell nicht zu sehen, auch nicht in den besten Teleskopen der Welt – bei der Dunklen Materie helfen auch Hubble und Webb nicht weiter. Damit zeigen diese „Wunderteleskope" – ebenso wie alle anderen – nur eine fast verschwindend kleine kosmische Minderheit: Nach dem Standardmodell der Kosmologie kommt unsere „normale" Materie, aus der wir Menschen, Äpfel, Fahrräder, Berge, die Sonne etc. bestehen, nur auf knapp fünf Prozent. Die Dunkle Materie macht gut 25 Prozent des Kosmos aus. Die restlichen fast 70 Prozent entfallen auf die Dunkle Energie (mehr dazu ab Seite 216).

Das Wirken der Dunklen Materie ist bei Gravitationslinsen direkt zu sehen. So erscheint ein Quasar vierfach am Himmel (oben). Viermal treffen uns abgelenkte Lichtstrahlen des fernen Objekts. Wäre die Linse genau zwischen uns und dem Quasar nicht vorhanden, so sähen wir ihn nur einmal – und nicht ganz so hell wie in diesem „Juwelen-Ring". Stehen das gelinste Objekt, die Linse und unsere Erde exakt auf einer Linie, ist die Symmetrie perfekt. Dann ist ein kompletter Ring zu sehen – der Einstein-Ring. Beim Juwelen-Quasar ist er zumindest angedeutet.

Wer ferne Galaxien erforscht, sich aber nicht sonderlich für Relativitätstheorie und Dunkle Materie interessiert, freut sich einfach über den Gravitationslinseneffekt – und fasst ihn als natürliches Vergrößerungsglas auf. Es gibt am Himmel etliche Stellen ähnlich der auf Seite 211 abgebildeten: Ferne Galaxien werden von massereichen Linsen vergrößert, in die Länge gezogen und ähneln dann fast einer Kaulquappe oder geschmolzenem Metall. In diesen Bildern sind oft sehr viele Details der Galaxien zu sehen: Spiralarme, Sternentstehungsgebiete, große Sternhaufen. Dies alles ist vor Ort in der Galaxie nur durch die Mithilfe der Dunklen Materie entstanden – und es ist nur durch die Mithilfe der Dunklen Materie zu beobachten. Kosmisches Win-win.

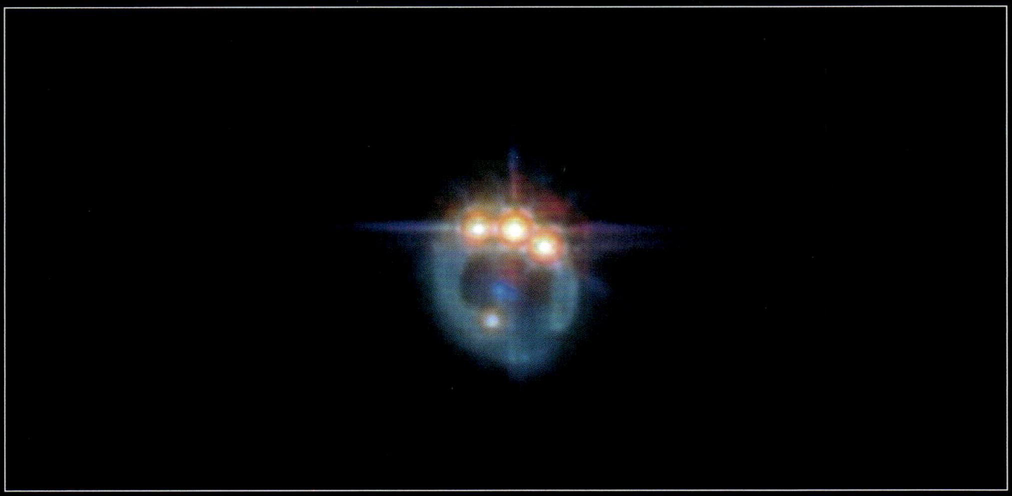

**↑ Juwelenring? Nein, „Betrug"!**
Vier Edelsteine in einem tollen Ring? Von wegen. Hier zaubert eine elliptische Galaxie (schwacher blauer Punkt in der Mitte) vier verstärkte Bilder eines Quasars (sechs Milliarden Lichtjahre entfernt; Sternbild Becher) an den Himmel. Ein Quasar ist ein Galaxienkern mit einem extrem massereichen Schwarzen Loch, das Materie verschlingt. Dadurch leuchtet er hell. Röntgenbeobachtungen des gelinsten Quasars zeigen, dass das Schwarze Loch extrem schnell rotiert. Das spricht dafür, dass es von einer dicken Gas- und Staubscheibe umgeben ist, aus der sehr gleichmäßig Material hineinstürzt – Restmaterie, die vom Verschmelzen mit anderen Galaxien stammt. Unsere Erde, die Galaxie in der Mitte und der Quasar stehen fast exakt auf einer Linie, daher kommt es beinahe zum „Einstein-Ring".

**→ Geschmolzener Galaxienring**
Das breite Grinsen einer gelinsten Galaxie: Viel schöner kann eine Spiralgalaxie (neun Milliarden Lichtjahre entfernt; Sternbild Chemischer Ofen) nicht verstärkt und verformt werden. Als Linse wirkt die etwas diffuse Galaxie – „nur" vier Milliarden Lichtjahre entfernt. Die Spiralarme sind mehrfach zu erkennen – links etwas oberhalb der Linse und im verschmierten Segment unterhalb. Markant sind die blau erscheinenden Bereiche, in denen gerade viele Sterne entstehen. Ohne die Verstärkung durch die Gravitationslinse könnte auch Hubble diese Details nicht erkennen.

## ES BEGANN MIT EINER SONNENFINSTERNIS

Die Lichtablenkung als Effekt der Relativitätstheorie hat nicht zwingend mit Dunkler Materie zu tun. Ist genügend normale Materie vorhanden und misst man genau genug, ist dieser Effekt auch an vielen anderen Stellen zu beobachten. Der erste Nachweis gelang 1919 bei einer totalen Sonnenfinsternis. Die Sterne dicht neben der verfinsterten Sonnenscheibe hatten eine minimal andere Position verglichen mit ihrer Stellung, wenn die Sonne sich nicht dort aufhält – denn die Schwerkraft der Sonne hat den Laufweg der Lichtstrahlen etwas verbogen. Diese Entdeckung machte die Theorie Albert Einsteins einer breiten Öffentlichkeit bekannt – und ihren Urheber zum Popstar. Der ESA-Astrometriesatellit Gaia hat bis zum Frühjahr 2025 die Positionen von mehr als einer Milliarde Sternen äußerst präzise vermessen – und musste dabei stets die Lichtablenkung durch die Sonne und sogar den Mond, die Erde und die übrigen Planeten einrechnen!

Fritz Zwicky – der mit der Dunklen Materie – war einst überzeugt, dass der Gravitationslinseneffekt für Mehrfachbilder am Himmel sorgen müsste. Allerdings hielten viele diesen Effekt für so klein, dass er unbeobachtbar sein sollte. Als 1979 der erste Mehrfachquasar entdeckt wurde, war Fritz Zwicky leider schon fünf Jahre tot. Er hat die Triumphe seiner Ideen nicht mehr erlebt. Zwicky ist in Pasadena in Kalifornien gestorben und wurde in seiner Schweizer Heimat in Mollis im Kanton Glarus begraben. Das Grab ist mittlerweile aufgelöst, aber der Grabstein ist noch nahe der Friedhofsmauer zu sehen. Im Museum des Ortes gibt es eine schöne Ausstellung über Zwicky. Der hatte bei einer persönlichen Begegnung den Schriftsteller Friedrich Dürrenmatt so sehr beeindruckt, dass der den genialen Kosmologen als Vorbild für die Figur des Möbius in seinem Drama „Die Physiker" nahm.

## DER ÜBERSEHENE GALAXIENRING

Neben Webb und Hubble gibt es noch einige andere Weltraumteleskope – manche arbeiten bei anderen Wellenlängen (etwa im Röntgenbereich) oder sie dienen speziellen Zwecken. Zu letzteren gehört der ESA-Satellit Euclid, der in der Gegend des Lagrange-Punkts 2 (siehe Kapitel 1) sogar Nachbar von Webb ist (auch wenn der Abstand meist hunderttausende Kilometer beträgt). Dieses 1,2-Meter-Teleskop soll Milliarden von Galaxien erfassen – ihre Position, ihre Farbe und ihr Aussehen. Euclid erstellt die genaueste 3D-Karte des Universums. Bei ersten Testbeobachtungen konnte das Team sein Glück kaum fassen. Die astronomisch gesehen recht nahe und eher langweilige Galaxie NGC 6505 zeigt exakt in Ihrem Zentrum einen fast perfekten Einstein-Ring (unten und rechts). Es sind vier Bilder einer weit hinter ihr liegenden Galaxie zu sehen. Dieses Einstein-Kreuz verschmilzt allmählich zu einem Ring. Das Mehrfachbild verrät viel über die Materieverteilung in der Vordergrundgalaxie. Es lässt sich sehr genau ableiten, wo die Materie steckt, die mit ihrer Anziehungskraft das Licht auf andere

**← → Euclid trifft Einstein**
Das ESA-Weltraumteleskop Euclid hat gleich zu Beginn seiner Mission die Galaxie NGC 6505 (590 Millionen Lichtjahre entfernt; Sternbild Drache) beobachtet. Eine seit langem katalogisierte Galaxie ist bestimmt gut erforscht, dachte man. Doch Euclid entdeckte die gelinsten Bilder einer Galaxie, die 4,4 Milliarden Lichtjahre entfernt exakt hinter dem Zentrum von NGC 6505 steht. Daher verbinden sich die vier Bilder zu einem Einstein-Ring, wie Fachleute sagen. Euclid – gestartet 2023 – soll die genaueste 3D-Karte des Universums erstellen. Euclid beobachtet Milliarden Galaxien, wie sie aussehen und wie sie sich im Kosmos verteilen – das verrät etwas über die Eigenschaften der Dunklen Materie und der Dunklen Energie. Ganz nebenbei dürfte Euclid etwa 100.000 Gravitationslinsen finden – viel schöner als diese können die aber kaum sein.

Bahnen lenkt – dann ergibt sich schnell, dass die leuchtende Galaxie bei weitem nicht ausreicht. Auch in NGC 6505 muss die mysteriöse Dunkle Materie dominieren. Euclid dürfte tausende von Gravitationslinsen finden, wenn auch wohl kaum noch einmal eine so bezaubernd schöne. Vor allem aber geht es bei dieser Mission um den „schwachen Gravitationslinseneffekt". Bei dem treten keine Mehrfachbilder auf, es kommt lediglich zu leicht verformten Galaxienbildern. Objekte, die ursprünglich eine schöne Spirale oder Ellipse bildeten, sehen dann leicht verzerrt aus, z. B. etwas in die Länge gezogen. Es ist ein wenig so, als ob große Ansammlungen von Dunkler Materie die Lichtstrahlen bei der Reise durch den Weltraum mal ein wenig hierhin und mal dorthin zerren. Bei einer einzelnen Galaxie kann man nie sicher sein, welche Rolle diese Verformung spielt. Zeigen sich aber in einer bestimmten Region zahlreiche Objekte eher länglich, so verrät das die dort herrschende Dunkle Materie.

## DUNKLES GRUNDGERÜST IM ALL

Die tiefen Aufnahmen des Kosmos (Kapitel „Deep Fields" ab Seite 200) und die Entfernungsbestimmung vieler Objekte zeigen, dass Galaxien im All nicht völlig gleichmäßig verteilt sind. Sie bilden Haufen, lange Ketten und im großen Maßstab fast Wände. Sie umgeben große Leerräume (manchmal mehr als 100 Millionen Lichtjahre groß), in denen es kaum Galaxien gibt. Das gesamte Universum hat eine schaumartige Struktur. Manche sprechen vom kosmischen Netz. Wir erkennen diesen großräumigen Aufbau vor allem durch die Galaxien, die auf den lang belichteten Bildern zu sehen sind. Tatsächlich ist die dort leuchtende Materie nur so etwas wie die Spitze des Eisbergs. Denn nach gängiger Theorie hat sich zunächst die Dunkle Materie verklumpt und eine Art Grundgerüst des Kosmos gebildet. Die „normale" Materie ist – angezogen durch die Schwerkraft der Dunklen Materie – zu diesen Knoten und Ketten gefolgt und hat dort Sterne und Galaxien gebildet. Die Dunkle Materie führt gleichsam Regie, bleibt aber selbst im Hintergrund – ihre Teilchen werden niemals in Sterne, Galaxien etc. eingebaut.

Wie aus dem zunächst sehr einheitlichen Materiebrei kurz nach dem Urknall das heute hoch strukturierte Universum wurde, lässt sich in aufwändigen Simulationsrechnungen gut nachvollziehen. Dabei werden virtuelle Würfel von hunderten Millionen Lichtjahren Kantenlänge mit der „kosmischen Materiemischung" gefüllt: Dunkle Materie, Dunkle Energie und eine Prise sichtbarer Materie. Das „Backpulver", das aus dem Teig Sterne und Galaxien werden lässt, ist die Schwerkraft. Die Simulationen, die eine Zeit von kurz nach dem Urknall bis heute abdecken, spiegeln recht gut das Aussehen des Universums wider. Das erfreut die Fachleute, befreit sie aber nicht aus einem Dilemma: Mit der Dunklen Materie lässt sich gut rechnen. Aber woraus sie besteht, weiß man trotzdem nicht.

## VERZWEIFELTE TEILCHENSUCHE

Seit Jahrzehnten müht sich die Teilchenphysik, Partikel zu finden, die hinter der Dunklen Materie stecken könnten. Lange Zeit war die „Supersymmetrie" der Liebling der Physik-Gemeinde. Nach dieser Theorie sollte jedes der bisher bekannten Teilchen (z. B. Quarks

**↙ Klassisches Einstein-Kreuz**
Genau hinter der Galaxie HE 0435-1223 (4,7 Milliarden Lichtjahre entfernt; Sternbild Eridanus) steht ein zehn Milliarden Lichtjahre entfernter Quasar. Die Schwerkraft der Galaxie lässt am Himmel vier Bilder des Quasars aufleuchten. Fachleute sprechen von einem Einstein-Kreuz, da sich der Gravitationslinseneffekt mit der Allgemeinen Relativitätstheorie von Albert Einstein (1879–1955) erklären lässt.

**↓ Glückliches Galaxiengesicht**
Punkt, Punkt, Komma, Strich – fertig ist das Mondgesicht, reimt der Kindermund. Im Universum muss es heißen: Linse, Linse, Quelle, krummes Licht – fertig ist das Galaxiengesicht! Hubble hat dieses wunderbare kosmische Strahlen – verursacht durch den Gravitationslinseneffekt – im Sternbild Großer Bär entdeckt. Die beiden ockerfarbenen Linsengalaxien sind viereinhalb Milliarden Lichtjahre entfernt.

**↓ Galaxie, schwer verbogen**
Die ockerfarbenen Galaxien in diesem Bild gehören zu einem Haufen, der 4,7 Milliarden Lichtjahre entfernt ist (Sternbild Walfisch). Die beiden riesigen elliptischen Galaxien im Zentrum lenken das Licht einer 10,3 Milliarden Lichtjahre entfernten Galaxie so ab, dass lange Lichtbögen entstehen. Wie Hubble zeigt, sind in denen blau leuchtende Bereiche zu erkennen: Gebiete, in denen gerade viele Sterne entstehen.

**↘ Eine runde Sache – galaktisch!**
Die gelbliche Galaxie in der Mitte (4,5 Milliarden Lichtjahre entfernt; Sternbild Löwe) ist zehnmal massereicher als unsere Milchstraße. Ihr Licht hat sich auf den Weg gemacht, als Sonne und Erde entstanden sind. Wie Hubble zeigt, steht genau hinter ihr – elf Milliarden Lichtjahre entfernt – eine Galaxie voller junger blauer Sterne. Deren Licht wird von der Schwerkraft der Vordergrundgalaxie zu einem Einstein-Ring gebogen.

und Elektron) noch einen Partner in einer Art Spiegelwelt haben. Dieser Ansatz soll nicht nur das Geheimnis der Dunklen Materie lüften, sondern auch sehr elegant den Weg zur Vereinheitlichung der vier Naturkräfte ebnen. Die hypothetischen Partikel haben wohlklingende Namen wie Neutralino, Chargino oder WIMP, das schwach wechselwirkende massereiche Teilchen. Doch diese und viele weitere vorhergesagte Partikel scheint es nicht zu geben oder sie haben ganz andere Eigenschaften als erwartet – jedenfalls lassen sie sich mit heutigen Experimenten nicht entdecken. Jagt die Fachwelt einem Gespinst hinterher?

Die Simulationsrechnungen mit Dunkler Materie geben die Entwicklung des Alls erstaunlich gut wieder. Doch sie stimmen keineswegs exakt. Eines der Probleme: Große Galaxien wie die Milchstraße oder Andromeda sollten tausende von Zwerggalaxien als Begleiter haben. Bisher ist nur ein Bruchteil davon bekannt. Werden bessere Teleskope doch noch die finsteren Galaxien aufspüren – oder bringen ausgerechnet die Zwerge im All (siehe Seite 168) das populärste Weltmodell zu Fall? Es gibt grundsätzlich eine andere Erklärungsmöglichkeit für das Verhalten der Galaxien: Womöglich zerrt nicht unbekannte Materie an ihnen – vielleicht wirkt einfach die Schwerkraft anders als bisher gedacht. Doch die Allgemeine Relativitätstheorie, die die Gravitation beschreibt, ist so weit akzeptiert, dass nur wenige Forscherinnen und Forscher massiv an ihr zweifeln. Bisher hat die Theorie alle Tests bestanden. Viele sehnen sich fast danach, endlich einen Widerspruch zu finden. Der könnte den Gordischen Knoten zerschlagen und einen Ausweg aus dem Dilemma weisen.

## ANDERE PHYSIK STATT DUNKLER MATERIE?

Denn die Relativitätstheorie hat einen entscheidenden Haken: Sie widerspricht der Quantenmechanik, der Theorie für den Aufbau der Materie. Auch die Quantentheorie ist in ihrem Bereich bestens getestet. Eine – hanseatisch formuliert – etwas unglückliche Lage: Die Physik hat zwei tolle Theorien für das ganz Große und das ganz Kleine – für den riesigen Kosmos und die winzigen Elementarteilchen. Aber sie können nicht zugleich richtig sein. Gibt es irgendeinen Ansatz, der beide im Frieden vereint? Eine Art „Weltformel"? So etwas ist dringend gesucht – denn ganz zu Beginn, beim Urknall, war das Weltall so winzig klein, dass Quanteneffekte dominiert haben. Die Entstehung der Welt ist nur mit Quanten- und Relativitätstheorie denkbar. Im Idealfall gibt es bald Beobachtungen – durch Hubble, Webb, Euclid etc. –, die den bevorzugten Modellen widersprechen. Bei der Dunklen Energie scheint gerade etwas in Bewegung zu geraten, wie sich im folgenden Abschnitt zeigt.

Bisher aber zeigen die Gravitationslinsen der Fachwelt die Grenzen auf – wie die vier Bilder auf dieser Seite verdeutlichen. Es ist schon ein Kreuz mit dem Einstein-Kreuz, und manche Astronominnen und Astronomen fühlen sich fast am Einstein-Ring durch die Manege geführt – zu rätselhaft erscheint der Aufbau der Welt. Immerhin strahlt uns das Weltall mit dem glücklichen Galaxiengesicht an (für mich eines der schönsten Motive im Kosmos) – eine gute Entschädigung für die zwei Fragezeichen, die es uns auch präsentiert. Vielleicht ist es einfach das wissende Lächeln, dass wir kleinen Menschen die ganz großen Fragen des Kosmos ohnehin niemals werden beantworten können.

# DUNKLE ENERGIE ODER DUNKLES ZEICHEN?

Noch mysteriöser als die Dunkle Materie ist die Dunkle Energie, die man sich als Materie vorstellen kann, die nicht anzieht, sondern abstößt. Sie treibt den Kosmos immer schneller auseinander. Doch die gemessene Ausdehnungsgeschwindigkeit passt nicht zur Theorie. Irgend etwas stimmt nicht mit unserem Modell vom Weltall. Stehen wir vor einer kosmologischen Revolution?

Der Namenspatron des Hubble-Weltraumteleskops ist Edwin Hubble, der 1929 entdeckt hat, dass sich die Galaxien im Kosmos von uns wegbewegen – und zwar umso schneller, je weiter sie entfernt sind. Dies ist die allgemeine Expansion des Weltalls. Hubble war nicht allein: Der belgische Astrophysiker Georges Lemaître hat die Theorie sogar schon vor Hubble ausgearbeitet. Die Dynamik des Kosmos folgt sofort aus der Relativitätstheorie, auch wenn Albert Einstein dies strikt ablehnte und das Universum – durch einen „künstlichen" Eingriff in seine Gleichungen – zur Ruhe brachte.

Ein Kosmos, der sich ausdehnt, muss einst viel kleiner gewesen sein. Unsere Welt ist aus einem sehr dichten und sehr heißen Zustand hervorgegangen. Heute spricht man vom Big Bang, dem Urknall. Georges Lemaître hatte vorgeschlagen, das All sei aus einem Ur-Atom entstanden – einem kosmischen Ei, das explodierte. Da der Forscher zudem katholischer Priester war, lehnte die Fachwelt diese Idee größtenteils als göttlichen Eingriff ab, als eine Art Schöpfung. Geholfen hat es nicht: Was den Urknall ausgelöst hat und ob es etwas davor gab, ist rätselhafter denn je. Auch Webb wird dies nicht klären können. Wer da irgendwo eine Schöpfung am Werk sehen will, kann das gerne tun.

Vor dem Start von Hubble war die Geschwindigkeit, mit der sich das Universum ausdehnt, nur sehr ungenau bekannt. Hubble sollte für Klarheit sorgen und hat systematisch viele Cepheiden in fernen Galaxien beobachtet (z. B. in NGC 5468, rechte Seite). Dies sind Sterne, die periodisch ihre Helligkeit verändern und die sich gut zur Entfernungsbestimmung nutzen lassen (von der überragenden Henrietta Leavitt habe ich bereits im Galaxien-Kapitel berichtet). Auf dieser Seite ist ein Cepheide abgebildet – einmal von Hubble beobachtet, einmal von Webb. Man sieht, wie viel besser Webb diese Sterne erfasst. Das „Hubble Key Project" kam schließlich zu einem Ergebnis, wie schnell sich das All ausdehnt. Doch es blieb einige Ungewissheit – das Resultat war nicht so genau wie zuvor erhofft.

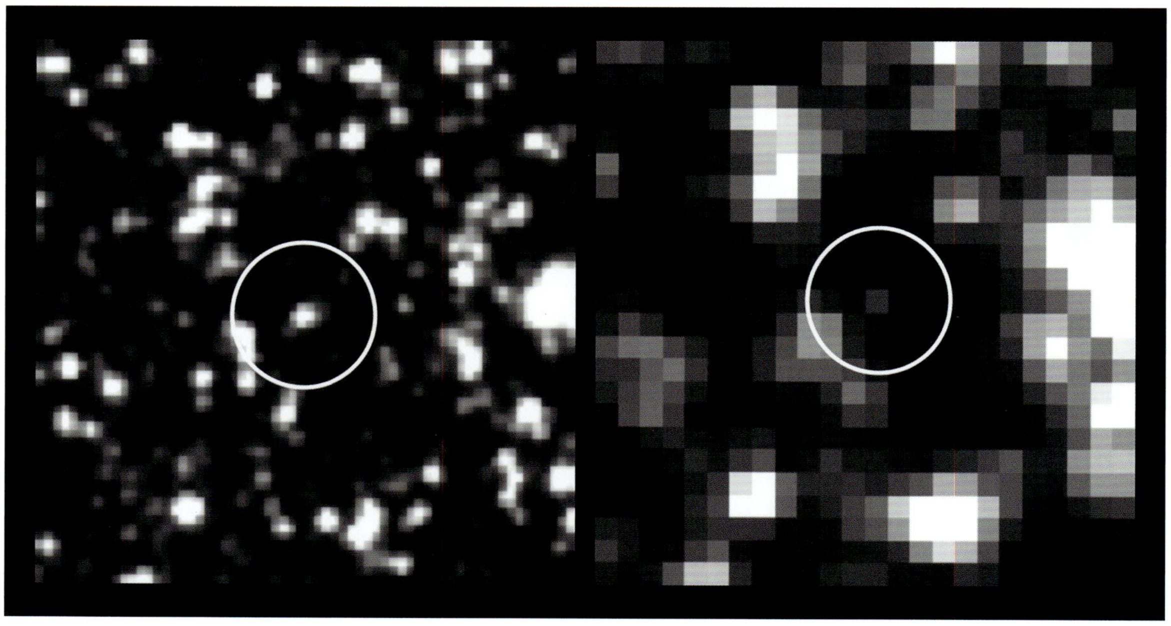

**← Sterne vermessen die Welt**
Cepheiden sind Sterne, die periodisch ihre Helligkeit verändern. Mit ihnen lassen sich Entfernungen im Kosmos bestimmen. Doch je weiter eine Galaxie entfernt ist, desto schwieriger ist die Beobachtung dieser Sterne. Webb (links) sieht Cepheiden in der Galaxie NGC 5468 (rechte Seite) viel schärfer als Hubble (rechts).

**→ Galaxie mit Cepheiden**
NGC 5468 (130 Millionen Lichtjahre entfernt; Sternbild Jungfrau) ist nicht nur eine wunderschöne Spiralgalaxie – sie ist auch kosmologisch bedeutend. Es ist die fernste Galaxie, in der Supernovae vom Typ Ia und Cepheiden-Veränderliche (siehe links) beobachtet wurden. Dieses Bild kombiniert Daten von Hubble und Webb.

**← Perfekter Galaxienstrudel**
Die Spiralgalaxie NGC 4258 (auch als M 106 bekannt; Durchmesser 130.000 Lichtjahre) im Sternbild Jagdhunde zeigt besonders interessante Spiralarme mit vielen Sternen, Dunkelwolken und rot leuchtenden Sternentstehungsgebieten. Es ist auf den ersten Blick zu sehen, welche Dynamik dort herrscht. Die Galaxie wirkt wie ein gigantischer Strudel, der die ganze Materie in das extrem massereiche Schwarze Loch im Zentrum leitet. Während das Schwarze Loch in der Mitte der Milchstraße weitgehend auf Diät ist und nur ab und zu ein wenig Materie verschlingt, läuft bei NGC 4258 das große Fressen ab.

Auf dieser Hubble-Aufnahme fällt links das lange rötliche Filament auf, das wie eine Flamme emporsteigt. Offenbar wurde Materie aus der Ebene der Galaxien nach oben geschleudert – entweder durch einige Supernova-Explosionen in den Spiralarmen oder durch Prozesse rund um das Schwarze Loch.

In der Zentralregion von NGC 4258 gibt es Wolken, die Wasser-Maser enthalten – das ist intensive Mikrowellenstrahlung, ähnlich einem Laser im sichtbaren Licht. Mithilfe von Radioteleskopen lässt sich beobachten, wie sich diese Wolken um das Zentrum der Galaxie bewegen. Da auch die Geschwindigkeit der Wolken bekannt ist, lässt sich die Entfernung (etwa 24 Millionen Lichtjahre) dieser Galaxie rein geometrisch direkt bestimmen – ohne Zwischenschritte, wie etwa Cepheiden-Veränderliche.

NGC 4258 kommt große Bedeutung bei der Bestimmung der Hubble-Konstanten zu, der Ausdehnungsgeschwindigkeit des Weltalls. Denn Cepheiden und Supernova-Explosionen vom Typ Ia lassen sich mit dieser Galaxie direkt eichen. Für die Fachleute wäre es ein Geschenk des Himmels, wenn es dort bald wieder eine Supernova gäbe, die sich dann auch mit Webb beobachten lässt. Die Galaxie wird oft Messier 106 genannt. Tatsächlich gehört sie aber nicht zum Originalkatalog von Charles Messier. Sie wurde von seinem Kollegen Pierre Méchain beobachtet und erst später hinzugefügt.

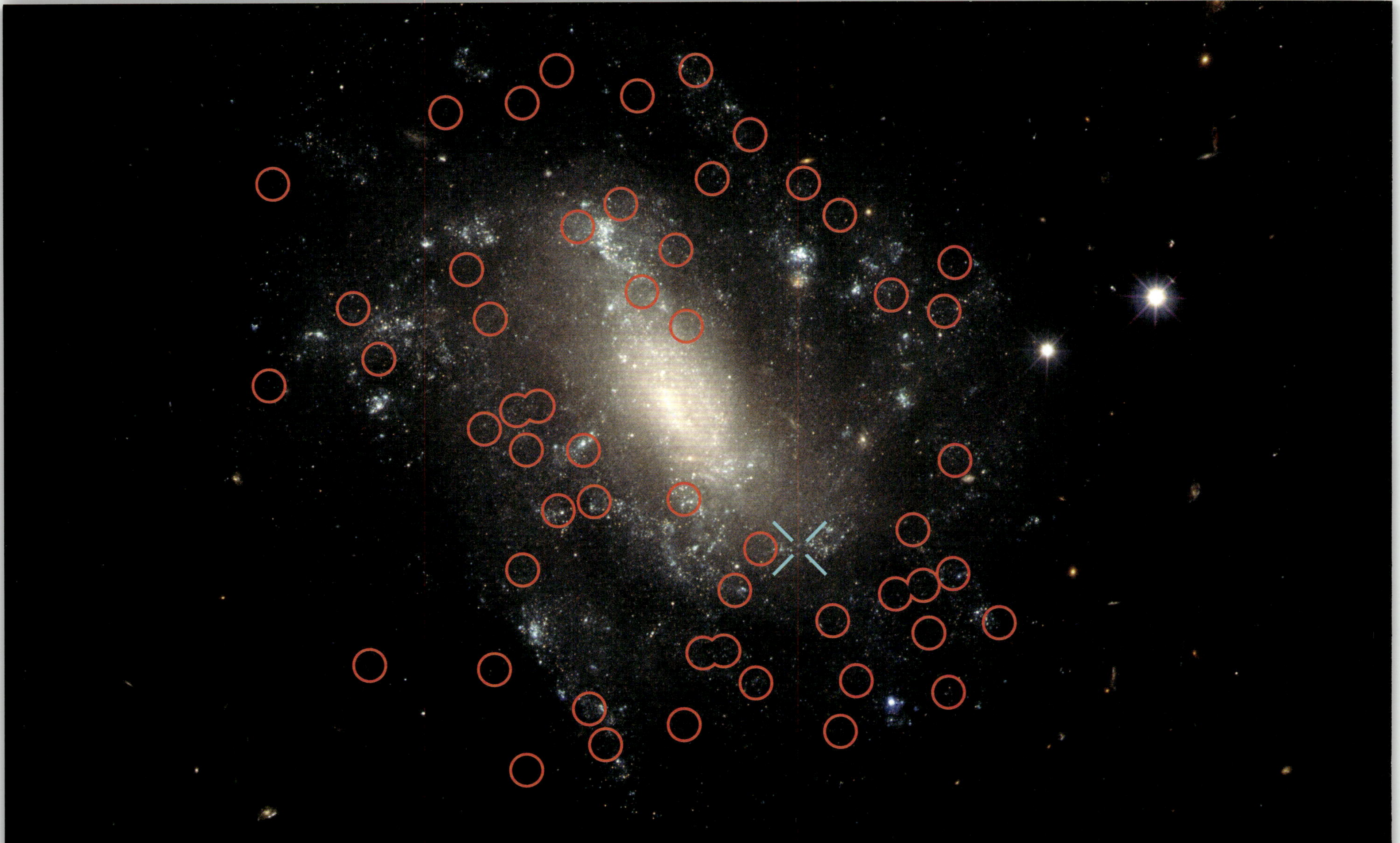

## GENORMTE STERNE BRAUCHT DAS ALL

Um zu erfassen, wie schnell sich das All ausdehnt, muss man von möglichst vielen weit entfernten Galaxien zwei Größen messen. Zunächst die Geschwindigkeit, mit der sie sich von uns wegbewegen. Zudem braucht man die Entfernung, in der sie sich befinden. Daraus lässt sich dann die Hubble-Konstante ableiten: Sie gibt an, wie schnell sich das Universum ausdehnt bzw. wie stark die Fluchtgeschwindigkeit der Galaxien mit der Entfernung zunimmt. Die Geschwindigkeit zu messen, ist relativ einfach: Das Tempo folgt aus dem Spektrum. Die Expansion des Kosmos dehnt die Wellenlänge – je weiter ins Rote die Spektrallinien verschoben sind, desto schneller ist die Galaxie. Der entscheidende Punkt ist die Entfernung. Sie zu bestimmen, ist im Kosmos sehr schwierig. Bei Sternen in der Umgebung der Sonne ist das alles noch einfach. Doch bei Millionen Lichtjahren entfernten Galaxien ist guter Rat teuer. Im Idealfall lassen sich „Standardkerzen" in diesen Galaxien finden. Dies sind Objekte, deren Leuchtkraft bekannt ist, bei denen man also weiß, wie intensiv sie vor Ort leuchten. Dann vergleicht man die bekannte Leuchtkraft mit der Helligkeit, mit der diese Objekte uns erscheinen. Aus dem Unterschied lässt sich die Entfernung berechnen.

Bei Cepheiden folgt die Leuchtkraft aus der Periode: Je länger der Stern zum Pulsieren braucht, desto heller ist er. Man muss also nur Cepheidensterne in fernen Galaxien finden und sie oft genug beobachten, um die Periode zu bestimmen. Dann weiß man, wie hell der Stern vor Ort strahlt. Das setzt allerdings voraus, dass man die Cepheiden in unserer Nähe einmal mit einem anderen Messverfahren „geeicht" hat. Oft ist von einer „Entfernungsleiter" die Rede – einst begann die beim Sternhaufen der Hyaden im Stier und ging bis an den Rand der Welt. Das heißt leider aber auch: Wenn man bei den Hyaden nur einen kleinen Messfehler macht, so wirkt sich der auf den ganzen Kosmos aus.

## CEPHEIDEN UND SUPERNOVA-EXPLOSIONEN

Die Cepheiden in der Milchstraße lassen sich mittlerweile direkt mit den Daten des ESA-Astrometrie-Satelliten Gaia eichen. Damit entfallen viele kleine Zwischenschritte. Cepheiden sind nur gut in Galaxien zu sehen, die zum einen recht nah sind und denen wir möglichst ins Gesicht blicken. UGC 9391 (oben) ist so ein Beispiel: Dort werden mehr als 50 Cepheiden beobachtet. Die Astronominnen und Astronomen verlassen sich niemals nur auf einzelne Sterne. Manchmal haben diese ungewöhnliche chemische Eigenheiten, deretwegen die Periode-Leuchtkraft-Beziehung bei ihnen etwas anders ist. Zudem kann es sein, dass sie von uns aus gesehen mit einem anderen Stern vor oder hinter ihnen verschmelzen – das verfälscht die Helligkeitsmessung. Bei ein paar Dutzend Cepheiden kommt man schließlich zu einem schlüssigen Ergebnis. Aber irgendwo jenseits von 100 Millionen Lichtjahren Entfernung stoßen selbst Hubble und Webb an ihre

**↑ Viele Cepheiden, eine Supernova**
In der Galaxie UGC 9391 (130 Millionen Lichtjahre entfernt; Sternbild Drache; etwa 60.000 Lichtjahre groß) hat das Team um Physiknobelpreisträger Adam Riess über 50 Cepheiden-Veränderliche (Kreise) beobachtet. Zudem war dort die Typ-Ia-Supernova 2003du (Kreuz) ausgebrochen. Diese Explosionen sind „Standardkerzen", weil sie im Wesentlichen immer gleich hell leuchten – somit lassen sie sich gut für die Entfernungsbestimmung im All nutzen. In dieser Galaxie eichte Riess die Supernova mit den Cepheiden. So lässt sich die Messung der Hubble-Konstanten verbessern.

**↑ Galaxie mit Supernova Ia**
In der Spiralgalaxie NGC 2525 (fast 70 Millionen Lichtjahre entfernt; Sternbild Achterdeck; Durchmesser gut 50.000 Lichtjahre) ist vor einigen Jahren die Supernova 2018gv ausgebrochen. Wenige Wochen danach hat Hubble dieses Bild aufgenommen – die Supernova ist das hellste Objekt, links am Rand eines Spiralarms. Supernovae vom Typ Ia leuchten vor Ort stets etwa fünf Milliarden Mal so hell wie unsere Sonne. Damit sind sie eine Art Zollstock für die Vermessung des Kosmos. Denn bei bekannter Leuchtkraft verrät die beobachtete Helligkeit am Himmel die Entfernung.

Cepheiden-Grenze. Für Galaxien noch weiter draußen taugt diese Methode zur Entfernungsbestimmung nicht: Die Cepheiden sind dort schlicht nicht mehr auszumachen – sie gehen im Sterngewimmel unter.

Dann kommen die Supernovae vom Typ Ia ins Spiel. Sie entstehen in Doppelsternsystemen. Der eine Stern hat seine Lebensphase bereits beendet und ist zum Weißen Zwerg geworden. Von seinem Begleiter zieht er Materie ab, die sich auf seiner Oberfläche sammelt. Hat der Weiße Zwerg schließlich knapp 1,5 Sonnenmassen erreicht, kommt es meist zu einer Supernova-Explosion. Weil die physikalische Ursache stets sehr ähnlich ist, haben diese Ausbrüche eine recht konstante Leuchtkraft – sie sind „Standardkerzen". Bei anderen Supernova-Arten zerreißt es meist einen extrem massereichen Stern am Ende seines Lebens. Solche Explosionen laufen sehr unterschiedlich ab.

Ist anhand der Lichtkurve (der Helligkeitsverlauf ist je nach Supernova-Typ unterschiedlich) klar, dass es sich um eine Supernova Ia handelt, lässt sich über den Vergleich mit der beobachteten Helligkeit an unserem Himmel die Entfernung berechnen. In der Galaxie NGC 2525 (oben) ist 2018 so eine Supernova ausgebrochen. Dort hatte man auch schon viele Cepheiden beobachtet. Galaxien mit Cepheiden und so einer Supernova sind ein kosmischer Hauptgewinn. Dann lassen sich die wichtigsten Methoden zur Entfernungsmessung vergleichen und eichen.

## WEBBS SUPERNOVAE AM RANDE DER WELT

Aber auch hier gibt es einige Störeffekte. Mal dämpft Staub das Licht der Supernova, mal hängt der genaue Ablauf der Explosion von den chemischen Bedingungen in der Umgebung ab. Vielleicht liefen diese Explosionen vor acht Milliarden Jahren etwas anders ab als heutzutage. Auch bei Supernovae vom Typ Ia gilt: Viele Messungen sorgen für Vertrauen. Allerdings tauchen diese Explosionen in derselben Galaxie meist nur alle paar Jahrzehnte auf – man muss also über verschiedene Galaxien mitteln. Die Bestimmung der Hubble-Konstanten ist ein mühsames Geschäft. Supernovae haben den großen Vorteil, dass sie quer durch das Universum gut zu beobachten sind. Das machen die Bilder des JADES-Felds oben auf der nächsten Doppelseite deutlich. Rechts ist das Feld mit zahllosen Galaxien bei einer ersten Beobachtung mit Webb zu sehen. Links sind 73 Galaxien markiert, in denen bei Beobachtungen Monate später Supernovae aufgefallen waren – also punktförmige Objekte in den Galaxien, die ihre Helligkeit verändert haben. Diese Explosionen sind nicht alle vom Typ Ia – aber etliche werden es sein. Dank Webb lassen sich diese „Entfernungsmesser" bald in mehr als zehn Milliarden Lichtjahren Abstand gut verfolgen. Links unten auf Seite 222 ist eine Supernova Ia in einer recht nahen Galaxie zu sehen: LEDA 22057 ist „nur" 650 Millionen Lichtjahre entfernt. Hubble hat sie 2024 mit der verblassenden Supernova erwischt – ein weiterer Schritt, um die Ausdehnung des Alls zu bestimmen.

**↑↗ Supernovae im jugendlichen Kosmos**
Webb hat das JADES-Feld (Sternbild Chemischer Ofen) im Laufe eines Jahres mehrfach beobachtet. Das Team sucht nach Objekten, die ihre Helligkeit verändern. Man entdeckte mehr als 70 Supernovae (im Bild links markiert), darunter die fernsten, die man je beobachtet hat. Manche sind explodiert, als der Kosmos erst 1,8 Milliarden Jahre alt war. Webb hat die Zahl der beobachteten Supernovae in der Kindheit des Universums mit dieser Beobachtung verzehnfacht! Mit sehr frühen Supernovae Ia lässt sich künftig die Ausdehnung des Kosmos noch besser vermessen.

**← Galaxie mit Supernova**
In der Spiralgalaxie LEDA 22057 (650 Millionen Lichtjahre entfernt; Sternbild Zwillinge; über die Spiralarme gemessen fast 200.000 Lichtjahre Durchmesser) ist im Januar 2024 eine Supernova vom Typ Ia ausgebrochen. Auf diesem Hubble-Bild (aufgenommen sechs Wochen nach der Explosion, als die Supernova schon etwas verblasst war) zeigt sich 2024PI – so die Bezeichnung – als etwas blasser blauer Punkt rechts unterhalb des Galaxienzentrums mitten in einem Spiralarm. Bei diesem Typ Supernova explodiert ein Weißer Zwerg, der viel Materie eines Nachbarsterns aufgesammelt hat.

**DUNKLE ENERGIE, KOSMISCHER TURBO**

Die Supernovae der Sorte Ia hatten in den 1990er-Jahren einen ersten epochalen Auftritt. Internationale Teams wollten die Abbremsung des Universums messen. Denn, so die allgemeine Annahme, die Anziehungskraft der Galaxien untereinander müsste das Tempo etwas drosseln. Mit Hubble und Großteleskopen am Boden (wie dem Very Large Telescope der Europäischen Sternwarte ESO auf dem Cerro Paranal in Chile) wurden viele Supernovae beobachtet. Nach einigen Jahren intensiver Arbeit kam man zu einem völlig überraschenden Ergebnis: Der Kosmos bremst nicht ab, er beschleunigt! Dies war – ebenso wie die Entdeckung der Ausdehnung des Alls Ende der 1920er-Jahre – eine echte Revolution der Kosmologie. Offenbar treibt eine ominöse Dunkle Energie das Universum immer schneller auseinander. Dieser Begriff ist nur eine Art Platzhalter – er kaschiert, dass man keine Ahnung hat, was hinter diesem Phänomen steckt.

Etwa 70 Prozent des Kosmos sind demnach Dunkle Energie, die man sich als eine Art Materie mit abstoßender Kraft vorstellen kann. Ist sie einfach eine Eigenschaft des Raumes? Oder hat das Vakuum eine Energie? Ist die Dunkle Energie konstant oder eine veränderliche Größe? Das ist alles offen. In mancher Hinsicht ist sie ein noch größeres Rätsel als die Dunkle Materie. Die Entdeckung der beschleunigten Ausdehnung des Kosmos wurde 2011 mit dem Physik-Nobelpreis geehrt – sehr verdient, aber der Lösung des Rätsels kommt man damit auch nicht näher.

Bei der Dunklen Energie ist es wie bei der Dunklen Materie. Sie ist nicht direkt zu sehen. Sie verrät sich nur durch ihre Wirkung auf leuchtende Objekte, wie Galaxien und Galaxienhaufen. Ein Forschungsteam auf dem Kitt Peak in Arizona kartiert derzeit die Verteilung von 40 Millionen Galaxien. Diese riesigen Sternsysteme bilden – siehe das vorangegangene Kapitel – eine schaumartige Struktur: Galaxien sammeln sich in großen Wänden und Knoten, die gewaltige Leerräume umgeben. Die Anordnung der Wände und Leerräume hängt von den Eigenschaften der Dunklen Energie ab, die den Kosmos immer schneller auseinandertreibt. Nach dem simpelsten Modell ist die Dunkle Energie immer gleich. Dann spricht man von der Kosmologischen Konstante (genannt Lambda), die Albert Einstein zunächst in seine Relativitätstheorie eingeführt – und später wieder verworfen hatte.

Für einige Jahre erlebte das Lambda in Einsteins Gleichungen eine Renaissance. Doch nun deuten die Daten an, dass die Dunkle Energie vor fünf Milliarden Jahren stärker war als heute. Eine sich verändernde Dunkle Energie wäre das Aus für das berühmte Standardmodell der Kosmologie, Lambda-CDM genannt. CDM ist die Cold Dark Matter, die kalte Dunkle Materie. Sie bleibt erst einmal. Aber Einsteins Kosmologische Konstante wackelt wieder ganz gewaltig. Ob sie fällt, ob die Dunkle Energie wirklich veränderlich ist, wird wohl erst Euclid klären – der Tausendsassa der ESA für die dunklen Komponenten des Kosmos. Euclid macht ganz ähnliche Messungen wie das Team vom Kitt Peak – allerdings an etwa einer Milliarde Galaxien und hinaus in noch größere Entfernung. Ende dieses Jahrzehnts werden die Daten vorliegen. Es wäre großartig, wenn die konstante Dunkle Energie damit vom Tisch ist – denn dann werden die kosmischen Karten neu gemischt!

## WIE SCHNELL EXPANDIERT DAS UNIVERSUM?

Das Standardmodell vom Weltall bekommt auch bei der Hubble-Konstante Risse. Bestimmt man diese Größe mit Cepheiden und Supernovae Ia, so lautet das Ergebnis 73 Kilometer pro Sekunde pro Megaparsec. Diese etwas kryptische Einheit besagt, dass pro 3,26 Millionen Lichtjahre (ein Megaparsec) die Fluchtgeschwindigkeit der Galaxien um 73 Kilometer pro Sekunde zunimmt. Allerdings gibt es ein komplett anderes und von Cepheiden, Supernovae usw. unabhängiges Verfahren, um die Hubble-Konstante zu bestimmen. Dabei analysieren die Fachleute die kosmische Hintergrundstrahlung. Sie entstand knapp 400.000 Jahre nach dem Urknall und ist noch immer als äußerst schwaches Leuchten an der gesamten Himmelskugel zu erkennen – eine Art Nachhall des Urknalls. Minimale Schwankungen in dieser Strahlung verraten viel über den Kosmos insgesamt – etwa, woraus er besteht und wie schnell er sich ausdehnt. Dieses „Lager“, das Beobachtungen der Hintergrundstrahlung durch den ESA-Satelliten Planck nutzt, kommt auf einen Wert von 67,5 Kilometer pro Sekunde und Megaparsec. Ein Unterschied von acht Prozent. Das klingt nicht viel, ist aber weltbewegend. Denn die Bestimmung erfolgt inzwischen so akkurat, dass ein simpler Messfehler ausgeschlossen scheint. Wo liegt dann der Fehler? Mit der Dunklen Energie lässt er sich übrigens nicht erklären.

## ZWEI WERTE – WELCHER IST RICHTIG?

Auch Astronominnen und Astronomen haben ihre Vorlieben für Beobachtungen und Theorien. Natürlich sagt das 67-Team, dass die Kollegen beim Beobachten der Galaxien etwas falsch machen. Einst meinte man, die Hubble-Daten seien zu ungenau – Webb werde das klären. Doch weit gefehlt: Inzwischen sind die Beobachtungen mit Webb zu demselben Ergebnis gekommen wie Hubble. Die 73-Gruppe kontert, dass wohl die Modellannahmen bei der Analyse der Hintergrundstrahlung falsch seien. Das kann durchaus sein, denn diese Strahlung ist einfach ein himmlischer Flickenteppich aus minimal wärmeren und kälteren Gebieten. Kosmologische Größen lassen sich aus dem Muster nur mit bestimmten Modellannahmen ableiten. So geht man meist davon aus, dass das Universum „flach“ ist. Damit sind bestimmte geometrische Eigenschaften verbunden – etwa, dass die Winkelsumme im Dreieck immer exakt 180 Grad beträgt. Aber das Universum muss keineswegs flach sein! Ein gekrümmter Kosmos ist genauso gut möglich. Dann wird zwar alles viel komplizierter, aber das All wird sich nur wenig für die Vorlieben von einigen gelehrten Menschen auf der Erde interessieren. Ist der Kosmos nicht flach, dann ist auch der Wert der Hubble-Konstanten ganz anders. Manche Fachleute zeigen Trennungsängste, wenn es um die Grundannahmen ihrer Theorien geht. Die Unstimmigkeiten bei der Hubble-Konstanten haben sich zu einer veritablen Krise der Kosmologie entwickelt.

**↓ H0pe, Hoffnung für das All**
Die weißlichen Galaxien gehören zum Haufen PLCK G165.7+67.0 (3,6 Milliarden Lichtjahre entfernt; Sternbild Großer Bär). Er verzerrt und verstärkt junge Galaxien weit hinter ihm (Gravitationslinse). In einem Bogen sind drei Lichtpunkte derselben Ia-Supernova zu sehen. Das Licht legt für alle drei Punkte unterschiedlich lange Strecken zurück. Daher flackern die Bilder zu verschiedenen Zeiten. Aus dem Zeitunterschied lässt sich die Ausdehnungsgeschwindigkeit des Alls bestimmen. H0 ist die Abkürzung der Hubble-Konstanten – H0pe soll die Hubble-Krise lösen, hoffen viele.

**← Supernova mit Zugabe**
Der Galaxienhaufen MACS J0138 (3,8 Milliarden Lichtjahre entfernt; Sternbild Walfisch) zaubert fünf Bilder einer zehn Milliarden Lichtjahre entfernten Galaxie an den Himmel. 2016 hat Hubble eine Supernova-Explosion in den gelinsten Bildern leuchten sehen. 2023 entdeckte Webb dort eine weitere Supernova – „Encore", Zugabe. Weil die Lichtwege zu den Bildern unterschiedlich lang sind, läuft die Supernova zeitversetzt ab – im fünften Bild zeigt sie sich erst Mitte der 2030er-Jahre! Die Beobachtung dieser Ia-Supernova hilft, die Ausdehnungsgeschwindigkeit des Alls zu bestimmen.

Das ist großartig! Denn nur wenn Beobachtungen nicht zu einer Theorie passen, ist allen klar, dass man neue Ideen braucht, um das All besser zu verstehen. Zu tun gibt es bekanntlich genug: 95 Prozent des Universums sind vollkommen rätselhaft.

## HELFEN DIE VIERFACHEN SUPERNOVAE?

Ein dritter und sehr vielsprechender Beobachtungsansatz sind Supernovae in Gravitationslinsen. Mit Webb lassen sich diese Objekte immer besser beobachten. Besonders spektakulär ist es, wenn in einer gelinsten Galaxie eine Supernova ausbricht oder ein anderes starkes Flackern zu sehen ist. Da die Lichtstrahlen der verschiedenen Bilder unterschiedlich lange Strecken zurücklegen, kommen sie zu unterschiedlichen Zeiten bei uns an (Licht läuft immer gleich schnell). Die Fotos auf dieser Seite zeigen zwei Beispiele von Supernova-Explosionen in weit entfernten gelinsten Galaxien. Die Fachwelt liegt bei solchen Ereignissen stets auf der Lauer, um den Laufzeitunterschied (also die Verzögerung) zwischen den einzelnen Bildern zu bestimmen. Daraus lässt sich – sofern die Massenverteilung in der linsenden Galaxie gut bekannt ist – direkt die Hubble-Konstante ableiten, ohne irgendwelche Zwischenschritte über Cepheiden und Supernovae. Solche Messungen werden in den kommenden Jahren eine immer größere Rolle spielen – noch sind die Daten nicht genau genug, um den Streit zwischen höherer und niedrigerer Hubble-Konstante zu entscheiden. Die ersten Daten stützen den höheren Wert.

Dieses Verfahren hat der große norwegische Kosmologe Sjur Refsdal (1935–2009) 1964 in seiner Doktorarbeit entwickelt – 15 Jahre bevor überhaupt die erste Gravitationslinse entdeckt worden ist! Refsdal, der auch wichtige Arbeiten zur Sternentwicklung verfasst hat, gehört zu den leider weitgehend vergessenen Astronomen. Er war viele Jahre an der Hamburger Sternwarte tätig, hat dort aber mit seiner äußerst bescheidenen Art nicht die Anerkennung erfahren, die er verdient hat.

Die heutige Kosmologie-Krise hat eine erstaunliche historische Parallele: Anderthalb Jahrtausende gab es ein mathematisch ausgefeiltes Modell, das den Lauf von Sonne und Planeten um die Erde im Zentrum beschrieben hat. Das antike geozentrische Weltbild funktionierte ganz ordentlich, um die Planetenbewegung zu beschreiben. Aber es hatte nichts mit der Natur des Universums zu tun. 1609 kam Johannes Kepler (aus Weil der Stadt, wo es ein schönes Museum gibt) der geniale Einfall, dass Planeten nicht auf Kreisbahnen, sondern auf Ellipsen um die Sonne laufen. Dieser Geniestreich half dem neuen heliozentrischen Weltbild auf die Sprünge. Mein Traum ist, dass es irgendwann bei Dunkler Materie oder Energie eine neue Kepler-Person gibt, die mit ihrer „Ellipsen-Idee" alles löst.

## TROTZDEM: NICHTS IST SO GUT WIE DER URKNALL

So groß die heutige Krise auch ist – vor einem Missverständnis muss ich warnen: Manche Leute meinen schnell, dass damit die Idee eines Urknalls widerlegt und im Kosmos doch alles ganz anders sei. Vielleicht ist es das. Aber bisher sind die Daten eindeutig: Das Universum war einst viel kleiner und viel heißer. Details dieser Theorie mögen unklar sein – aber grundsätzlich ist der Urknall das mit Abstand beste Modell, das wir derzeit haben. Es hat Schwächen. Aber alle anderen Theorien haben noch viel mehr Schwächen. Es gibt sehr speziell konstruierte Modelle, die einzelne offene Fragen der Urknall-Theorie erklären können, dafür aber bei vielen anderen Aspekten scheitern.

Etwas mehr Demut täte der Kosmologie gut: Die Menschheit versucht seit Jahrtausenden, die Existenz des Universums zu verstehen – warum soll gerade unsere Generation die auserwählte sein, der das gelingt? Wir haben immerhin das Glück, in einer Zeit zu leben, in der sich mit Hubble, Webb & Co. immer besser in den Kosmos blicken lässt. Irgendwann sorgen neue Daten auch für neue Ideen. Im Universum bleibt es spannend!

**→→ Rubins Galaxienwunder**
Hubble, Webb – und der Rest? So sieht das neue Rubin-Observatorium in Chile einen Teil des Virgo-Galaxienhaufens. Rubin verfügt über die größte CCD-Kamera der Welt. Mit ihr soll es zehn Jahre lang einen Großteil des Himmels kartieren. Die Testbeobachtungen lassen erahnen, welche Datenlawine auf die Astronomie zurollt. Die beiden Spiralgalaxien rechts (NGC 4411) sind 60 Millionen Lichtjahre entfernt. Der Abstand zur Kette aus vier verschmelzenden Galaxien darüber beträgt 350 Millionen Lichtjahre. Fast alle Objekte in diesem Bild sind Galaxien in den Tiefen des Alls.

## Erst Hubble & Webb – und dann?

So leistungsstark Weltraumteleskope auch sind: Die wichtigsten Instrumente der nächsten Generation werden auf dem Erdboden arbeiten. In den chilenischen Anden geht das Rubin-Observatorium (unten) gerade in den Routinebetrieb. Es sorgt für nicht weniger als eine Revolution der beobachtenden Astronomie. Das Teleskop mit einem Spiegeldurchmesser von 8,4 Metern verfügt über die größte Digitalkamera der Welt (3200 Megapixel). Kein anderes Observatorium kann so schnell so detailreiche und großformatige Bilder aufnehmen. Rubin beobachtet nicht gezielt einzelne Galaxien oder Gasnebel. Das Teleskop scannt den Himmel ab – es soll zehn Jahre lang eine Himmelsüberwachung durchführen. Dabei wird dieselbe Stelle bis zu 800-mal mit höchster Auflösung und bei sechs verschiedenen Farbfiltern fotografiert. Das Teleskop findet „alles", was sich im erfassten Bereich verändert oder bewegt. Rubin wird Millionen neuer Asteroiden aufspüren und damit die Zahl der bekannten Kleinkörper im Sonnensystem vervielfachen. Rubin dürfte rund zehn Millionen Supernova-Explosionen entdecken. Es kartiert unsere Milchstraße und erfasst zehn Milliarden Galaxien. Auf einer der ersten Testaufnahmen (links; ein Mosaik auf 678 Bildern) sind der Lagunennebel (pink, unten; gut 100 Lichtjahre Durchmesser) und der Trifidnebel (bläulich-pink, oben) zu sehen, riesige Sternfabriken (ca. 5000 Lichtjahre entfernt).

## Radio-Revolution in Südafrika, Australien – und Görlitz

Dieser 1000 Lichtjahre breite Bereich rund um das Galaktische Zentrum (gelb gefärbt) sieht aus wie ein abstraktes Gemälde. Beobachtungen mit den 64 Radioschüsseln (Durchmesser jeweils rund 14 Meter) von MeerKAT in Südafrika zeigen, wie dynamisch es in der Mitte unserer Milchstraße zugeht. Supernova-Explosionen haben gewaltige Blasen hinterlassen. Gasmassen wabern umher und bilden lange Filamente – geprägt von einem starken Magnetfeld. Den weiß markierten Bereich Sagittarius C hat Webb beobachtet (Seite 76/77). MeerKAT, an dem das Max-Planck-Institut für Radioastronomie in Bonn beteiligt ist, wird Teil des neuen Riesenteleskops SKA: 197 Radioschüsseln sollen von Afrika aus ins All blicken. 130.000 Empfänger in Australien registrieren Strahlung sehr niedriger Frequenzen aus den Tiefen des Kosmos. Die Daten der einzelnen Instrumente werden kombiniert. 2028 soll SKA komplett sein und eine neue Ära der Radioastronomie begründen. SKA erfasst, wie sich der

Wasserstoff kurz nach dem Urknall verhalten hat, welche chemischen Stoffe in Sternentstehungsgebieten vorkommen oder ob die Signale von Pulsaren, kompakten Sternleichen, zu Einsteins Relativitätstheorie passen. Zudem beobachtet das Teleskop, wie sich im jungen Universum die ersten Galaxienhaufen bilden, was viel über die Natur der Dunklen Energie verrät. James Webb kann all das nicht leisten. Die Bearbeitung der Unmengen an Beobachtungsdaten soll im Deutschen Zentrum für Astrophysik erfolgen, das gerade in Görlitz gegründet wird (rechts mit dem designierten Direktor Günther Hasinger). In der Lausitz entsteht das größte deutsche Astronomie-Institut.

## Das den Kosmos rockt

Das Extremely Large Telescope (ELT, extrem großes Teleskop) der Europäischen Südsternwarte ESO wird von der Atacama-Wüste Chiles aus bald die Astronomie revolutionieren. Sein Hauptspiegel hat einen Durchmesser von 39 Metern. Daran gemessen ist James Webb mit 6,5 Metern Durchmesser fast ein Spielzeug. Während Webbs Spiegel aus 18 Segmenten besteht, sind es beim ELT 798. In dieser Illustration geht der Blick von der Teleskopkuppel direkt hinunter auf die Spiegelfläche mit den wabenförmigen Teilen. Sie alle – hergestellt von der Firma Schott in Mainz aus der Glaskeramik Zerodur – liegen auf einem riesigen „Fakirkissen", das sie perfekt ausrichtet. So kann das ELT gestochen scharf ins All blicken. Es erforscht die Atmosphären von Exoplaneten und sucht nach Hinweisen auf Leben. Es erfasst in Galaxien bis zum Virgo-Haufen einzelne Sterne und Nebel. Milliarden Lichtjahre entfernte Objekte, die auch für Webb verwaschene Fleckchen bleiben, lassen sich detailliert erforschen. Womöglich klärt das ELT, ob sich der Kosmos ewig ausdehnt oder doch wieder zusammenfällt. Fast alle optischen Elemente sind fertiggestellt und auch die Baustelle auf dem Cerro Armazones (unten vor der aufgehenden Sonne) macht enorme Fortschritte. 2028 sollen die Beobachtungen beginnen. Was einst ein kühner europäischer Traum war, ist zum Greifen nah: In etwa drei Jahren beginnt die kollegiale Konkurrenz zwischen James Webb im All und dem extrem großen Teleskop auf der Erde.

# REGISTER

# BILDNACHWEIS

**o** = oben, **u** = unten, **M** = Mitte, **l** = links, **r** = rechts

**1:** NASA, H. Ford (JHU), G. Illingworth (UCSC/LO), M.Clampin (STScI), G. Hartig (STScI), the ACS Science Team, and ESA; **2–3:** ESA/Webb, NASA & CSA, P. Zeidler, E. Sabbi, A. Nota, M. Zamani (ESA/Webb); **4–5:** NASA, ESA, CSA, STScI; **8:** ESA; **9:** NASA, ESA, Joseph DePasquale (STScI); **10–11:** NASA; **12–13:** ESA/Hubble & NASA, R. Sahai; **14–15:** ESA/Webb, NASA & CSA, M. Zamani (ESA/Webb), M. G. Guarcello (INAF-OAPA) and the EWOCS team; **16o:** NASA, ESA, the Hubble Heritage Team (STScI/AURA), J. Bell (ASU), and M. Wolff (Space Science Institute); **16u:** NASA, ESA, J. DePasquale (STScI), A. Simon (NASA-GSFC); **17:** NASA, ESA and E. Karkoschka (University of Arizona); **18–19:** NASA, ESA, CSA, STScI; **20–21:** ESA/Webb, NASA & CSA, A. Martel; **23:** NASA; **24l:** NASA/Perkin-Elmer; **24r:** NASA; 25: NASA/Lockheed Martin; **26l:** NASA/ESA; **26r:** NASA; **27:** NASA; **28–29:** NASA; **30u,** Erde: EUMETSAT/ESA; **30u,** Hubble-Teleskop: NASA; **30o,** Erde und Mond: United Soft Media; **30o,** Ariane-Rakete: ESA; **31,** Webb-Teleskop: NASA, ESA, CSA, Northrop Grumman; **32:** Örs Hunor Detre/MPIA; **33:** NASA/Chris Gunn; **34:** MPIA; **35o:** NASA/Chris Gunn; **35u:** NASA/Chris Gunn; **36l:** NASA/Chris Gunn; **36M:** NASA/Bill Ingalls; **36r:** ESA/Arianespace; **37r:** ESA/Gaia/DPAC; **37u:** NASA; **38:** NASA, ESA, CSA, Northrop Grumman; **39:** NASA, ESA, CSA, Northrop Grumman; **41:** NASA, ESA, the Hubble Heritage Team (STScI/AURA), A. Nota (ESA/STScI), and the Westerlund 2 Science Team; **43:** NASA, ESA, STScI; **44:** ESA/Euclid/Euclid Consortium/NASA, image processing by J.-C. Cuillandre (CEA Paris-Saclay), G. Anselmi; 45: NASA, ESA, and the Hubble Heritage Team (AURA/STScI), ESA/Webb, CSA, K. Misselt (University of Arizona) and A. Abergel (IAS/University Paris-Saclay, CNRS), M. Zamani (ESA/Webb); **46:** NASA, ESA, CSA, STScI, K. Pontoppidan (STScI), A. Pagan (STScI); **49:** NASA, ESA, M. Robberto (Space Telescope Science Institute/ESA) and the Hubble Space Telescope Orion Treasury Project Team; **50–51:** NASA, ESA, M. Robberto (Space Telescope Science Institute/ESA) and the Hubble Space Telescope Orion Treasury Project Team; **52–53:** NASA, ESA, CSA/Science leads and image processing: M. McCaughrean, S. Pearson; **55:** ESA/Webb, NASA, CSA, T. Ray (Dublin Institute for Advanced Studies); **57:** NASA, ESA, CSA, STScI, and K. Luhman (Penn State University) and C. Alves de Oliveira (European Space Agency); **58:** NASA, ESA, CSA, and STScI, J. DePasquale (STScI); **60:** ESA/Webb, NASA & CSA, A. Scholz, K. Muzic, A. Langeveld, R. Jayawardhana; **61:** NASA, ESA, CSA, STScI; **62:** NASA, ESA, and the Hubble Heritage (STScI/AURA)-ESA/Hubble Collaboration; **63:** ESA/Webb, NASA & CSA, P. Freire; Acknowledgement: M. Cadelano and C. Pallanca; **64–65:** ESA/Hubble & NASA, A. Sarajedini, G. Piotto, M. Libralato; **66–67:** NASA, ESA, CSA, J. DePasquale (STScI); **68l:** NASA, ESA, CSA, J. DePasquale (STScI); **68r:** ESA/Webb, NASA & CSA, Tazaki et al.; **69:** NASA, ESA, CSA, STScI; **70–71:** NASA, ESA, CSA, STScI, K. Pontoppidan (NASA's Jet Propulsion Laboratory), J. Green (Space Telescope Science Institute); **72:** ESA/Hubble & NASA, C. Murray; **73:** NASA, ESA, Hubble Heritage Team; **74–75:** ESA/Hubble & NASA, A. Nota, P. Massey, E. Sabbi, C. Murray, M. Zamani (ESA/Hubble); **76–77:** NASA, ESA, CSA, STScI, S. Crowe (UVA); **78:** NASA, ESA, CSA, STScI, M. Ressler (NASA-JPL); **80–82:** NASA, ESA, CSA, STScI; J. DePasquale, A. Koekemoer, A. Pagan (STScI); **83–86:** NASA, ESA, CSA, and STScI; **87–89:** ESA/Hubble & NASA, K. Noll; **91:** NASA, ESA, CSA, STScI, and the Webb ERO Production Team; **92–93:** ESA/Webb, NASA, CSA, M. Barlow, N. Cox, R. Wesson; **94:** NASA, ESA, STScI; **97:** NASA, ESA, CSA, STScI, Michael Ressler (NASA-JPL), Dave Jones (IAC); **99o:** NASA, ESA, CSA, Yinuo Han, Judy Schmidt; **99u:** NASA, ESA, CSA, STScI, E. Lieb (University of Denver), R. Lau (NSF NOIRLab), J. Hoffman (University of Denver); **100–101:** NASA, ESA, CSA, STScI, Webb ERO Production Team; **102:** NASA, ESA, and R. Kirshner (Harvard-Smithsonian Center for Astrophysics and Gordon and Betty Moore Foundation) and P. Challis (Harvard-Smithsonian Center for Astrophysics); **103l:** ESA/Hubble & NASA; **103r:** NASA, ESA, CSA, M. Matsuura (Cardiff University), R. Arendt (NASA's Goddard Spaceflight Center & University of Maryland, Baltimore County), C. Fransson (Stockholm University), J. Larsson (KTH Royal Institute of Technology), A. Pagan (STScI); **104–105:** NASA, ESA, CSA, STScI, D. Milisavljevic (Purdue University), T. Temim (Princeton University), I. De Looze (University of Gent); **106–107:** NASA, ESA, CSA, STScI, T. Temim (Princeton University); **109:** ESA/Webb, NASA, CSA, M. Zamani (ESA/Webb), the PDRs4All ERS Team; **110:** NASA, ESA, STScI; **111o:** NASA, ESA, CSA, STScI, A Rivkin (JHU APL); **111ul:** NASA, ESA, D. Jewitt (UCLA); Image Processing: J. DePasquale (STScI); **111ur:** NASA/James Webb Space Telescope; **112:** Hubble OPAL Program, NASA, ESA, A. Simon (NASA-GSFC); **113:** NASA, ESA, Jupiter ERS Team; image processing by Judy Schmidt; **114:** NASA, ESA, A. Simon (NASA-GSFC), M. H. Wong (UC Berkeley), J. DePasquale (STScI); **115ol:** NASA, ESA, CSA, A. Pagan (STScI), JWST Titan GTO Team; **115or:** NASA, ESA, CSA, STScI, G. Villanueva (NASA's Goddard Space Flight Center), A. Pagan (STScI); **115u:** NASA, ESA, CSA, STScI, M. Tiscareno (SETI Institute), M. Hedman (University of Idaho), M. El Moutamid (Cornell University), M. Showalter (SETI Institute), L. Fletcher (University of Leicester), H. Hammel (AURA), J. DePasquale (STScI); **116o:** NASA, ESA, E. Karkoschka (LPL); **116u:** NASA, ESA, CSA, Maryame El Moutamid (SwRI), Matthew Hedman (University of Idaho); **117:** NASA, ESA, CSA, STScI; **118o:** NASA, ESA, E. Chavez (UC Berkeley), I. de Pater (UC Berkeley); **118u:** NASA, ESA, CSA, STScI, Heidi Hammel (AURA), Henrik Melin (Northumbria University), Leigh Fletcher (University of Leicester), Stefanie Milam (NASA-GSFC); **119:** NASA, ESA, CSA, and STScI; **120:** ESA/Webb, NASA, CSA, M. Zamani (ESA/Webb), the PDRs4All ERS Team; **121o:** NASA, ESA, CSA, STScI, A. Sanghi (Caltech), C. Beichman (JPL), D. Mawet (Caltech), J. DePasquale (STScI); **121u:** ESA/Webb, NASA, CSA, A.M. Lagrange, M. Zamani (ESA/Webb); **122:** NASA, ESA, CSA, A. Pagan (STScI), A. Gáspár (University of Arizona); **123:** NASA, ESA, CSA, and K. Lawson (Goddard Space Flight Center), A. Pagan (STScI); **124:** NASA, ESA, CSA, R. Crawford (STScI); **125:** NASA/ESA, The Hubble Heritage Team (AURA/STScI); **126ol:** NASA, ESA, CSA; Science leads and image processing: M. McCaughrean, S. Pearson; **126or:** NASA, ESA, CSA, STScI, W. Balmer (JHU), L. Pueyo (STScI), M. Perrin (STScI); **126–127:** NASA, ESA, CSA, and M. Zamani (ESA/Webb); Science: F. Sun (Steward Observatory), Z. Smith (Open University), and the Ice Age ERS Team.; **128ol:** ESA/Webb, NASA, CSA, STScI, E. Matthews (Max Planck Institute for Astronomy); **128or:** NASA/ESA/CSA, A Carter (UCSC), the ERS 1386 team, and A. Pagan (STScI); **128u:** NASA, ESA, and J. Debes (STScI); **129:** ESA/Hubble & NASA, E. Noyola, R. Cohen; **131:** ESA/Hubble & NASA, D. Thilker; **132–133:** ESA/Webb, NASA & CSA, A. Leroy; **135:** NASA, ESA, CSA, STScI, Janice Lee (STScI), Thomas Williams (Oxford), PHANGS Team; **136:** ESA/Hubble & NASA, D. Thilker; **136–137:** ESA/Webb, NASA & CSA, A. Leroy; **137:** ESA/Webb, NASA & CSA, A. Leroy; **138:** ESA/Hubble & NASA, D. Thilker; **139:** ESA/Webb, NASA & CSA, A. Leroy; **140:** NASA, ESA, and the Hubble Heritage Team (STScI/AURA); **141:** ESA/Webb, NASA & CSA, A. Adamo (Stockholm University) and the FEAST JWST team; **142–143o:** ESA/Hubble & NASA, K. Noll; **142–143u:** NASA, ESA, CSA, STScI; **144:** NASA, ESA, S. Beckwith (STScI), and The Hubble Heritage Team (STScI/AURA); **145:** ESA/Webb, NASA & CSA, A. Adamo (Stockholm University) and the FEAST JWST team; **146–147:** NASA, ESA, STScI; Image Processing: Alyssa Pagan (STScI); **148–149:** NASA, ESA, CSA, STScI, J. Lee (STScI), T. Williams (Oxford), PHANGS Team, E. Wheatley (STScI); **150–151:** ESA/Hubble & NASA, A. Riess, D. Thilker, D. De Martin (ESA/Hubble), M. Zamani (ESA/Hubble); **152–153:** ESA/Hubble & NASA, V. Antoniou, Acknowledgement: Judy Schmidt; **154:** ESA/Hubble & NASA, D. Thilker; **155:** ESA/Hubble & NASA, R. Windhorst, W. Keel; **156:** ESA/Hubble & NASA, Acknowledgement: Nick Rose; **158–159:** ESA/Hubble & NASA, M. C. Bentz, D. J. V. Rosario; **160:** ESA/Hubble & NASA, A. Riess et al.; **161:** ESA/Hubble & NASA, L. C. Ho, D. Thilker; **162:** NASA, ESA, and The Hubble Heritage Team (STScI/AURA); **163:** NASA, ESA and the Hubble Heritage (STScI/AURA)-ESA/Hubble Collaboration. Acknowledgment: M. West (ESO, Chile); **164–165:** NASA, ESA, CSA, STScI; **166–167:** ESA/Webb, NASA & CSA, A. Leroy, J. Lee and the PHANGS Team; **168–199u:** ESA/Webb, NASA & CSA,

M. Meixner; **169o:** ESA/Euclid/Euclid Consortium/NASA, image processing by J.-C. Cuillandre (CEA Paris-Saclay), G. Anselmi; **171:** NASA, ESA, CSA, K. McQuinn (STScI), J. DePasquale (STScI); **172–173:** ESA/Hubble & NASA, F. Annibali; **174:** ESA/Hubble & NASA, R. Tully; **176–178:** ESA/Webb, NASA & CSA, J. Lee and the PHANGS-JWST Team; ESA/Hubble & NASA, R. Chandar; Acknowledgement: J. Schmidt; **179–182:** NASA, ESA, B. Williams (University of Washington); **183–185:** NASA, ESA, CSA, STScI, J. Jee (Yonsei University, UC Davis), S. Cha (Yonsei University), K. Finner (Caltech/IPAC); **187:** NASA, ESA, CSA, and STScI; **189:** ESA/Hubble & NASA, J. Dalcanton, Dark Energy Survey/DOE/FNAL/DECam/CTIO/NOIRLab/NSF/AURA; Acknowledgement: L. Shatz; **190–191:** NASA, ESA, CSA, STScI; **192:** NASA, ESA, I. Pasha (Yale), P. van Dokkum (Yale); **193:** NASA, ESA, CSA, STScI; **194:** NASA, ESA, CSA, STScI; **195:** ESA/Hubble & NASA, J. Dalcanton, Dark Energy Survey/DOE/FNAL/NOIRLab/NSF/AURA; **197:** ESA/Hubble & NASA, D. Jones; **198–199:** ESA/Webb, NASA & CSA, H. Atek, M. Zamani (ESA/Webb); **201:** ESA/Webb, NASA & CSA, L. Bradley (STScI), A. Adamo (Stockholm University) and the Cosmic Spring collaboration; **202–203:** NASA, ESA, CSA, J. Olmsted (STScI), S. Carniani (Scuola Normale Superiore), JADES Collaboration; **204:** NASA, ESA, and S. Beckwith (STScI) and the HUDF Team; **205:** ESA/Webb, NASA & CSA, G. Östlin, P. G. Perez-Gonzalez, J. Melinder, the JADES Collaboration, the MIDIS collaboration, M. Zamani (ESA/Webb); **206:** NASA, ESA, CSA, STScI, S. Finkelstein (UT Austin), M. Bagley (UT Austin), R. Larson (UT Austin); **207:** NASA, ESA, and E. Nelson (Yale University, USA); **208:** ESA/Webb, NASA & CSA, G. Mahler; Acknowledgement: M. A. McDonald; **209:** NASA, ESA, CSA, STScI, V. Estrada-Carpenter (Saint Mary's University); **210:** ESA/Webb, NASA & CSA, A. Nierenberg; **211:** ESA/Hubble & NASA, S. Jha; **212:** ESA/Euclid/Euclid Consortium/NASA, image processing by J.-C. Cuillandre, G. Anselmi, T. Li; **213:** ESA/Euclid/Euclid Consortium/NASA, image processing by J.-C. Cuillandre, G. Anselmi, T. Li; **214l:** ESA/Hubble, NASA, Suyu et al.; **214r:** NASA & ESA, Acknowledgement: Judy Schmidt; **215l:** NASA & ESA, Acknowledgement: Judy Schmidt; **215r:** ESA/Hubble & NASA; **216:** NASA, ESA, CSA, STScI, A. Riess (JHU/STScI); **217:** NASA, ESA, CSA, STScI, A. Riess (JHU/STScI); **218–219:** NASA, ESA, the Hubble Heritage Team (STScI/AURA), and R. Gendler (for the Hubble Heritage Team).; **220:** NASA, ESA, and A. Riess (STScI/JHU); **221:** ESA/Hubble & NASA, A. Riess and the SH0ES team, Acknowledgment: Mahdi Zamani; **222o:** NASA, ESA, CSA, STScI; **222u:** ESA/Hubble & NASA, R. J. Foley (UC Santa Cruz); **223:** NASA, ESA, CSA, B. Robertson (UC Santa Cruz), B. Johnson (Center for Astrophysics, Harvard & Smithsonian), S. Tacchella (University of Cambridge, M. Rieke (Univ. of Arizona), D. Eisenstein (Center for Astrophysics, Harvard & Smithsonian), A. Pagan (STScI); **224:** NASA, ESA, CSA, STScI, B. Frye (University of Arizona), R. Windhorst (Arizona State University), S. Cohen (Arizona State University), J. D'Silva (University of Western Australia, Perth), A. Koekemoer (Space Telescope Science Institute), J. Summers (Arizona State University).; **225:** Hubble image: NASA, ESA, STScI, Steve A. Rodney (University of South Carolina) and Gabriel Brammer (Cosmic Dawn Center/Niels Bohr Institute/University of Copenhagen);Webb image: NASA, ESA, CSA, STScI, Justin Pierel (STScI) and Andrew Newman (Carnegie Institution for Science).; **226–227:** NSF–DOE Vera C. Rubin Observatory; **228–229:** NSF–DOE Vera C. Rubin Observatory; **229u:** RubinObs/NOIRLab/SLAC/NSF/DOE/AURA/P. Horálek (Institute of Physics in Opava); **230–231:** SARAO, Samuel Crowe (UVA), John Bally (CU), Ruben Fedriani (IAA-CSIC), Ian Heywood (Oxford); **231u:** Stephan Witschas/TUD/DZA; **232–233:** ESO/L. Calçada/ACe Consortium; **233u:** E. Garcés/ESO. Ack.: N. Dubost; **238–239:** NASA, ESA, CSA, and STScI; **240ol:** Kosmos Verlag; **240or/Vorsatz:** ESA/Webb, NASA & CSA, M. Meixner; **240ur/Nachsatz:** ESA/Hubble & NASA, M. Postman, P. Kelly.

**Dirk H. Lorenzen**, Astrophysiker, ist Autor der täglichen „Sternzeit" und des Newsletters „Mr. Sternzeit" im Deutschlandfunk. Er arbeitet als Journalist mit dem Schwerpunkt Astronomie und Raumfahrt für den Dlf, Deutschlandfunk Kultur, Radio Bremen, den WDR und andere ARD-Anstalten.

Für seine Verdienste um die Popularisierung der Astronomie hat ihn die Deutsche Astronomische Gesellschaft 2024 mit dem Bruno-H.-Bürgel-Preis ausgezeichnet. Im Kosmos Verlag hat er bereits zahlreiche Sachbücher zu aktuellen Forschungsthemen veröffentlicht.

# IMPRESSUM

Umschlaggestaltung von Büro Jorge Schmidt, München, unter Verwendung folgender Abbildungen: Einband Vorderseite: Webbs Säulen der Schöpfung (NASA, ESA, CSA, STScI, J. DePasquale (STScI), A. Pagan (STScI), A. M. Koekemoer (STScI); Einband Rückseite: Hubbles Säulen der Schöpfung (NASA, ESA/Hubble and the Hubble Heritage Team); Schutzumschlag Vorderseite: Webbs Carina-Landschaft (NASA, ESA, CSA, and STScI); Schutzumschlag Rückseite: Hubbles Galaxie NGC 1300 (NASA, ESA, and The Hubble Heritage Team (STScI/AURA)).

Mit 227 Farb- und Schwarzweißfotos und acht Farbzeichnungen

Unser gesamtes Programm finden Sie unter **kosmos.de**.
Über Neuigkeiten informieren Sie regelmäßig unsere Newsletter, einfach anmelden unter **kosmos.de/newsletter**

MIX
Papier | Fördert gute Waldnutzung
FSC www.fsc.org FSC® C015829

Gedruckt auf chlorfrei gebleichtem Papier


ISBN 978-3-440-18266-6
Redaktion: Sven Melchert
Gestaltung und Satz: Claudia Adam Graphik-Design, Bad Kreuznach
Produktion: Ralf Paucke
Druck und Bindung: Printer Trento
Printed in Italy/Imprimé en Italie

**← ← Die himmlische Tarantel**
Der Tarantelnebel (160.000 Lichtjahre entfernt in der Großen Magellanschen Wolke; aufgenommen von Webb) ist das aktivste Sternentstehungsgebiet in der Lokalen Gruppe, unserem Bereich des Universums. Die glühenden Gasmassen sehen aus wie eine riesige Tarantel, die den Sternhaufen R 136 in ihren Fängen hält. Die blauen Sterne sind erst zwei Millionen Jahre alt. Ihre intensive Strahlung hat einen hundert Lichtjahre großen Hohlraum in die Gas- und Staubmassen gepustet. Etliche Sterne dort haben mehr als 100-mal so viel Masse wie die Sonne.

**↑ Sterne über Sterne** (Bild auf dem Vorsatz)
Hunderttausende von Sternen der Zwerggalaxie NGC 6822 (1,5 Millionen Lichtjahre entfernt; Sternbild Schütze; Seite 168/169) strahlen auf dieser Infrarot-Aufnahme von James Webb, auf der Gas und Staub nur als schwache Schleier erscheinen. Dieser Ausschnitt überdeckt vor Ort gut 2000 Lichtjahre. Nur die hellsten Sterne mit den Beugungsstrahlen sind Vordergrundobjekte unserer Milchstraße.

**↑ Galaxien über Galaxien** (Bild auf dem Nachsatz)
Der Galaxienhaufen Abell 209 (2,8 Milliarden Lichtjahre entfernt; Sternbild Walfisch) besteht aus über hundert Galaxien (ockerfarben). Rötliche, oft länglich verformte Objekte sind Galaxien tief im Hintergrund. Die bläulichen Spiralen befinden sich weit vor dem Haufen. Nur das helle Objekt oben in der Mitte mit Beugungsstrahlen ist ein Stern unserer Milchstraße – alle anderen Lichtflecken auf dieser Hubble-Aufnahme sind Galaxien, manche mehr als zehn Milliarden Lichtjahre entfernt.